中国海洋大学教材建设基金资助

海洋气象学

傅 刚 编著

中国海洋大学出版社
CHINA OCEAN UNIVERSITY PRESS

图书在版编目（CIP）数据

海洋气象学／傅刚编著. —青岛：中国海洋大学出版社，2018.8（2023.3重印）
ISBN 978-7-5670-1884-6

Ⅰ.①海… Ⅱ.①傅… Ⅲ.①海洋气象学—高等学校—教材 Ⅳ.①P732

中国版本图书馆CIP数据核字（2018）第162212号

出版发行	中国海洋大学出版社			
社　　址	青岛市香港东路23号		邮政编码	266071
网　　址	http://www.pub.ouc.edu.cn			
电子信箱	1193406329@qq.com			
出 版 人	杨立敏			
责任编辑	孙宇菲		电　　话	0532-85902342
印　　制	青岛国彩印刷股份有限公司			
版　　次	2018年8月第1版			
印　　次	2023年3月第3次印刷			
成品尺寸	185 mm × 260 mm			
印　　张	20.25			
字　　数	420千			
印　　数	2501~4000			
定　　价	99.00元			
订购电话	0532-82032573（传真）			

教育部海洋科学类专业教学指导委员会规划教材
高等学校海洋科学类本科专业基础课程规划教材

编委会

主　任　吴德星

副主任　李巍然　陈　戈　杨立敏

编　委　（按姓氏笔画排列）

王　宁　王旭晨　王真真　刘光兴　刘怀山　孙　松

李华军　李学伦　李建筑　李巍然　杨立敏　吴常文

吴德星　张士璀　张亭禄　陈　戈　陈　敏　侍茂崇

赵进平　高郭平　唐学玺　傅　刚　焦念志　鲍献文

翟世奎　魏建功

总前言

　　海洋是生命的摇篮、资源的宝库、风雨的故乡，贸易与交往的通道，是人类发展的战略空间。海洋孕育着人类经济的繁荣，见证着社会的进步，承载着文明的延续。随着科技的进步和资源开发的强烈需求，海洋成为世界各国经济与科技竞争的焦点之一，成为世界各国激烈争夺的重要战略空间。

　　我国是一个海洋大国，东部和南部大陆海岸线1.8万多千米，内海和边海的水域面积为470多万平方千米。这片广袤海域蕴藏着丰富的海洋资源，是我国经济社会持续发展的物质基础，也是国家安全的重要屏障。我国是世界上利用海洋最早的国家，古人很早就从海洋获得"舟楫之便，渔盐之利"。早在2 000多年前，我们的祖先就开启了"海上丝绸之路"，拓展了与世界其他国家的交往通道。郑和下西洋的航海壮举，展示了我国古代发达的航海与造船技术，比欧洲大航海时代的开启还早七八十年。然而，到了明清时期，由于实行闭关锁国的政策，错失了与世界交流的机会和技术革命的关键发展期，我国经济和技术发展逐渐落后于西方。

　　新中国建立以后，我国加强了海洋科技的研究和海洋军事力量的发展。改革开放以后，海洋科技得到了迅速发展，在海洋各个组成学科以及海洋资源开发利用技术等诸多方面取得了大量成果，为开发利用海洋资源，振兴海洋经济，做出了巨大贡献。但是，我国毕竟在海洋方面错失了几百年的发展时间，加之多年来对海洋科技投入的严重不足，海洋科技水平远远落后于其他海洋强国，在海洋科技领域仍处于跟进模仿的不利局面，不能最大限度地支撑我国海洋经济社会的持续快速发展。

　　当前，我国已开始了实现中华民族伟大复兴中国梦的征程，党的十八大提出了"提高海洋资源开发能力，发展海洋经济，保护海洋生态环境，坚决维护国家海洋权益，建设海洋强国"的战略任务。推动实施"一带一路""21世纪海上丝绸之路"建设宏大工程。这些战略举措进一步表明了海洋开发利用对中华民族伟大复兴的极端重要性。

实施海洋强国战略，海洋教育是基础，海洋科技是脊梁。培养追求至真至善的创新型海洋人才，推动海洋技术发展，是涉海高校肩负的历史使命！在全国涉海高校和学科快速发展的形势下，为了提高我国涉海高校海洋科学类专业的教育质量，教育部高等学校海洋科学类专业教学指导委员会根据教育部的工作部署，制定并由教育部发布了《海洋科学类专业本科教学质量国家标准》，并依据该标准组织全国涉海高校和科研机构的相关教师与科技人员编写了"高等学校海洋科学类本科专业基础课程规划教材"。本教材体系共分为三个层次：第一层次为涉海类本科专业通识课教材：《普通海洋学》；第二层次为海洋科学专业导论性质通识课教材：《海洋科学概论》《海洋技术概论》和《海洋工程概论》；第三层次为海洋科学类专业核心课程教材：《物理海洋学》《海洋气象学》《海洋声学》《海洋光学》《海洋遥感及卫星海洋学》《海洋地质学》《化学海洋学》《海洋生物学》《海洋生态学》《海洋资源导论》《生物海洋学》《海洋调查方法》等，将由中国海洋大学出版社陆续出版发行。

本套教材覆盖海洋科学、海洋技术、海洋资源与环境和军事海洋学等四个海洋科学类专业的通识与核心课程，知识体系相对完整，难易程度适中，作者队伍权威性强，是一套适宜涉海本科院校使用的优秀教材，建议在涉海高校海洋科学类专业推广使用。

当然，由于海洋学科是一个综合性学科，涉及面广，且限于编写团队知识结构的局限性，其中的谬误和不当之处在所难免，希望各位读者积极指出，我们会在教材修订时认真修正。

最后，衷心感谢全体参编教师的辛勤努力，感谢中国海洋大学出版社为本套教材的编写和出版所付出的劳动。希望本套教材的推广使用能为我国高校海洋科学类专业的教学质量提高发挥积极作用！

教育部高等学校海洋科学类专业教学指导委员会

主任委员　吴德星

2016年3月22日

序

　　海洋气象学是海洋学和气象学之间的一门交叉学科，是近三四十年来迅速发展起来的新兴学科，这门学科的关键问题是海洋大气相互作用。长期以来，海洋界和气象界都充分认识到这个问题的重要性。要解决气象科学中的一些重要问题，如热带气旋、极地低压、爆发性气旋、海洋天气/气候现象与灾害等离不开海洋学；同样，要解决海洋学中的一些重要问题，如厄尔尼诺-南方涛动（ENSO）事件、海冰融化、冰盖消融、海洋环流、海浪、海表温度变化等也离不开气象学。另外，海洋航运与海洋经济开发、军事安全与防灾减灾等也迫切需要海洋学与气象学的密切结合，所以海洋气象学是在科学和实际应用日益增长的需求下迅速发展的。现代的海洋气象学，无论从内容与研究方法，以及应用服务范围和需求与早期阶段都不可同日而语，尤其是气候模式与地球系统模式的发展和应用，海-气-冰耦合是其关键的部分。因而海洋气象学在未来将会有更为广阔和深入的发展。

　　傅刚教授编著的《海洋气象学》，是他多年教学成果和经验的结晶。本书的特点是对海洋气象学基础知识有深入浅出的阐述，很适合相关专业的大学生和研究生阅读；同时傅刚教授在本书正式出版前增加了不少海洋气象学发展的新内容，包括海洋大气相互作用、ENSO事件及其与台风的关系、复合海洋与气象灾害、大型海陆风与区域季风等。这对于读者了解海洋气象学的新发展十分有益。本书填补了目前海洋气象学领域中的空白，对海洋与气象领域的师生、研究人员等，都是一本重要的参考书。

　　本书还介绍了对海洋与气象学领域有重大贡献的前辈、中外科学家，这对初涉这两个领域的年轻学生和学者十分有益,从中可以汲取教益和治学精神。

　　傅刚教授在海洋气象学教学和研究上辛勤耕耘多年,对海洋气象学有深入的了解和认识。他编著的本书对气象界和海洋界都是重要的贡献。

中国工程院院士

丁一汇

2017年11月27日　北京

PREFACE

Marine meteorology is an interdisciplinary subject crossing both oceanography and meteorology. It is a new discipline which has been developing rapidly in recent 30~40 years. One of the key issues in marine meteorology is ocean-atmosphere interaction. For a long time, both the oceanographic and meteorological communities have fully recognized the importance of this interaction. To solve some important problems in meteorological science, such as tropical cyclone, polar low, explosive cyclone, marine weather/climate phenomenon and disasters, it is indispensable to have a full insight of oceanography. Similarly, to solve some important problems in oceanography, such as ENSO (El Niño-Southern Oscillation) event, sea ice, ice melting, oceanic circulation, oceanic wave, sea surface temperature etc., nor is it possible to get a solid grip without a full understanding of meteorology at play. In addition, marine navigation and marine economic development, military safety and disaster prevention and reduction are also in dire need of mutual and coupled understanding of oceanography and meteorology. Therefore, marine meteorology is developed responsively under the growing demands of both science and practical applications. Modern marine meteorology is quite different from its early stage, not only in term of its content, but also in term of research methods, requirements, as well as applications. In juxtaposition of all these problems and applications, sea-air-ice coupling serves as the core understanding for the development of climate models and earth system models. Building on top of these research and development, marine meteorology will undoubtedly have a faster, wider and deeper development in future.

The book *Marine Meteorology* authored by Professor Gang FU is the fruition of his teaching and researching over decades. This book introduces the basic knowledge of marine meteorology step by step, and is suitable for undergraduate and graduate students in the relevant fields. Before the formal publication, Professor Gang FU added many new contents, including ocean-atmosphere interaction, the relationship between ENSO event and tropical cyclone, compound marine meteorological disasters, large-scale sea/land breeze and regional monsoon etc. The book can be extremely valuable for readers to understand the new development in marine meteorology, as well as a useful reference for teachers, students and researchers. The book has filled many gaps in the field of marine meteorology.

This book also introduces ten famous scientists from China and foreign countries who have made great contributions to the progress of oceanology and meteorology, which will be very useful for young students and researchers to increase their understanding to the spirit of teaching and learning.

Professor Gang FU has worked in the field of marine meteorology for many decades, and had a deep understanding of marine meteorology. The book *Marine Meteorology* which he wrote is an important contribution to both meteorology and oceanography.

Academician of the Chinese Academy of Engineering

Yihui Ding

Beijing China

27 November 2017

前　言

对于长期在太平洋沿岸生活的人们，往往都有感受台风、海雾、海陆风、风暴潮、海上大风等"海洋气象"现象的经历。但如何从理论上来系统地说明什么是海洋气象学，并不是一件十分容易的事，这不仅是因为不同地区的人们对海洋气象学的理解有差异，而且还与海洋气象学相关的教科书太少有关。

我从1980年~1984年在原山东海洋学院海洋气象专业学习，1984年~1987年也在海洋气象专业攻读硕士学位，一直受"海洋气象学"氛围的浸染。1987年硕士毕业留校工作以来，在教学和学术活动过程中，一直从事关于日本海极地低压、海雾、爆发性气旋等方面的研究，并始终在思考什么是海洋气象学？十分幸运，我先后搜集到了三本关于海洋气象学的教科书：德国学者H. U. Roll在1965年著的*Physics of the Marine Atmosphere*（Academic Press），日本学者小仓義光和浅井冨雄在1975年合著的《海洋气象》（东京大学出版会），北京大学周静亚先生和杨大升先生在1993年合著的《海洋气象学》（气象出版社）。

1995年~1999年，我受原国家教委公派到日本东京大学海洋研究所（现为大气海洋研究所）海洋气象研究室攻读博士学位。虽然那时该研究室的开山鼻祖小仓義光和浅井冨雄先生已经退休，我没有太多机会与两位前辈当面深入交流，但作为学生也聆听过两位老师在海洋气象研究室作的学术报告。后来有机会系统地学习了两位老师在1975年合著的《海洋气象》一书，受到很多启发。

在学习了先辈们的著作后，2004年就萌发了自己写一本海洋气象学教科书的念头，先后多次在中国海洋大学海洋气象系内与有关老师交流过学术思想，如秦曾灏教授、周发琇教授、刘秦玉教授、王启教授、孙即霖教授、张苏平教授、黄菲教授、盛立芳教授、胡瑞金教授、高山红教授、李春教授、李子良副教授、李鹏远博士等，还与美国夏威夷大学王斌教授、王玉清教授，现在加州大学圣迭戈分校斯克里普斯（Scripps）

海洋研究所担任罗杰·雷维尔讲席教授的谢尚平教授（我的大学同学），美国大气科学研究中心（NCAR）的郭英华博士、李文兆博士，北卡州立大学谢立安教授，佛罗里达州立大学蔡鸣教授，美国国家自然科学基金委员会的陆春谷教授，德国海岸带研究所前所长Hans von Storch教授，德国不来梅（Bremen）大学的Annette Ladstaetter-Weissenmayer教授，克罗地亚斯普利特（Split）大学的Darko Koračin教授，日本东京大学的木村龍治教授和新野宏教授等讨论过海洋气象学概念的内涵等问题。经过十多年的反复思考、徘徊、犹豫，甚至放弃等思想上的碰撞、斗争和煎熬，2017年8月10日终于完成了"海洋气象学"手稿。利用书中各章间隙介绍了9位"气象风云人物"，目的是传承大气科学的研究历史，激发青年一代从事海洋气象学研究的热情和斗志。经过中国海洋大学出版社魏建功编审的初审，2017年11月25日完成第6次文字修改。

承蒙中国气象局气候中心丁一汇院士在百忙之中对本书拨冗指导。遵照他的建议，在第二章增加了"第五节　海洋-大气相互作用"和"第六节　ENSO及其对大气环流的影响"，专门阐述海气相互作用这一海洋气象学的核心问题；在第三章插入了"第四节　大型海陆风——季风"；第四章增加了"第六节　热带气旋与ENSO的关系"；第八章增加了"第四节　风暴潮与复合性海洋气象灾害"，在"气象风云人物"中增加了对中国海洋科学与海洋教育事业的奠基人赫崇本先生生平的介绍。作者在此对各位教授们的有益讨论和建设性意见表示衷心的感谢！

由于作者出生在中国，学术活动也集中在环太平洋地区（中国、美国、日本和韩国），因此本书研究的所谓"海洋气象"现象也主要集中在太平洋地区和与中国邻近的海域。

在本书的写作和修改过程中，作者十分感谢中国海洋大学海洋气象系众多的毕业和在读的研究生们的大力帮助，如郭敬天博士（国家海洋局北海预报中心）、庞华基博士（青岛市气象局）、王磊博士（美国芝加哥大学）、王帅博士（英国帝国理工学院）、张干博士（美国伊利诺伊大学）、傅聃博士（美国德州农工大学）、张树钦、徐杰、孙雅文、井苗苗、刘珊、李昱薇、陈莅佳、张雪贝提供素材、帮助绘制和修改图片。特别是王磊博士和王帅博士提供了多篇作者当时无法及时找到的原始文献。

作者感谢李子良副教授，其教学手稿"海洋气象学"对考虑组织本书的内容有很多启发和借鉴意义。作者还感谢中国海洋大学教务处给予的资金支持。最后要特别感谢中国海洋大学学报（自然版）编辑部的庞旻编审（我的夫人）对本书在文字、修辞、排版等方面提出的建设性意见。

作者衷心期盼有更多的"海洋气象学"能够出版，并希望未来10年本书能够经过补充和完善出版第2版。

谨将此书奉献给我的亲人们，特别是我将要出生的小孙女。

傅　刚

2017年11月25日　青岛

INTRODUCTION

For people who lived near the coastal regions of the Pacific Ocean for long time, most of them may have the experiences of encountering typhoon, sea fog, sea/land breeze, storm surge and strong winds over ocean as well as other marine meteorological phenomena. However, it seems not an easy task for one to explain the concept of "marine meteorology" clearly and systematically. The is not only due to the fact that various people in different places have different understanding to marine meteorology, but also is perhaps related to the shortage of textbook of marine meteorology.

From 1980 to 1984, the present author studied his undergraduate major in marine meteorology in the former Shandong College of Oceanography (now named as Ocean University of China). From 1984 to 1987, he read for his master degree in the same major. He has been influenced heavily in the atmosphere of "marine meteorology". After working as a teacher since 1987, he has been engaging in the researches of polar lows over the Japan Sea, sea fog, explosive cyclones during his process of teaching and researching activities. Meanwhile for a long time, he has been thinking about what is marine meteorology? Occasionally and fortunately, he collected three textbooks of marine meteorology: *Physics of the Marine Atmosphere* (1965, Academic Press) written by Prof. H. U. Roll in Germany, *Marine Meteorology* (in Japanese *Kaiyo Kishou*, 1975, Press of University of Tokyo) co-written by Japanese Profs. Tomio Asai and Yoshi Ogura, and *Marine Meteorology* (1993, China Meteorological Press) co-authored by Prof. Jing-Ya ZHOU and Prof. Da-Sheng YANG from Peking University.

From 1995 to 1999, supported by the Chinese government, the present author had

1

an opportunity to read for his Ph. D degree in Division of Marine Meteorology from Ocean Research Institute（renamed as Atmosphere and Ocean Research Institute）in University of Tokyo. It also supplied the present authors a chance to feel the academic influence of marine meteorology. Although Profs. Tomio Asai and Yoshi Ogura had already retired from this division at that time, the present author did not have more opportunities to make direct communication with these two great masters deeply, but being a student he also heard several academic reports of these two masters. Especially, after reading their co-authored book *Marine Meteorology*（published in 1975 in Japanese）systematically, the present author got a lot of inspiration.

After studying several textbooks written by old generation, the present author had his own idea of writing a textbook "Marine Meteorology" in 2004 initially. He had discussed, for many times, in the Department of Marine Meteorology of Ocean University of China with Prof. Zenghao QIN, Prof. Faxiu ZHOU, Prof. Qinyu LIU, Prof. Qi WANG, Prof. Jilin SUN, Prof. Suping ZHANG, Prof. Fei HUANG, Prof. Lifang SHENG, Prof. Ruijin HU, Prof. Shanhong GAO, Prof. Chun LI, Dr. Ziliang LI and Dr. Pengyuan LI to exchange academic thoughts. He had discussed with Prof. Bin WANG and Prof. Yuqing WANG at the University of Hawaii, Prof. Shangping XIE, the Roger Revelle Chair Professor at Scripps Institution of Oceanography in University of California, San Diego（the present author's classmate）, Dr. Ying-Hwa Bill KUO and Dr. Wen-Chau LEE from NCAR, Prof. Lian XIE from North Carolina State University, Prof. Ming CAI from Florida State University, Prof. Chungu LU from National Science Foundation of USA, Prof. Hans von Storch, the director emeritus of the Institute for Coastal Research of the Helmholtz-Zentrum in Geesthacht（previous name GKSS Research Center）, Germany, Prof. Annette Ladstaetter-Weissenmayer from Institute of Environmental Physics, Institute of Remote Sensing, University of Bremen, Germany, Prof. Darko Koračin from University of Split, Croatia, Prof. Ryuji Kimura and Prof. Hiroshi Niino from University of Tokyo, Japan, about the concept of marine meteorology. After undergoing a lot of bitter and painful consideration, struggling, hesitation and even abandoning for more than 10 years, eventually, he completed his first version of manuscript "Marine Meteorology" on 10 August 2017. By using the gap of different chapters of the book, he tried to introduce 9 great masters in the development history of atmospheric and oceanic sciences aiming to inherit the history of atmospheric and oceanic sciences and to stimulate the enthusiasm and morale of younger generation to engage in marine meteorology research. After the preliminary examination of Prof. Jiangong WEI, the chief editor from the Press of Ocean University of China, the present author had completed his sixth revision of this textbook on 25

November 2017.

The present author is very grateful to the distinguished Prof. Yihui DING, an Academician of Chinese Academy of Engineering from China Meteorological Administration to supply many constructive suggestions to this book. Following his kind advices, the present author added two sections "Section 5 Ocean-Atmosphere Interaction" and "Section 6 ENSO and Its Effects on Atmospheric Circulation" in Chapter 2, inserted one section "Section 4 Large-Scale Sea/Land Breeze——Monsoon" in Chapter 3, one section "The Relationship between Tropical Cyclone and ENSO" in Chapter 4, one section "Storm Surge and Compound Marine Meteorological Disasters" in Chapter 8. He also added an introduction to the life of Prof. Chongben HE who was one of the key founders of China oceanic sciences. Here, the present author wants to address his sincerest thanks to all professors for their constructive suggestions and helpful discussions.

As the present author was born in China, and his main academic activities were concentrated in the Pacific regions such as China, USA, Japan and South Korea, thus, the main contents of this book are mainly concentrated on the "marine meteorological phenomena" occurred in the Pacific region and the adjacent seas of China.

During the writing and editing of this tbook, the author would like to express his great thanks for many helps from the graduate students who had graduated, or still continue their studies in the Department of Marine Meteorology, Ocean University of China, such as Dr. Jingtian GUO (North Sea Forecasting Center, State Oceanic Administration, China), Dr. Huaji PANG (Qingdao Meteorological Administration, China), Dr. Lei WANG (University of Chicago, USA), Dr. Shuai WANG (Imperial College London, UK), Dr. Gan ZHANG (University of Illinois, USA), Dr. Dan FU (Texas A&M University, USA), Mr. Shuqin ZHANG, Mr. Jie XU and Mr. Lijia CHEN, Miss Yawen SUN, Miss Miaomiao JING, Miss Shan LIU, Miss Yuwei LI and Miss Xuebei ZHANG for drawing and revising some figures. Particularly, thanks to Dr. Lei WANG and Dr. Shuai WANG for their instantly providing some important and original papers which the present author couldn't get on time during his writing.

The author is grateful to Dr. Ziliang LI, whose teaching manuscript "marine meteorology" was very helpful for considering of this book organization. The author also appreciates the financial support from Ocean University of China. Finally, he would like to thank his wife, Min PANG who is now working as an editor of the Journal of Ocean University of China, for her constructive comments on the text, rhetoric and typesetting.

The author sincerely expects that more and more books of "marine meteorology" would be published in future. He also hopes to be able to publish the second edition of this book within 10 years.

He would like to dedicate this book to all of his family members whom he loved very deeply, especially to his grand-daughter who will be born soon.

Gang FU

Qingdao China

25 November 2017

目　录

气象风云人物之四

气象风云人物之五

气象风云人物之六

气象风云人物之七

气象风云人物之八

气象风云人物之九

气象风云人物之十

CONTENTS

气象风云人物之一

维尔海姆·弗里曼·科伦·皮叶克尼斯（Vilhelm Friman Koren Bjerknes），生于1862年3月14日，卒于1951年4月9日，是挪威著名的物理学家和气象学家，他建立了现代天气预报的基础。在月球和火星上的Bjerknes火山口就是为纪念他而以其名字命名的。

维尔海姆·弗里曼·科伦·皮叶克尼斯（Vilhelm Friman Koren Bjerknes）的照片（引自：https://en.wikipedia.org/wiki/Vilhelm_Bjerknes）

维尔海姆·弗里曼·科伦·皮叶克尼斯（Vilhelm Friman Koren Bjerknes，1862年3月14日~1951年4月9日）于1917年创立了大气科学挪威学派（或称卑尔根学派，Bergen School of Meteorology），是现代天气学、大气动力学和天气预报的奠基人之一。他出生于挪威克里斯蒂安尼亚（1624年~1925年奥斯陆的旧称），他的父亲Carl Anton Bjerknes（1825—1903）是克里斯蒂安尼亚大学数学系教授。1888年，他在获得硕士学位后留学德国波恩大学，担任物理学家赫兹（Heinrich Hertz）的助手。1892年他获得波恩大学博士学位，并被聘任为斯德哥尔摩大学力学和数学物理学教授，之后在奥斯陆大学（1907年~1912年）、莱比锡大学（1912年~1917年）工作。

第一次世界大战爆发后，战争局势使德国的科研环境大不如前。他于1917年回到挪威，应海洋学家Hansen的邀请到卑尔根大学（当时称为卑尔根博物馆）地球物理研究所主持气象学科，这就是挪威学派的雏形。当时跟随他的只有他的儿子J.皮叶克尼斯（Jacob Bjerknes, 1897—1975）和学生H.索尔伯格（Halvor Solberg, 1895—1974）。基于军事气象和农业生产需要，他们将研究重点放在天气预报上，顺利获得政府资助，从而在挪威境内布设了完善的观测站网。1918年11月，J.皮叶克尼斯和索尔伯格在搜集观测数据的过程中结识了4名瑞典学生，其中包括T.贝吉龙（Tor Bergeron, 1891—1977）和C.G.罗斯贝（Carl-Gustav Rossby, 1898—1957），他们随即投入他门下，挪威学派初见雏形。

除了上述几位主要科学家，他在卑尔根期间也培养了众多气象人才。多年之后，即1926年，他回到母校奥斯陆大学担任应用力学和数学物理学教授，继续从事教学工作。1946年卑尔根博物馆更名为卑尔根大学（The University of Bergen），如今已成为挪威第二大综合性大学。由卑尔根大学和南森海洋研究所等机构联合成立的皮叶克尼斯气候研究所（The Bjerknes Centre for Climate Research）是北欧最大的气候研究中心和欧洲大气科学研究的核心机构之一。

在挪威学派的主要科学家中，他和索尔伯格较为侧重理论研究，J.皮叶克尼斯和贝吉龙则侧重于天气学分析。他们建立的锋面气旋模型是中纬度天气尺度气旋发展和演变的重要概念模型，索尔伯格提出极锋、气旋族的概念，以及极锋波动发展为气旋的过程，完善了整个理论；贝吉龙提出气旋锢囚理论，使锋面气旋的生命史更加完整。20世纪20年代，气团、极锋学说、锋面气旋模型被称为"极锋气象学"。锋面气旋和极锋学说是卑尔根大学气象系得名"学派"的主要原因之一。与此同时他们的学术著作极大促进了气象学的发展，其中以《物理和流体力学》（*Physikalische Hydrodynamik*）一书最为突出。

诞生于1917年的挪威气象学派，在天气学理论及现代天气预报业务实践方面均贡献卓著。由他创立并领导的这支团队，吸纳并培养了J.皮叶克尼斯、T.贝吉龙、H.索尔伯格、C.G.罗斯贝等著名气象学家，他们提出的极锋理论、气团学说及锋面气旋模型成为天气分析的基础。随着挪威学派理论和方法的传播，气象学逐渐成为一门独立学科并蓬勃发展。不仅如此，他和他的门生们在各自的学术领域亦有独到建树，如1904年，他就已提出用流体动力学和热力学方程描述大气运动的构想，成为数值天气预报的发端，并提出大气环流图像。C.G.罗斯贝在美国创立芝加哥学派（Chicago School），门生包括Stommel、Charney等，师徒一起为物理海洋学、现代气象学和大气动力学的发展奠定了基础。V.皮叶克尼斯环流定理、C.G.罗斯贝大气长波理论、T.贝吉龙的冷云降水理论、ENSO（El Niño-Southern Oscillation）理论等都出自挪威学派气象学家。

在近现代大气科学的发展历程中，挪威学派无疑发挥了重要作用，为20世纪大气科学的发展贡献卓著，挪威学派对20世纪初欧洲和美国的气象事业和教育发展，以及天气学在美国的发展都产生了重要的影响。他们创立的极锋理论和锋面气旋模型对现代气象学影响深远。

参考资料

1. 胡永云《我所知道的芝加哥学派》，http://www.atmos.pku.edu.cn/kxzb/350.htm.
2. https://en.wikipedia.org/wiki/Vilhelm_Bjerknes.

绪　言

一、海洋气象学的定义

　　"海洋气象学"，英语为"Marine Meteorology"或"Maritime Meteorology"，日语为"海洋気象学"（[かいようきしょうがく]读作 *Kaiyo Kishou Gaku*），德语为"Die Meteorologie"，法语为"La meteorology Marine"，俄语为"Морской Метеорологии"，西班牙语为"Meteorología Marina"，韩国语为"해양 기상학"，阿拉伯语为"الأرصـــاد الجويـــة لبحريـــة"。

　　美国气象学会（American Meteorology Society）对海洋气象学的定义是：海洋气象学是气象学的一部分，主要涉及对海洋部分（包括岛屿和滨海区域）的研究，特别是海洋气象学能提供满足海上航空与航海业务需求的服务，由于海洋与大气之间存在紧密的相互作用，海洋对天气与气候的影响可以追踪到陆地的深处。现代气象学使用这个名词来做区域上的或管理上的区别（Marine meteorology is the part of meteorology that deals mainly with the study of oceanic areas, including island and coastal regions. In particular it serves the practical needs of surface and air navigation over the oceans. Since there is a close interaction between ocean and atmosphere, and oceanic influences upon weather and climate can be traced far inland over the continents, modern meteorology uses this name mainly for making regional or administrative distinctions[①]）.

　　世界气象组织（World Meteorology Organization, 1959）对海洋气象学的定义是：海洋气象学是气象学的一个分支，主要研究海洋上的各种大气现象，这些大气现象对海洋深处和浅处的影响，以及海洋表面对大气现象的影响（Marine meteorology is a branch of meteorology which is concerned with the study of atmospheric phenomena

---

① 引自http:// amsglossary.allenpress.com/glossary/browse.

4

above the oceans, their influence on shallow and deep sea water, and the influence of the ocean surface on atmospheric phenomena）。

根据以上两个定义可以发现，海洋气象学是研究海洋上的大气现象以及海洋与大气相互作用规律的学科，其研究内容不仅包含海上各种大气系统和天气现象的动力学过程，还包含海上大气对于海洋上层和深层相互作用的物理过程，它是大气科学和海洋科学共同研究的领域。

海洋气象学不仅有助于大气科学工作者深刻理解海洋上的天气系统的生消及演变的动力学和热力学机制，了解海洋气象灾害过程和海洋在全球天气与气候变化中的作用，同时也有助于海洋科学工作者了解海洋内部对海上天气现象和气候变化的响应特征，以提高海上航运和海上作业的安全保障能力。

海洋气象学对于海洋相关业者的重要性就像空气对于人的生命一样重要，可以说没有海洋气象学所提供的高质量气象信息，就不可能有各种海上活动的顺利开展。海上石油勘探、海上油气工程施工、跨海大桥建设、沿海高速公路运行、远洋运输、海上搜寻与救援、港口货物装卸、民航飞行安全保障等无不与海洋气象学有关。

按照海洋气象学的定义，海陆风环流、热带气旋（台风）、海上爆发性气旋、极地低压（polar low）、海雾、风暴潮、海上寒潮大风等都属于海洋气象学研究的范畴。

二、海洋气象学的发展历史

海洋气象学与海洋资源的开发利用、船舶航行运输，以及沿海人们的生活生产息息相关。中国是一个具有470多万平方千米内海和边缘海水域面积的大国，仅大陆海岸线就有1.8万多千米。近年来随着沿海开发战略的深入实施，海上运输、海洋捕捞、近海养殖和浅海石油开发迅猛发展，但每年都有因海洋气象灾害造成的海上安全事故。中国沿海的天气和气候复杂，海上生产又有其流动性和分散性的特点，对海洋气象信息的转输手段要求特别高，用现有台站资料、技术和服务手段进行海上气象服务缺乏针对性、及时性和准确性，远远不能满足海上安全生产需要，开展海洋气象服务迫在眉睫。

海洋气象学早期发展源于航海事业的需要。航海，首先要考虑的问题是海上航行安全，这与海上的诸多气象要素，如海上的天气状况、风向和风速、大气能见度、气温、大气湿度、气压、降水量、云状和云高、大气对流活动等密切相关；其次，要考虑如何迅速抵达目的港，以提高海运经济效益。对于海洋航线上的风向和风速、海水流向和流速以及海上大气能见度等要素的掌握至关重要，其他如海洋生物的繁衍和演化等也与海洋气象环境条件密切相关，因此海洋相关业者对于海洋气象学都十分重视。

公元前5世纪~前4世纪，希腊人就已利用地中海特有的季风，往返于爱琴海和埃及之间。后来不仅利用季风张帆航海，而且把季风和陆上的天气变化联系起来。15世纪末，哥伦布（Christopher Columbus）几次横渡大西洋时注意到大西洋上信风和海流的存在。17世纪中叶，传教士基歇尔（Athanasius Kircher）绘制了全球海流图，指出了大洋环流和信风的关系；英国人丹皮尔（William Dampier）观察太平洋台风，提出了台风是有静稳中心的旋转性风暴等见解。此后他们整理了全球航海记录，编写出了有关海洋气象的专著。18世纪，英国人哈德莱（George Hadley）提出南北两半球的信风理论；19世纪初，英国海军中将蒲福（Francis Beaufort）根据其长期航海的经验，总结出蒲氏风级表（Beaufort Wind Force Scale）；1855年，美国人莫里（Matthew Fontaine Maury）根据航海日志绘制了风和海流图，并写出《海洋自然地理学》（*The Physical Geography of the Sea*）一书，专论海洋气象问题，为海洋气象学勾画了初步轮廓。

前人从19世纪中叶至20世纪中叶约100年的工作为海洋气象学的发展奠定了基础。1853年，在布鲁塞尔召开的国际气象会议决定，航行于海上的船只必须定时进行气象观测并做出气象观测报告，对海洋气象资料进行有计划的收集和整理，从此海洋气象资料有了保障。1872年12月7日~1876年5月26日，英国"挑战者"（Challenger）号考察船进行环球海洋考察，这是世界上首次环球海洋考察，也是近代海洋科学的开端。19世纪末，德国汉堡的海洋气象台建立并发布了北海沿岸的风暴警报。20世纪初，挪威气象学家皮叶克尼斯（Vilhelm Friman Koren Bjerknes）及其合作者提出气旋生成的极锋学说，形成独树一帜的挪威学派。20世纪50年代，美国海军编印的全球海洋气候图集（U. S. Navy Marine Climatic Atlas of the World），为研究海洋气候提供了方便。

第二次世界大战以后，海洋气象观测技术和手段的不断进步，特别是卫星遥感技术和大型电子计算机的问世并广泛应用，开创了海洋气象学发展的新纪元。联合国还专门为海洋气象设立了政府间的协商机构和国际气象中心，世界气象组织也设立了海洋气象委员会。这些组织有效地保证了国际的相互协作，使海洋气象学得到迅速的发展。

海洋气象的观测和试验，包括海洋气象观测方法的研究、海洋气象观测仪器和装置的研制、局部或大范围海域海洋气象的调查研究。海洋观测分常规观测和非常规观测两种。前者按国际统一规定的时间和内容进行观测并发布天气报告，后者包括海洋调查、海上观测实验和其他非特约船只的观测。常规观测中以商船气象观测数量最多，截至目前，已积累了近百年的记录，但这种观测在时间上是不连续的，在空间上是分布不均匀的。虽然第二次世界大战以后，在北大西洋和北太平洋先后设立了十多个定点天气船，加上日益增多的自动浮标气象站，可以获得较高质量的连续观测资料，但还远远不能满足海上天气分析和预报的需要。

20世纪60年代以来，海洋气象探测技术有了很大进步，进行了海上定点和非定点观测，开展了大规模的海洋气象现场实验，但仍远远不能满足人类社会发展的需要。例如，对大尺度海-气相互作用的研究，多半停留在揭露基本现象的阶段，缺乏完善的理论分析。随着气象和海洋卫星的发射并投入业务使用，人们可以在外层空间的不同高度上对大气和海洋进行大范围的、均匀的实时观测，直接或间接地获得海洋上空各层上的大气温度、湿度、风速、风向、云雾、降水、海面温度、海面风速、海浪、海流、水位和海冰等多种要素的观测值，能够对海上龙卷、热带风暴、温带气旋等灾害性天气进行严密的监测，为海洋气象的研究和业务工作提供了良好的条件。

2016年2月24日，中国国家发展和改革委员会、中国气象局、国家海洋局联合印发《海洋气象发展规划（2016~2025年）》（以下简称《规划》）。《规划》明确了全国海洋气象发展的指导思想、发展目标、规划布局和主要任务，对气象、海洋等部门建立共建共享协作机制做了安排，是未来10年全国海洋气象发展的基本依据。

为应对海洋气象灾害，中国自20世纪60年代起开展海洋气象业务。经过几十年的建设，初步建立了由观测、预报、服务、信息网络等组成的海洋气象业务体系，台风预报预警等领域接近国际先进水平。但海洋气象整体业务能力尤其是海上气象观测、远洋服务等与世界先进水平相比，尚存在较大差距，还不能满足我国海洋强国发展战略日益增长的需求。针对这些问题，《规划》提出，到2025年，中国将逐步建成布局合理、规模适当、功能齐全的海洋气象业务体系，实现近海公共服务全覆盖、远海监测预警全天候、远洋气象保障能力显著提升，即近海预报责任区服务能力基本接近内陆水平、远海责任区预报预警能力达到全球海上遇险安全系统要求、远洋气象专项服务取得突破、科学认知水平显著提升，基本满足海洋气象灾害防御、海洋经济发展、海洋权益维护、应对气候变化和海洋生态环境保护对气象保障服务的需求。

《规划》共分11章，从完善海洋气象综合观测站网、提高海洋气象预报预测水平、构建海洋气象公共服务体系、加强海洋气象通信网络建设、提升海洋气象装备保障能力、建立海洋气象共建共享协作机制等方面进行了部署。规划范围为辽宁、河北、天津、山东、江苏、上海、浙江、福建、广东、广西、海南等11个沿海省区市，图们江入海口，以及渤海、黄海、东海、南海等中国管辖海域，海洋气象服务能力覆盖远海和远洋。

根据《规划》，我国将构建岸基、海基、空基、天基一体化的海洋气象综合观测系统和相应的配套保障体系；建成海洋气象灾害监测预警系统和海洋气象数值预报系统；建成多手段、高时效海洋气象信息发布系统，基本消除信息盲区，实现我国管辖海域和责任海区无缝隙覆盖；实现海洋气象设施的共建共用和统一维护保障，构建各海域、各部门、各行业间的海洋气象业务数据共享通道，提供精细化、集约化、专业化共享服务，多部门海洋气象数据共享充分、信息发布统一高效。

毫无疑问，加强海洋气象能力建设，是保障沿海人民生命财产安全的紧迫要求，也是海洋经济快速发展提出的新要求，是应对全球气候变化和保护海洋生态环境的重要科技支撑。《规划》的出台，将有利于加强全国海洋气象基础设施建设，促进海洋气象共建共享，全面增强海洋气象预报预警能力，提升气象保障服务水平，实现海洋气象业务的跨越式发展。《规划》为海洋气象学的科研、教学、实践提供了广阔的舞台。

海洋气象学的今后发展，一方面要继续改进探测系统，通过现场调查和实验，提高观测的精度，根据获得的信息资料，继续研究探索海洋-大气间尚没有被发现的一些现象,进而从理论上阐明其内在本质,将结果应用到实际的海上天气和海况的分析及其预报。另一方面要在从理论上基本弄清海洋和大气相互作用的物理过程的基础上,建立合理的海洋-大气流体动力学模式,阐明海洋在大气环流的形成、演变和气候变迁过程中所起的重要作用,大气对海洋环流和海浪的形成和演变及其他诸海洋要素的影响。在海洋气象业务领域方面,观测系统实现遥感、遥测、连续、自动化,信息处理系统实现综合、宽带、高速、数字化,预报系统实现定时、定点、定量、可视化,服务系统实现全程、滚动、个性、多媒体化是未来的发展方向。

思考题

1. 什么是海洋气象学?
2. 请简述海洋和气象的关系以及海洋在天气和气候变化中的作用。
3. 请简述海洋气象学发展历史。
4. 《海洋气象发展规划(2016~2025年)》对促进海洋气象学的发展有什么作用?

气象风云人物之二

卡尔·古斯塔夫·阿尔维德·罗斯贝（Car-Gustaf Arvid Rossby, 1898—1957），是现代气象学和海洋学理论的开拓者。他1898年12月28日生于瑞典斯德哥尔摩的一个中产家庭，当他在家乡的斯德哥尔摩大学进行数学和物理专业的学习时，参加了由当时刚刚获得气象预报理论突破的皮叶克尼斯（Vilhelm Bjerknes）主讲的一次关于大气运动非连续性问题的讲座，由此他就被气象学问题深深吸引。

1956年12月17日，世界著名气象学和海洋学家卡尔·古斯塔夫·阿尔维德·罗斯贝（Car-Gustaf Arvid Rossby）的画像出现在美国《时代周刊》的封面上（引自胡永云《我所知道的芝加哥学派》）

卡尔·古斯塔夫·阿尔维德·罗斯贝于1919年进入瑞典著名的卑尔根气象学校，加入了由皮叶克尼斯率领的气旋理论研究和天气预报团队。年轻的他亲历了极地锋理论和气团学说激动人心的发现，作为团队的一员罗斯贝提出了一些很好的思想。1919年夏，他首先建议暖锋和冷锋在天气图上分别用红色和蓝色表示，而不是当时使用的相反方案。当时的他也预感到自己的兴趣和长处在理论方面，大学里学习的物理和数学知识在气象领域不是没有用处，而是远远不够。1921年他又随皮叶克尼斯去德国莱比锡大学学习一年，1921年他又回到斯德哥尔摩大学，并在瑞典气象水文局谋得一个职位。在那里他参与高空气球观测网的建立，与另外4名预报员一起每天3次进行天气图分析并做出全国天气预报。其中有两年的夏天，他还随船出海提供天气预报。他参与了在扬马延岛（位于格陵兰岛和冰岛之间）、环大不列颠群岛、葡萄牙以及马德拉群岛的海洋科学考察活动。同时，他还在斯德哥尔摩大学继续学习数学和物理，并在1925年取得博士学位。

1926年是他学术生涯的一个重要的转折点，这一年他获得了一个基金会的资助，前往位于华盛顿的美国天气局，继续做气象科学研究。他1926年和1927年在美国著名的《每月天气评论》（Monthly Weather Review）杂志上发表了关于大气湍流和对流方面的论文，反映了他在来美国之前的研究工作对大气摩擦层具有远见的洞察。

这一时期由于美国对北欧天气预报新进展普遍持否定和麻木的态度，他只好在气象局尚未介入的航空气象预报中另辟蹊径，在加州建立了美国第一个航空气象服务试验系统。1928年，他在麻省理工学院组织了美国第一个大学水平的气象研究项目，同时创立了美国第一个现代气象学意义上的大学气象系。不久他成了该校的一名正教授。

他在麻省理工学院工作了11年，前3年他致力于气团热力学研究，首先发现大气热力学中一些物理量具有守恒性质。他最早提出利用位势温度和比湿等物理量定义气团，追踪气团的运动，进而对锋面和气旋等天气现象进行更为量化的诊断和描述。这些大气中具有守恒性质的准物质面还被作为空间坐标的代替量应用于数值预报模式。他还专注于大气和海洋中的湍流研究，第一次在气象学中引入了混合长、粗糙度参数、卡曼常数等概念，并将这些概念扩展到海洋研究中。

1939年他离开麻省理工学院，再次加入美国天气局，成为该局主管研究工作的主任助理。1940年，他应邀担任芝加哥大学气象系主任。在此期间，他将自己的研究领域转向与短期天气预报关系更为密切的大尺度大气运动和大气环流理论，并取得了最重要的学术成就。他提出了著名的大气长波理论，即著名的大气Rossby波动理论。他引入的大气涡度和动量的概念成为今天每一位气象学者都耳熟能详的基本概念。

第二次世界大战期间，他在芝加哥大学积极组织和参与了对军事气象人员的培训，同时继续研究大气长波理论。战争结束后，他招募了一大批优秀学者加入到气象研究中，为将要开展的数值天气预报积极进行气象基本理论方面的准备。1946年8月，他协助冯·诺依曼（John von Neumann）在普林斯顿大学召开了第一次讨论数值天气预报的会议。在这次会议上，他极力推荐当时在加州大学刚刚获得气象学博士学位的查尼（Jule Gregory Charney）参加首次数值天气预报试验，后者最终成为首次成功的数值天气预报的完成者之一，生动地显示了他的发现和调动人才的学术领导者的能力。查尼和他一直保持的越来越深入的学术交流和个人友谊，也成为国际气象学界的佳话。

为了响应祖国的召唤，当时已经加入美国国籍的他毅然返回瑞典。1947年当他回到斯德哥尔摩后，立即着手为母校组建了一个新的部门——斯德哥尔摩大学气象研究所，并担任所长。这个气象研究所具有很强的国际背景，受到瑞典、美国、联合国教科文组织、国际大地测量学和地球物理学联合会等机构的资助。来自世界各地的学生追随他来到这里学习气象科学，由他主持的国际研讨会也名闻遐迩。与此同时，他还花费一部分时间，继续指导芝加哥大学的气象研究工作。在斯德哥尔摩，他的主要工作是为预报欧洲天气建立数值预报系统。此外，他还创办了著名的地球物理学学术期刊大地（*Tellus*）。虽然这份杂志较多地刊载气象方面的论文，但他仍将其定义为地球物理学杂志。他这时已经敏锐地感觉到，气象科学要获得更大的突破必须要有更广的视角和在多学科的框架之下才有可能。在这一点上，他身体力行做出了表率。1952年他在阅读了一篇描述瑞典固定氮沉降的论文后，立刻计算出全球每年氮的沉降量达到5000 t。他致信论文的作者，提出这些氮来自何处？氮沉降的自然生物过程对森林、农业的作用，以及人类的氮排放的重要性等问题。他还在一次学术会议上，将"大气中的氮循环"列为与"天气预报"和"云物理"并列的第三议题，从而将空气污染问题引入了气象学研究。他也将自己的研究领域转向包括了大气化学的生物地球化学这一当时还没有多少内容的新学科。

他的研究兴趣非常广泛，在20世纪20年代他主要研究大气湍流和气压变化理论，30年代先将研究重点集中在海洋学和气象学的边界层理论上。20世纪30年代末期，他对大尺度环流的研究导致了大气长波理论的诞生。在此期间的代表作有1939年发表在《海洋研究杂志》（*Journal of Marine Research*）上的《纬向环流强度变化之间的关系及半永久活动中心的位移》和1940年发表在英国《皇家气象学会季刊》（*Quarterly Journal of the Royal Meteorological Society*）上的《行星流型》，这是世界气象发展史上的一个重要里程碑。早期使用电子计算机制作的数值天气预报是通过对正压方程进行数值积分求解实现的。大气的长波理论为求解正压方程奠定了重要基础。因此，他对数值天气预报的发展也做出了重要贡献。从1954年起，他的研究兴趣又转移到大气化学和海洋深层环流过程。1955年他在大地（*Tellus*）上发表了《论化学气候及其随大气环流型的变化》一文。

1957年8月19日，卡尔·古斯塔夫·阿尔维德·罗斯贝在瑞典斯德哥尔摩逝世。他留给全世界气象学家的永远创新的思想理念令人难忘，为纪念他的杰出学术贡献，美国气象学会以他的名字设立卡尔·古斯塔夫·罗斯贝奖章（Carl-Gustaf Rossby Research Medal），该奖项最早称为Award for Extraordinary Scientific Achievement。1958年改名为Carl-Gustaf Rossby Award for Extraordinary Scientific Achievement，1963年改为今名，这是国际大气科学界的最高荣誉，每年由美国气象学会授予一名气象学家。另外还有很多用他的名字命名的气象学概念，如Rossby波、Rossby数、Rossby参数、Rossby变形半径等。Rossby还指导了3位来自中国的博士研究生郭晓岚（Hsiao-Lan Kuo, 1948年），叶笃正（Tu-ChengYeh, 1948年）和谢义炳（Yi-Ping Hsieh, 1949年），后两位后来成了中国现代气象事业的开创者。

2015年，毕业于原山东海洋学院物理海洋学专业的1966届校友、美国夏威夷大学气象系王斌教授获美国气象学会颁发的该年度的罗斯贝奖章。

参考文献

1. 胡永云《我所知道的芝加哥学派》，http://www.atmos.pku.edu.cn/kxzb/350.htm.

2. 叶鑫欣，焦艳，傅刚. 挪威学派气象学家的研究工作和生平：J.皮叶克尼斯、H.索尔伯格和T.贝吉龙［J］. 气象科技进展，2014，6：35–45.

第一章　大气与海洋

第一节　地球大气

从太空来看，地球是一颗明亮的蓝色星球，美丽而多变。蓝色是因为地球表面的3/4是海洋，明亮是因为地球表面常常被云层覆盖。这些特征都与地球上有许多的水和空气有关，而这些正是大气科学研究的主题。

包围地球的气壳称为地球大气（简称大气），也就是人们所说的空气。就像鱼类生活在水中一样，我们人类生活在大气的底部，并且一刻也离不开大气。大气是地球自然环境的重要组成部分，与人类的生存息息相关。

大气科学（Atmospheric Science）是研究大气的各种现象（包括人类活动对它的影响）、这些现象的演变规律，以及如何利用这些规律为人类服务的一门学科。大气科学是地球科学的一个组成部分，它的研究对象主要是覆盖整个地球的大气圈，特别是地球表面的低层大气，以及和它相关的水圈、岩石圈、生物圈，是人类赖以生存的主要环境[1]。

美国气象学会对"大气科学"（Atmospheric Science）的定义是[2]：大气科学是研究地球上大气的物理学、化学和动力学的综合学问，研究范围从地球表面到数百千米上空，通常包括大气化学、高层大气物理学、磁层物理学，以及太阳对整个地区的影响（Atmospheric science, also atmospheric sciences, is the comprehensive study of the physics, chemistry, and dynamics of the earth's atmosphere, from the earth's surface to several hundred kilometers; this usually includes atmospheric chemistry, aeronomy,

---

① https：//baike.baidu.com/item//大气科学/85598?fr=aladdin.

② http：//glossary.ametsoc.org/wiki/Atmospheric_science.

magnetospheric physics, and solar influences on the entire region）。

本章首先介绍大气的基本特性、主要的气象要素，然后介绍世界的大洋与海，最后介绍海水基本物理要素的定义。

一、大气及演化

大气为地球人类和其他生命的繁衍发展提供了理想的环境，它的状态和变化时时处处影响着地球上人类和其他生物的活动与生存。

大气的组分以氮气（N_2）、氧气（O_2）、氩气（Ar）为主，它们约占大气总体积的99.96%。其他气体含量甚微，有二氧化碳（CO_2）、氪（Kr）、氖（Ne）、氦（He）、甲烷（CH_4）、氢气（H_2）、一氧化碳（CO）、氙（Xe）、臭氧（O_3）、氡（Rn）、水汽（H_2O）等。大气中还悬浮着水滴等液态以及冰晶、尘埃、花粉等固态微粒。大气中的氧气是人类赖以生存的物质基础。大气中的水汽来自江河、湖泊和海洋表面的蒸发、植物的散发，以及其他含水物质的蒸发。在夏季湿热处，大气中水汽含量的体积比可达4%，而冬季干寒处，则低于0.01%。水汽随着大气温度变化而发生相变，成云致雨，成为淡水的主要资源。水的相变过程不仅把大气圈同水圈、岩石圈、生物圈紧密地联系在一起，而且对大气运动的能量转换和变化有重要影响。

大气总质量约为5.3×10^{18} kg，约占地球总质量的百万分之一。由于万有引力的作用，大气质量的约90%聚集在离地表15 km高度以下的大气层内。在2000 km高度以上大气极其稀薄，逐渐向星际空间过渡，无明显上界。大气本身的可压缩性、太阳辐射、地球的形状和重力、地球的公转和自转、地球表面的海陆分布和地形起伏、地球的演化和地球生态系统等因素是造成大气特定组分、特定结构和特定运动状态的主要自然条件。而人类活动是影响大气组分、大气结构和大气运动的人为条件。

为了正确地理解发生在大气中的各种物理现象和物理过程，进而掌握它们的变化规律，首先有必要了解大气的演化历史。

科学家估计地球形成已有大约46亿年的历史，在漫长而又曲折的演化过程中，大气的成分和结构有了很大的变化。由于无法得到演化过程中各个阶段大气的样本，只能根据地层的化石结构和行星大气资料，结合物理、化学、生物学原理和实验等，用模拟方法或逻辑推理方法进行研究。因问题复杂，故难度很大。

关于大气的起源和演变有多种学说，但都有一个共识，即必须把大气看成地球系统中的一部分，即由大气圈、水圈、岩石圈和生物圈组成的地球系统是相互联系的，物质是可以互相转化的，而且大气仅是地球系统当中很小的一部分。

大气的演化大体可分为原始大气、次生大气和现代大气三个阶段。

（一）原始大气

地球形成初期的原始大气应是以宇宙中最丰富的轻物质H_2、He和CO为主。由于太阳风（年轻恒星会喷发大量的物质流，此时正值太阳形成初期）和地球升温的作用，使原始大气逐渐向宇宙空间膨胀并逃逸散失。估计在45亿年前或晚些时候，地球上是没有大气的。

（二）次生大气

地球逐渐冷却（估计地表温度为−15℃～−10℃）以后，由于造山运动、火山喷发和从地幔中释放出地壳内原来吸附的气体，形成了次生大气，其主要成分是CO_2、CH_4、NH_3和H_2O等。

火山喷发物中含有约85%的水汽、约10%的CO_2，以及少量的氮、硫或硫化物（SO_2，H_2S）等。因大气只能容纳少量水汽，大部分水汽形成云雾和降水，成为地表水——海洋和湖泊，据估计若以过去一个世纪火山喷发的蒸汽率作为地球形成初期的平均蒸汽率，则现在地球上水圈的总质量是很小的，它比由火山喷发进入大气的总水汽量约小两个数量级。究其原因，可能是海洋深处水体的渗漏或水汽被紫外辐射分解破坏而消失。

在大约30亿年前，CO_2浓度是现在的10倍。丰富的CO_2和水汽产生的温室效应，使地球表面温度逐渐升高而达到300℃左右。在此高温下大量CO_2气体又通过化学反应生成了碳酸盐累积在地壳中，降低了大气中的CO_2含量。

（三）现代大气

现代大气以氮气和氧气为主。在地球上出现生物以前，大气中的游离态氧极少，臭氧的浓度就更小。这些少量氧气是水汽被太阳紫外辐射离解（光致离解）产生的：

$$H_2O + h\upsilon \rightarrow H + OH \tag{1.1}$$

$$H_2O + h\upsilon \rightarrow H_2 + O \tag{1.2}$$

式中，h是普朗克常数，υ是频率。光解过程生成的原子氧可在有第三者（M）存在的条件下结合成分子氧：

$$O + O + M \rightarrow O_2 + M \tag{1.3}$$

但水汽离解产生的氧和氧原子对同一波段的太阳紫外辐射（$\lambda < 0.195\ \mu m$）有很强的吸收，因此会降低光解的速度，最终使原子氧达到一个平衡浓度。根据简单的模式计算，这样产生的氧约是现在大气中氧浓度的千分之一。分解出的氢气扩散到高空，逐渐逃逸出了地球。但是上述的产生氧的光解过程还有不确定的因素，如果氢气逃逸得少，浓度大，氢和氧仍可能重新复合成水汽。

地球上的氧气主要是植物的光合作用产生的，正是生物圈的作用导致了地球大气的进一步演化。30亿年前，地球处于一个无氧环境中，或者只有由水汽光解作用产生的极少量氧气，由氧的光化学作用产生的臭氧就更少。在这种无氧条件下出现的原始生命，由于既需要躲避陆地上太阳紫外辐射的强烈杀伤，又需要可见光进行光合作用，因此它们最初只能存在于水面下10 m深处的海洋表面层。生活在水中的这种低级厌氧生命能够释放氧气。到了6亿年前，大气中氧的浓度达到现在浓度的百分之一，在此期间，高空臭氧浓度有了明显增加，臭氧削弱了紫外辐射，使生命能够到达水面，因此氧的这一浓度称为生物发展史上的第一关键浓度。水面植物的光合作用使大气中氧的含量增加较快，4亿多年以前，大气中的氧达到现在浓度的十分之一，并在高空逐渐形成了臭氧层。臭氧层阻挡了太阳的强紫外辐射，反过来又促进了植物的繁茂生长，使植物由海洋移向了陆地。繁茂的植物吸收更多的CO_2，释放出更多的氧气。与此同时，动、植物体的呼吸和死亡又会消耗氧气排放CO_2，就在这样的演变过程中逐渐达到了一种平衡。生物从海洋发展到陆地，又到天空，从低级形态进化到高级形态，大气CO_2浓度从3亿年前的约3000 mL/m^3下降到约280 mL/m^3。

光合作用放出的氧，大约10%储存在现代大气中，其余以氧化物形式如Fe_2O_3、$CaCO_3$等存在于地壳中。光合作用生成的碳存在于有机体内，在地壳变化过程中成为矿物燃料。按目前世界燃料的消耗量计算，人类一年燃烧的碳量相当于植物光合作用1000年生成的总量。

实际地球大气中氮的浓度远大于计算的地球大气的氮的浓度，这一现象目前尚无满意的解释。固然氮气的化学性质稳定，火山喷发到大气中的氮能够保留和积累下来，但这对其他行星一样适用，不足以说明地球的特点。显然大气的高浓度氮也应与生命活动，即地球生物圈的作用有关，其中的许多问题还不很清楚，有待研究。

综上所述，生命的出现和生物圈的形成在大气的演变中起了重要作用。而生命能够在地球上出现，是与适宜的日地距离有关的。生命需要液态水来进行化学作用和吸收养分，液态水只能在0℃~100℃存在。适宜的日地距离使地球表面有了合适的温度条件，即水能在地球上完成水汽、液态水和冰的循环，这在太阳系的其他行星上是不可能的。水汽光解产生少量氧，海洋和少量氧的存在为生命的出现创造了条件。生命的出现反过来又改变了地球大气的成分，形成以氮、氧为主的大气。臭氧层强烈吸收太阳紫外辐射的功能，不但保护了地球上的生命，并且转换成的热量使平流层增温，从而改变了高层大气的热力结构。这种演化过程在迄今为止所有已发现的天体中是唯一的。

二、大气的成分

大气由多种气体成分组成，并掺有一些悬浮的固体和液体微粒。在85 km以下的各种气体成分中，一般可分为"定常成分"和"可变成分"两大类。定常成分中的各类气体比例大致保持不变，主要有氮气（N_2）、氧气（O_2）、氩气（Ar）和一些微量惰性气体，如氖（Ne）、氪（Kr）、氙（Xe）及氦（He）等。可变成分的气体比例随时间、地点的不同有变化，气体包括水汽（H_2O）、二氧化碳（CO_2）、臭氧（O_3）和一些碳、硫、氮的化合物。

通常把除水汽以外的纯净大气称为干洁大气（简称干空气）。其中氮气、氧气、氩气三种气体占空气容积的99.66%，如果再加上CO_2，剩余的次要气体成分所占容积是极微小的。观测表明，85 km以下的实际大气，由于大气运动和分子扩散使得空气充分混合，干空气中各气体成分的比例得以维持常定。因此可以将85 km高度以下的干空气视为一种平均摩尔质量为21.9644的"单一"气体。

高层大气的主要成分是氮气和氧气，其他气体的含量较少。氧气约占大气质量的23%，氧气是动植物赖以生存、繁殖的必要条件。除了游离存在的氧气以外，氧还以硅酸盐、氧化物和水等化合物形式存在，在高空则还有臭氧及原子氧。

臭氧主要分布在高度10 km～40 km，近地面含量很少，极大值在20 km～25 km。臭氧在大气中的比例虽然极小，但因它具有强烈吸收太阳紫外辐射（0.2μm～0.3μm）的能力，阻挡了强紫外辐射到达地面，保护了地球上的生命。臭氧层浓度的变化会对气候变化和人类生活带来巨大影响，因此，目前世界上对臭氧的观测和研究都很重视。

大气中CO_2约占整个大气容积的万分之三，且多集中在20 km高度以下。它主要是有机物燃烧、腐烂和生物呼吸过程中产生的。因此在大工业区、城市上空的空气中CO_2的含量较高，有些地区含量可超过万分之五。在农村和人烟稀少地区的含量较低。CO_2含量的变化主要是煤、石油、天然气等燃烧所引起的，火山爆发及从碳酸盐矿物、浅地层里也会释放CO_2。随着工业化的发展及世界人口的增长，大气中CO_2含量逐年增加。

实际大气中，除上述气体成分外，还含有水汽及液态、固态微粒。含有水汽的空气称为湿空气。大气中水汽的主要来源是水面蒸发，特别是海洋表面的蒸发。水汽上升凝结形成水云或冰云以后，又以降水或降雪的形式降到陆地和海洋上。大气中水汽仅占地球总水量的0.001%。

第二节　大气的铅直分层

大气随高度变化呈现不同的特征，可分成若干层。最常用的分层方法是按大气的温度结构分层，即根据铅直温度梯度的方向，把大气分成对流层（troposphere）、平流层（stratosphere）、中间层（mesosphere）和热成层（thermosphere），它们分别由称为"顶"的隔层（如对流层顶）分开（图1.1）。

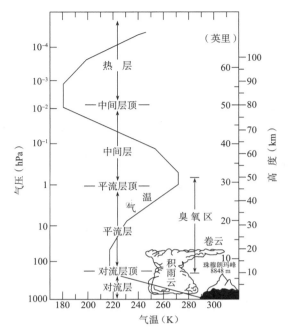

图1.1　地球大气的铅直温度廓线（改绘自牛津大学出版社，1999）

一、对流层（troposphere）

对流层是大气层靠近地面的一层。它同时是大气层里密度最高的一层，蕴含了整个大气层约75%的质量，以及几乎所有的水蒸气及气溶胶。对流层的主要特点是：大气温度随高度增加而降低，平均每上升100 m气温下降约0.65℃。气温随高度升高而下降是由于对流层大气的主要热源是地面长波辐射，离地面越高受热越少，气温就越低。但在一定条件下，对流层中也会出现气温随高度增加而上升的现象，称之为"逆温现象"。由于受地表影响较大，气象要素（如气温、湿度等）的水平分布不均匀。空气有规则的垂直运动和无规则的乱流混合都相当强烈。上、下层水汽、尘埃、热量发生交换混合。由于90%以上的水汽集中在对流层中，所以云、雾、雨、雪等众多天气现象都发生在对流层内。

大气吸收的总能量中，直接吸收太阳辐射能约占10%，吸收地、海面发射的红外辐射约占90%。低层大气受地、海面加热，产生强烈的铅直运动，因此对流层内大气温度的铅直分布主要是由大气与地、海面热量交换以及大气的对流、湍流运动决定的，总趋势是温度随高度增加而降低。

大气探测的结果表明，对流层内大气温度的平均递减率约为6.5℃/km。大气温度随高度下降到−70℃～−50℃，高度再往上，温度的降低趋势缓慢或向上稍有增加，当温度递减率减小到2℃/km（或更小）的最低高度，就定义为对流层顶。对流层顶的高度随季节和纬度变化。赤道附近为15 km～20 km，极地和温带为8 km～12 km。在中纬度地区对流顶的坡度很大, 且常是不连续的。

对流层里集中了约3/4的大气质量和几乎全部水汽, 又有强烈的铅直运动, 因此主要的天气现象和天气过程如寒潮、台风、雷雨、闪电等都发生在这一层内。

二、平流层（stratosphere）

由对流层顶向上到高度50 km左右的气层称为平流层。平流层的底层温度随高度无大的变化, 其上部的温度随高度增加而明显增高, 到平流层的上界温度可达0℃左右; 高度大约在50 km的最高温度可达7℃, 这是臭氧强烈吸收太阳辐射的结果。这种温度随高度的逆增长现象使平流层大气很稳定, 呈现出明显的成层结构, 大气的铅直运动很弱, 多为平流运动并且尺度很大。

平流层中水汽含量很少, 几乎没有在对流层中经常出现的各种天气现象。此外, 由于空气中尘埃很少, 大气透明度很高。

三、中间层（mesosphere）

平流层顶到高度80 km~85 km的大气层为中间层, 也称为中层。中间层的最重要特点是温度随高度升高而降低得很快, 到中间层顶温度下降到−93℃, 是大气中最冷的部分。中间层内因臭氧含量低, 同时能被氮、氧等直接吸收的太阳短波辐射已经大部分被上层大气所吸收, 所以温度垂直递减率很大, 对流运动强盛。

中间层内水汽极少, 但在高纬地区的黄昏前后偶尔会发现中间层存在夜光云, 这种云可能是高层大气中细小水滴或冰晶构成, 也有人认为是尘埃构成的。由于温度随高度降低很快, 所以中间层有相当强烈的铅直运动。

平流层和中间层约包含了1/4的大气质量。在中间层以上大气更稀薄了, 其质量大约只占大气总质量的十万分之一。

四、热成层（thermosphere）

热成层亦称为热层或暖层, 位于中间层之上及散逸层之下, 其顶部离地面约800 km。热成层的空气受太阳短波辐射而处于高度电离的状态, 电离层便存在于热成层之中, 而极光也是在热成层顶部发生的。

热成层中气温随高度的增加而迅速增高, 这是由于波长小于0.17μm的太阳紫外辐射都被热成层中的大气物质（主要是原子氧）所吸收的缘故。其增温程度与太阳活动有关, 当太阳活动加强时, 温度随高度增加很快升高, 这时高度500 km处的气温可增至1727℃; 当太阳活动减弱时, 温度随高度的增加增温较慢, 高度500 km处的温度也只有227℃。

热成层没有明显的顶部。通常认为在垂直方向上, 气温从向上增温至转为等温处为其上限。在热成层中空气处于高度电离状态, 其电离的程度是不均匀的。其中最强的有两区，即E层（90 km～130 km）和F层（160 km～350 km）。F层在白天还分为F_1和F_2两区。据研究，高层大气（在60 km以上）由于受到强太阳辐射，迫使气体原子电离，产生带电离子和自由电子，使高层大气中能够产生电流和磁场，并可反射无线电波，从这一特征来说，这种高层大气又可称为电离层，正是由于电离层的存在，人们才可以收听到很远地方的无线电台的广播。

热成层是中间层顶以上的大气层，在这层内温度始终是随高度增加的。太阳辐射中波长小于0.17μm的紫外线辐射几乎全被该层中的分子氧和原子氧吸收，吸收的大部分能量用于气层增温。此外，太阳的微粒辐射和宇宙间的高能粒子也能影响该层的大气热状况。高度在100 km以上大气的热量传输主要靠热传导过程。由于分子稀少，传导率小，当各高度上所吸收的辐射能和传到下层去的热量达到平衡时，就必然有巨大的温度梯度。

热成层的另一个特点是，温度日变化和季节变化很显著，白天和夜间温差可达几百度。此外，热成层的温度还受太阳活动的影响，在太阳活动的高峰期和宁静期也能差几百度。

在热成层的高纬地区经常会出现一种辉煌瑰丽的大气光学现象——极光。

热成层顶以上大气的边缘层，叫逸散层，在这一层大气消失于星际空间的气体中，这是由于这一层温度极高，空气极稀薄，地球引力很小，高速运动着的空气原子克服地球引力和其周围空气的阻挡，而逸散于星际空间。

第三节　气象要素

表征大气中物理现象与物理过程的物理量称为气象要素，其表征的是大气宏观物理状态，是大气科学研究的重要依据。重要的气象要素有气温、气压、湿度、风速和风向，以及大气水平能见度等。

一、气温

气温是大气温度的简称，一般称为温度，是表示大气冷热程度的物理量。在一定的容积内，一定质量空气的温度高低与空气分子的平均动能有关，且气体分子运动的平均动能只与大气的绝对温度T有关。因此气温实质上是空气分子平均动能大小的表现。虽然热量和温度经常联系在一起，但它们是完全不同的两个概念。热量是能量，而温度是一种量度。

气象上使用两种温标，一种是开氏温标记作"K"，另一种是摄氏温标记作"℃"。

开氏温标的零度是绝对零度,即分子完全停止运动的温度,它们之间的换算关系为:

$$T(K) = 273.16 + t(℃)$$
$$\approx 273 + t \tag{1.4}$$

式中, T 表示绝对温度, t 表示摄氏温度。通常所说的地面气温是指离地面1.5 m高度上百叶箱所测得的温度。

由于太阳辐射的差异,不同地区地面平均气温随纬度的变化十分明显。气温的分布对于确定大气的热力状态和风场结构是十分重要的。在一年中吸收太阳辐射最多的是热带地区,气温最高。在赤道地区,由于太阳辐射的梯度较小使气温的经向梯度很小。在一年中吸收太阳辐射最少的极地地区气温则最低。由于南半球海洋面积远大于陆地,使得南半球的气温在东西方向的分布较北半球均匀。

二、气压

(一) 气压的定义

大气的压强简称气压,其定义为从观测高度到大气上界单位面积上铅直空气柱的重量。

测量气压的仪器通常有水银气压表和空盒气压计两种。气压的单位曾经用毫米(mm)水银柱高度来表示,但国际单位制用帕斯卡(Pa, 简称帕)来表示。气象上常用百帕(hPa)。1百帕是1 cm^2 面积上受到1000 dyn的力时的压强值,即

$$1 \text{ hPa} = 1000 \text{ dyn/cm}^2 \tag{1.5}$$

而1 Pa=1 N/m^2, 即1帕等于每平方米承受1牛顿的力。百帕与以前曾使用过的毫巴(mb)单位相当。气象学上规定把温度为0℃时、纬度为45°的海平面的气压作为标准大气压,称为1个大气压,其数值为760 mm水银柱高,或相当于1013.25 hPa。在标准情况下:

$$1 \text{ mmHg} = 1.33 \text{ hPa} \tag{1.6}$$

由此可以得到mmHg与hPa之间的换算关系为:

$$1 \text{ mmHg} = 1.33 \text{ hPa} \approx 4/3 \text{ hPa}$$
$$1 \text{ hPa} \approx 0.75 \text{ mmHg} = 3/4 \text{ mmHg} \tag{1.7}$$

1 hPa近似地相当于1 cm静压水位。地面气压值在980 hPa~1040 hPa之间变动,平均值为1013 hPa。随着高度增加,气压值按指数减少,离地面高度10 km处的气压值只有地面的约25%。

由于地表的非均匀性及动力、热力等因子的影响,实际大气压并不简单地呈纬向分布。根据各地气象台观测到的海平面气压值,在地图上用等压线勾画出高、低气压的分布就是水平气压场,图1.2为海平面气压场分布示意图。气压场中一般可分为低气压(Low Pressure)、高气压(High Pressure)、低压槽(Trough)、高压脊(Ridge)及鞍

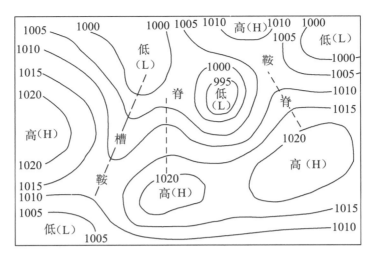

图1.2　海平面气压场分布示意图（单位：hPa，改绘自冯士筰等，1999）

型场（Saddle）等区域。在国际上发布的海平面气压场分布图上，常用"High"的首字母"H"表示高压，"Low"的首字母"L"表示低压[①]。图1.3为韩国气象局发布的2014年12

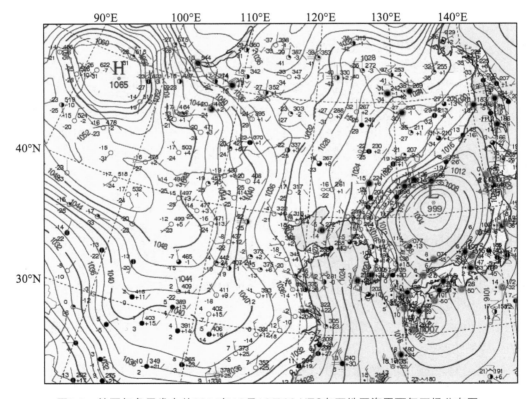

图1.3　韩国气象局发布的2014年12月16日00 UTC东亚地区海平面气压场分布图

① 在本书中自此以后用"H"表示高压，"L"表示低压。

月16日00 UTC的东亚地区海平面气压场分布图,图中符号"H"表示高压,"L"表示低压。但在中国气象局发布的海平面气压场分布图上,常以符号"G"表示高压,"D"表示低压。

(二)大气静力学方程

大气的密度随高度增加而减小,气压亦然。大气处于不停的运动中,既有水平运动,也有铅直运动。由于大气铅直运动的加速度比重力加速度的数值要小数个量级,就每一薄层大气而言,可以认为它受到重力与铅直方向的气压梯度力相平衡,即处于静力学平衡状态。

研究一个厚度为dz的单位截面积空气块(图1.4),假设空气无水平运动,

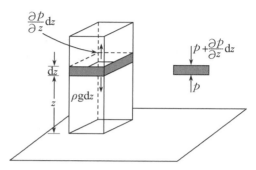

图1.4 大气静力关系平衡示意图

只在铅直方向受到重力和气体压力的作用,那么空气块在铅直方向所受重力为:$mg=\rho g dz$,而其顶部和底部受到的压力差为$-\dfrac{\partial p}{\partial z}dz$,二者平衡则有:

$$g=-\frac{1}{\rho}\frac{\partial p}{\partial z} \tag{1.8}$$

(1.8)式就是大气静力学方程。由于大气在水平方向气压分布相对均匀,100 km内才有1 hPa的气压差,而在近地面气层中,铅直方向每升高8 m,气压就减少1 hPa,因而在一定范围内可以认为$p=p(z)$,则大气静力学方程可以写成:

$$\frac{dp}{dz}=-\rho g \tag{1.9}$$

在实际大气中除有强烈的对流运动的地区外,大气静力学方程一般都成立,该方程具有广泛的用途。

(三)重力位势

在天气分析中通常在等压面上分析高度场,但这种高度场不是几何高度场,而是位势高度场。

习惯上以位势高度H表示重力位势的大小,定义为:

$$H=\frac{\int_0^z g\,dz}{g_0} \tag{1.10}$$

式中,$g_0=9.80665$,它不再表示重力加速度,而只是一个数值。H的单位是gpm(位势米),1 gpm相当于9.80665 J/kg的重力位势。所以g_0可以视为重力位势与位势高度之间的换算因子。位势高度与几何高度在量值上十分接近,但其意义截然不同。

三、大气湿度

表示大气中水汽量多少的物理量称为大气湿度。大气湿度状况与云、雾、降水等关系密切。由于测量方法和实际应用不同,大气湿度常用下述物理量表示。

(一) 水汽压与饱和水汽压

大气压力是大气中各种气体压力的总和。湿空气中由水汽所引起的那一部分压强被称为水汽压,以e表示,其单位与压强相同,也用hPa表示。一切度量水汽或空气湿度的方法基本上均以相对于纯水的平面上蒸发和凝结的量为标准。当温度一定时,若从纯水的平面逸入空气中的水分与从空气中进入水面的水分在数量上相同(即处于平衡状态),此时水汽所造成的那部分压强被称为饱和水汽压,以E表示,也叫最大水汽压,因为超过这个限度,水汽就要开始凝结。实验和理论都可证明,饱和水汽压是温度的函数,温度愈高饱和水汽压愈大。

在实际工作中常采用玛格努斯(Magnus)经验公式表示饱和水汽压与温度的关系:

$$E = E_0 10^{\left(\frac{at}{b+t}\right)} \tag{1.11}$$

式中,$E_0 = 6.11$ hPa,是0℃时的饱和水汽压,t是摄氏温度,a和b为常数。对水面而言,a=7.5,b=237.3;对冰面而言,a=9.5,b=265.5。

冰面饱和水汽压低于同温度下的水面饱和水汽压,其差值在−12℃时最大。不同温度下水面和冰面的饱和水汽压可查阅气象常用表。

(二) 相对湿度

相对湿度(常用f表示)就是空气中的实际水汽压(e)与同温度下的饱和水汽压(E)的比值(用百分数表示),表示式为:

$$f = \frac{e}{E} \times 100\% \tag{1.12}$$

相对湿度直接反映空气距离饱和的程度。当其接近100%时,表明当时空气接近于饱和。当水汽压不变时,气温升高饱和水汽压增大,相对湿度会减小。

(三) 饱和差

在一定温度下,饱和水汽压与实际空气中水汽压之差称为饱和差(常用d表示),即$d = E - e$,d表示实际空气距离饱和的程度。在研究水面蒸发时常用到d,它能反映水分子的蒸发能力。

(四) 比湿

在一团湿空气中,水汽的质量与该团空气总质量(水汽质量加上干空气质量)的比值,称为比湿(常用q表示),其单位是g/g,即表示每一克湿空气中含有多少克的水汽。也有用每千克质量湿空气中所含水汽质量的克数来表示的,其单位是g/kg。

对于某一团空气而言,只要其中水汽质量和干空气质量保持不变,不论发生膨胀或压缩,体积如何变化,其比湿都保持不变。因此在讨论空气的垂直运动时通常用比湿来表示空气的湿度。

（五）水汽混合比

一团湿空气中水汽质量与干空气质量的比值称水汽混合比（常用γ表示），单位为g/g。

（六）露点

露点是"露点温度"的简称。在空气中水汽含量不变、气压一定的情况下，使空气冷却达到饱和时的温度，称为"露点温度"，简称"露点"（常用T_d表示）。其单位与气温相同。在气压一定时，露点的高低只与空气中的水汽含量有关，水汽含量愈多，露点愈高，所以露点也是反映空气中水汽含量的物理量。在实际大气中，空气经常处于未饱和状态，露点温度常比气温低。因此根据T和T_d的差值可以大致判断空气距离饱和的程度。

露点完全由空气的水汽压决定，是等压冷却过程中的保守量。

上述各种表示湿度的物理量：水汽压、比湿、水汽混合比、露点，表示空气中水汽含量的多寡。而相对湿度、饱和差、温度露点差则表示空气距离饱和的程度。

四、风向与风速

空气相对于地面作水平运动即为风。它既有大小又有方向是向量。风是大气显示能量的一种方式，风可以使地球上南北之间、上下之间的空气发生交换，同时伴有水汽、热量、动量的交换，这种交换对整个地球大气的运动状态有重要意义。

（一）风向

气象上把风吹来的方向确定为风的方向。因此风来自北方叫作北风，风来自南方叫作南风。气象台站预报风时，当风向在某个方位左、右摆动时，则加以"偏"字，如偏北风。当风速很小时，则采用"风向不定"来说明。受仪器启动风速的限制，通常将风速小于2 m/s的风记为无风，即缺记风向。

通常人们认为的风向是8个方位，但在气象观测中，风的方向是16个方位。海上多用36个方位表示；在高空则用角度表示。用角度表示风向，是把圆周分成360度，北风（N）是0度（即360度），东风（E）是90度，南风（S）是180度，西风（W）是270度，其余的风向都可以由此计算出来，如图1.5所示。

（二）风速

风速是指单位时间内空气在水平方向运动的距离，单位用m/s或km/h来表示。风速是气象学研究的重要参数之一，对于全球气候变化研究、航天事业以及军事应用等方面都具有重要作用和意义。

目前国际上通用蒲福（Beaufort）风力等级表，是19世纪初期由英国海军上将蒲福所发明，后作改进。表1.1为蒲福风级表。

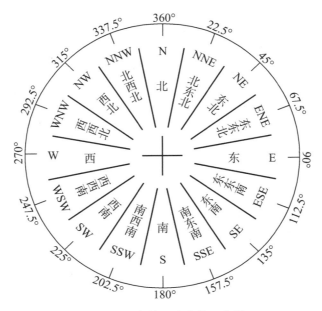

图1.5 风向的16个方位示意图

表1.1 蒲福风级表

蒲福风级	名称	风速（m/s）	风速（km/h）	海岸状况	陆地状况	海面状况
0	无风 Calm	0～0.2	小于1	风静	静，烟直上	海面如镜
1	软风 Light air	0.3～1.5	1～5	寻常渔船略有摇动	炊烟可表示风向，风标不动	海面有鳞状波纹，波峰无泡沫
2	轻风 Light breeze	1.6～3.3	6～11	渔船张帆时速1～2 n mile	人面感觉有风，树叶有微响，风向标能转动	微波明显，波峰光滑未破裂
3	微风 Gentle breeze	3.4～5.4	12～19	渔舟渐倾侧时速3～4 n mile	树叶及小枝摇动，旌旗招展	小波，波峰开始破裂，泡沫如珠，波峰偶泛白沫
4	和风 Moderate breeze	5.5～7.9	20～28	渔舟满帆时倾于一侧，捕鱼好风	尘沙飞扬，纸片飞舞，小树干摇动	小波渐高，波峰白沫渐多
5	清风 Fresh breeze	8.0～10.7	29～38	渔舟缩帆	有叶的小树枝摇摆，内陆水面有小波	中浪渐高，波峰泛白沫，偶起浪花

续表

蒲福风级	名称	风速（m/s）	风速（km/h）	海岸状况	陆地状况	海面状况
6	强风 Strong breeze	10.8～13.8	39～49	渔舟张半帆，捕鱼须注意风险	大树枝摆动，电线呼呼有声，举伞困难	大浪形成，白沫范围增大，渐起浪花
7	疾风 Near gale	13.9～17.1	50～61	渔舟停息港内，海上需船头向风减速	全树摇动，迎风步行有阻力	巨浪，海面涌突，浪花白沫沿风成条吹起
8	大风 Gale	17.2～20.7	62～74	渔舟在港内避风	小枝吹折，逆风前进困难	猛浪，巨浪渐升，波峰破裂，浪花明显成条沿风吹起
9	烈风 Strong gale	20.8～24.4	75～88	机帆船行驶困难	烟囱顶部及屋顶瓦片将被吹损	猛浪惊涛，海面渐呈汹涌，浪花白沫增浓，减低大气能见度
10	暴风 Storm	24.5～28.4	89～102	机帆船航行极危险	陆上少见，可使树木拔起，建筑物损坏严重	猛浪翻腾波峰高耸，浪花白沫堆集，海面一片白浪，大气能见度减低
11	狂风 Violent storm	28.5～32.6	103～117	机帆船无法航行	陆上很少，有则必有重大损毁	非凡现象，狂涛高可掩蔽中小海轮，海面全为白浪掩盖，大气能见度大减
12	飓风 Hurricane	32.7～36.9	118～133	骇浪滔天	陆上几乎不可见，有则必造成大量人员伤亡	非凡现象空中充满浪花白沫，大气能见度恶劣
13	飓风 Hurricane	37.0～41.4	134～149		陆上绝少，其摧毁力极大	非凡现象
14	飓风 Hurricane	41.5～46.1	150～166		陆上绝少，其摧毁力极大	非凡现象
15	飓风 Hurricane	46.2～50.9	167～183		陆上绝少，其摧毁力极大	非凡现象

蒲福风级	名称	风速（m/s）	风速（km/h）	海岸状况	陆地状况	海面状况
16	飓风 Hurricane	51.0～56.0	184～201		陆上绝少，其摧毁力极大	非凡现象
17	飓风 Hurricane	56.1～61.2	202～220		陆上绝少，其摧毁力极大	非凡现象

五、大气水平能见度

大气水平能见度（简称大气能见度）是反映大气透明程度的一个指标，指视力正常的人在当时天气条件下，能够从天空背景中看到和辨别出目标物的最大水平距离，单位用m或km来表示。

影响大气能见度的因子主要有大气透明度、灯光强度和视觉感阈。大气能见度和当时的天气情况密切相关。当出现降雨、雾、霾、沙尘暴等天气过程时，大气透明度较低，因此大气能见度较差。测量大气能见度一般可用目测的方法，也可以使用大气透射仪、激光能见度自动测量仪等测量仪器进行测量。

六、降水

降水指从云中降落的液态水和固态水，如雨、雪、冰雹等。降水观测包括降水量和降水强度。前者指降到地面尚未蒸发、渗透或流失的降水物在地平面上所积聚的水层深度，以mm为单位；后者指单位时间内的降水量，常用的单位是mm/10 min、mm/h、mm/d。测量降水的仪器有雨量器和雨量计等。中国气象局规定：24小时内雨量不到10 mm的雨为小雨；10.0 mm～24.9 mm为中雨；25.0 mm～49.9 mm为大雨；达50 mm或50 mm以上为暴雨。

降水物是指从天空降落到地面的液态或固态水，包括雨、毛毛雨、雪、雨夹雪、霰、冰粒和冰雹等。降水量是指降水落至地面后（固态降水则需经融化后）未经蒸发、渗透、流失而在水平面上积聚的深度，降水量以mm为单位。

在高纬度地区冬季降雪多，还需测量雪深和雪压。雪深是从积雪表面到地面的垂直深度，以cm为单位。当雪深超过5 cm时，则需观测雪压。雪压是单位面积上的积雪重量，以g/cm^2为单位。

降水量是表征某地气候干湿状态的重要气象要素，雪深和雪压还反映当地的寒冷程度。

第四节　云及分类

云是重要的天气现象,不但其形状复杂且瞬息多变,而且其变化过程中还蕴含着非常复杂的动力过程、微物理过程和化学过程。云动力学是一门新兴的学科,有兴趣者可以参阅William R. Cotton与Richard A. Anthes合著的《风暴和云动力学》(*Storm and Cloud Dynamics*, Academic Press, 1989)一书。本节专门介绍关于云的基础知识。

一、云的定义

朱炳海、王鹏飞、束家鑫主编的《气象学词典》(1984) 对云的定义如下:云是大气中大量小水滴或(和)小冰晶的集合群。亦即以大气为分散剂,以水滴或(和)冰晶为分散质的大气气溶胶。其下界不与地面相接,否则便称为"雾"。组成云的质粒,直径一般小于100μm。它们是当大气中的水汽达到饱和状态时在凝结核或凝华核上凝成的。云中的相变和碰并过程,使有些云质粒长大为降水物析出云外,有些云质粒重新蒸发为水汽。云是大气过程的产物,反过来又给大气过程以巨大影响。例如,云形成时释放给大气的潜热,将改变大气的结构,从而影响大气运动,如虹、晕、华和闪电等。云的形态及其变化和运动,常能说明当时大气层结和运动场结构并预示未来天气,所以云是重要的天气现象。

二、云的形态

自然界中云的形态非常复杂,简单地讲,云主要有三种形态:一大团的积云、一大片的层云和纤维状的卷云。细分的类别包括毛、钩、厚、堡状、絮状、成层、匀、荚状、碎、淡、中、浓、秃状、鬃状等。有的云的形态只是某一云族所独有,如钩、淡、中、浓、秃状等。有的云的形态可为几个云族所共有,如堡状、絮状、成层、荚状、碎等。按照云的形状特征,云大体可分为以下10个云属(表1.2)。

表1.2　云属分类表（引自《气象学词典》, 1984, P117）

序号	云属	学名	简写
1	卷云	Cirrus	Ci
2	卷积云	Cirrocumulus	Cc
3	卷层云	Cirrostratus	Cs
4	高积云	Altocumulus	Ac

序号	云属	学名	简写
5	高层云	Altostratus	As
6	层积云	Stratocumulus	Sc
7	层云	Stratus	St
8	雨层云	Nimbostratus	Ns
9	积云	Cumulus	Cu
10	积雨云	Cumulonimbus	Cb

三、云的分类

科学上云的分类方法最早是由法国博物学家尚·拉马克（Jean Lamarck）于1801年提出的。1929年，国际气象组织以英国科学家路克·何华特（Luke Howard）于1803年制定的分类法为基础，按照云的形状、组成、形成原因等把云分为10个云属。而这10个云属则可按其云底高度把它们划分成3个云族：高云族、中云族、低云族。另一种分法则将积云与积雨云从低云族中分出，称为直展云族。需要指出的是，这里使用的云底高度仅适用于中纬度地区。

（一）高云族

高云族分3个属，都是卷云类，一般形成在6 km以上的高空。在这一高度上水都会凝固结晶，所以该族云都是由冰晶体所组成的。高云一般呈纤维状，薄薄的且多数透明。

1. 卷云（Cirrus, Ci）

卷云一般呈纤维状结构，色白无影且有光泽，日出前及日落后，常带有黄色或红色，云层较厚时为灰白色。卷云可分为以下4类。

（1）毛卷云：云丝分散，纤维结构明晰，状如乱丝、羽毛、家禽的尾巴等。

（2）密卷云：云丝密集，聚合成片。

（3）钩卷云：云丝平行排列，顶端有小钩成小团，类似逗号形状。

（4）伪卷云：已脱离母体的积雨云顶部冰晶部分，云体大而浓密，经常呈铁砧状。

2. 卷层云（Cirrostratus, Cs）

卷层云均匀成层，呈透明或乳白色。透过云层，日、月轮廓清晰可见，地物有影，常有晕。卷层云可分成以下2类。

（1）均卷层云：云幕的厚度薄而均匀，看不出有明显的结构。

（2）毛卷层云：云幕的厚度不均匀，丝状纤维组织结构明显。

3. 卷积云（Cirrocumulus, Cc）

卷积云只有1类，通常云块较小，呈白色，形状为细鳞或片状，常成行或成群，排列整齐,似微风吹过水面所引起的小波纹。

(二) 中云族

中云族通常在2500 m~6000 m的高度上形成,是由过度冷冻的小水滴组成。

1. 高层云(Altostratus, As)

高层云均匀成层,呈灰白色或灰色,往往布满全天。高层云可分成以下2类。

(1) 透光高层云:云层较薄,厚度均匀,呈灰白色,日、月轮廓模糊,似隔一层毛玻璃。

(2) 蔽光高层云:云层较厚,呈灰色,底部可见明暗相间的条纹结构,日、月被掩, 看不见其轮廓。

2. 高积云(Altocumulus, Ac)

高积云通常云块较小,轮廓分明。薄云块呈白色,能看见日、月轮廓。厚云块呈灰暗色,日、月轮廓不清晰。呈扁圆形、瓦块状、鱼鳞或水波状的密集云条。成群、成行、成波状沿一个或两个方向整齐排列。高积云可分成以下6类。

(1) 透光高积云:云块较薄,个体分离、排列整齐,云缝处可见蓝天。即使无缝隙,云层薄的部分也比较明亮。

(2) 蔽光高积云:云块较厚,排列密集,云块间无缝隙,日、月位置不清晰。

(3) 荚状高积云:云块呈白色,中间厚,边缘薄,轮廓分明,孤立分散,形如豆荚状或呈柠檬状。

(4) 堡状高积云:云块底部平坦,顶部突起成若干小云塔,类似远处的城堡。

(5) 絮状高积云:云块边缘破碎,很像破碎的棉絮团。

(6) 积云性高积云:云块大小不一,呈灰白色,外形略有积云特性,由衰败的浓积云或积雨云扩展而成。

(三) 低云族

低云族包括层积云、层云、雨层云、积云、积雨云共5属,其中层积云、层云、雨层云由水滴组成,云底高度通常在2500 m以下。大部分低云都可能下雨,雨层云还常有连续性降雨或降雪。而积云、积雨云由水滴、过冷水滴和冰晶混合组成,云底高度一般在2500 m以下,但云顶很高。积雨云多下雷阵雨,有时会伴有狂风、冰雹。

1. 层积云(Stratocumulus, Sc)

层积云通常云块较大,其厚度或形状有很大差异,常呈灰白色或灰色,结构较松散。薄云块可辨出日、月位置;厚云块则较阴暗。有时呈零星散布,大多成群、成行、成波状沿一个或两个方向整齐排列。层积云可分成以下5类。

(1) 透光层积云:云块较薄,呈灰白色,排列整齐,缝隙处可以看见蓝天,即使无缝隙,云块边缘也较明亮。

(2) 蔽光层积云:云块较厚,显暗灰色,云块间无缝隙,常密集成层,布满全天,底部常有明显的波状起伏。

(3) 积云性层积云:云块大小不一,呈灰白或暗灰色条状,顶部有积云特征,由衰退的积云或积雨云展平而成。

（4）荚状层积云：云体扁平，常由傍晚地面四散的受热空气上升而直接形成。

（5）堡状层积云：云块顶部突起，云底连在一条水平线上，类似远处的城堡形状。

2. 层云（Stratus, St）

层云均匀成层，呈灰色，似雾，但不接地，常笼罩着山腰。层云可分成以下2类。

（1）层云：云体均匀成层，呈灰色，看起来像雾，但不接地。

（2）碎层云：由层云分裂或浓雾抬升而形成的支离破碎的层云小片。

3. 雨层云（Nimbostratus, Ns）

雨层云均匀成层，布满全天，可完全遮蔽日、月，呈暗灰色，云底常伴有碎雨云，连续性降雨或降雪。雨层云可分成以下2类。

（1）雨层云：云体均匀成层，布满全天，可完全遮蔽日、月，呈暗灰色，云底常伴有碎雨云，可连续地降雨或降雪。

（2）碎雨云：云体低而破碎，形状多变，呈灰色或暗灰色，常出现在雨层云、积雨云及蔽光高层云下。

（四）直展云族

直展云族有非常强的上升气流，所以可一直从底部伸展到更高处。带有大量降雨和雷暴的积雨云就可从接近地面的高度开始，然后一直发展到十几千米的高度。在积雨云的底部，当下沉较冷的空气与上升较暖的空气相遇时，往往会形成像一个个小袋的乳状云。

1. 积云（Cumulus, Cu）

积云个体明显，底部较平，顶部凸起，云块之间多不相连，云体受光部分洁白光亮，云底较暗。积云可分成以下3类。

（1）淡积云：通常个体不大，轮廓清晰，底部平坦，顶部呈圆弧形凸起，状如馒头，其厚度小于水平宽度。

（2）浓积云：通常个体高大，轮廓清晰，底部平而暗，顶部呈圆弧状重叠，似花椰菜，其厚度往往超过水平宽度。

（3）碎积云：通常个体小，轮廓不完整，形状多变，多为白色碎块，系破碎或初生积云。

2. 积雨云（Cumulonimbus, Cb）

积雨云通常云浓而厚，云体庞大如高耸的山岳，顶部开始冻结，轮廓模糊，有纤维结构，底部十分阴暗，常有雨幡及碎雨云。积雨云可分成以下2类。

（1）秃积雨云：云顶开始冻结，圆弧形重叠，轮廓模糊，但尚未外展。

（2）鬃积雨云：云顶有白色丝状纤维结构，并扩展成为马鬃状或铁砧状，云底阴暗混乱。

必须指出的是，每一种云都有其特性，但不是一成不变的。在一定条件下，不同类型的云之间可以相互转化。如淡积云可以发展成为浓积云，再发展成积雨云；积雨云顶部脱离成为伪卷云或积云性高积云；卷积云降低成高层云；而高层云降低又可变成雨层云。

四、云量

由于云是悬浮在空气中大量的小水滴或（和）小冰晶组成的可见聚合体，在常规气象观测中要测定云量。

云量是指云遮蔽天空视野的成数。将地平线以上全部天空划分成10份，被云所遮蔽的份数即为云量。若碧空无云，则天空云量记为0；若一半天空被云所覆盖，则天空云量记为5，以此类推。

云量观测包括总云量和低云量。总云量是指观测时天空被所有的云遮蔽的总成数，低云量是指观测时天空被低云所遮蔽的成数。

第五节　世界的大洋与海

地球上广大的连续水体总称为海洋，它构成了地球的水圈。海洋的面积为 $3.613 \times 10^8 \text{ km}^2$，体积为 $1.338 \times 10^9 \text{ km}^3$，面积占地球表总面积的70.8%，海水的总质量约为地球质量的0.1%。由于海水中含有大量的盐分，其密度比纯水要大，为 1.01 g/cm^3 ~ 1.03 g/cm^3，海水的密度与海水的温度、盐度和压力有关，是它们的函数。

海洋对太阳辐射的反射率比陆地小，因此海洋单位面积所吸收的太阳辐射能比陆地多25%~50%，全球海洋表层的年平均温度要比全球陆面温度约高10℃。据估计到达地表的太阳辐射能约80%被海洋表面吸收，通过海水内部的运动，热量向下传输混合。而大气与海洋之间的关系尤为密切，通过海-气相互作用来影响大气环流、水循环和气候变化。根据水文及海洋形态特征，可将海洋划分为主要部分和附属部分。主要部分称之为洋（Ocean），附属的是洋的边缘部分，其中包括海（Sea）、海湾（Gulf）和海峡（Strait）。

一、洋（Ocean）

洋的面积广阔，约为海洋面积的89%。洋的特点为深度大，一般在2 km~3 km。水文要素相对来说比较稳定，不受大陆的影响，季节变化小，日较差不大。盐度平均约为35；水色高，透明度大，有独自的潮汐系统和强大的洋流系统。

世界大洋是互相沟通的。根据岸线的轮廓、底部起伏和水文特征，世界大洋分为太平洋、大西洋、印度洋、北冰洋和南大洋。表1.3把南大洋三个扇形部分的面积归入三大洋。其中太平洋总面积最大，大西洋次之，北冰洋最小；太平洋最深，北冰洋最浅。

表1.3　世界各大洋的面积和深度

大洋名称 （不包括附属海）	面积（×10⁶ km²）	平均深度（m）	最大深度（m）
太平洋（Pacific Ocean）	165.246（45.8%）	4 028	11500
大西洋（Atlantic Ocean）	82.442（22.8%）	3 627	9219
印度洋（India Ocean）	73.443（20.3%）	3 897	7450
北冰洋（Arctic Ocean）	5.035（1.4%）	1 296	5220

二、海（Sea）

大洋靠近大陆边缘部分，由弧岛或半岛所隔离，或居于两陆中间，或由陆地包围的部分，皆称为海。海的面积要比洋的面积小得多，只占海洋的11%，深度较浅。

海水的物理化学性质各有特点，受大陆影响大，季节变化显著。水色低，透明度小，没有独立的海流系统和潮汐系统，多数受大陆和大洋的共同影响。

按照海的地理位置可分为内陆海和边缘海。内陆海位于陆地内部，仅通过一个或几个海峡与大洋相通的海，又称为地中海。内陆海分为陆间海和陆内海，陆间海是在几个大陆之间的海，如欧洲与非洲之间的地中海；陆内海是在一个大陆内的海，如波罗的海、红海、波斯湾、渤海等。边缘海是位于大陆边缘，以岛弧或半岛与大洋为界，海流和潮流直接受大洋影响；靠近大陆的那一面受大陆影响大，水文气象状况的季节性变化明显；连接大洋的那一面受大洋影响最大，但水文气象状况相对比较稳定。边缘海如日本海、白令海、鄂霍次克海、黄海和南海等。

三、海湾（Gulf）

洋和海延伸入大陆的一部分水域，其深度和宽度逐渐减小，且其大部分范围被陆地所包围，仅有一面通向洋和海，这种水域称为海湾。海湾中的海水与邻近的海或洋可以自由沟通，所以水文气象特性一般与海相似。海湾中潮差一般来说都比较大，这显然和水域较窄以及水深逐渐变浅有关，可出现最大潮差，如中国杭州湾的钱塘江潮差达8.9 m，朝鲜金华湾为12 m，加拿大东岸的巴芬湾潮差达18 m，芬兰湾可达18 m~21 m。

海湾的面积大小差别很大，有的很大，如孟加拉湾，有的较小，如中国的大连湾、胶州湾和北部湾等。

四、海峡（Strait Channel）

沟通两个海或海与洋宽度较窄的水道称为海峡。如中国的台湾海峡沟通东海和南海，巴士海峡沟通南海和太平洋。海峡的特点是流急，尤其是潮流的流速大，多涡旋，底质多为岩石或沙砾，细小的沉积物很少。海流有的由上、下层流入或流出，如直布罗陀海峡和博斯普鲁斯海峡；有的由西、东侧流入或流出，如渤海海峡等。因此海湾中的海水温度、密度在水平及垂直方向上的变化都比较大。如台湾海峡、巴士海峡和津轻海峡等主要的海峡都是世界各国船舶航行的国际通道。

应当指出的是，由于历史习惯等原因，原本是"海"但称为"湾"的有波斯湾、墨西哥湾等。原本是"湾"但称为"海"的有阿拉伯海和渤海等。

第六节　海水的基本物理要素

一、海水的盐度

海水盐度是指海水中全部溶解固体与海水重量之比，通常以每千克海水中所含的克数表示。人们用盐度来表示海水中盐类物质的质量分数。世界大洋的平均盐度为35。

海水的盐度是海水中含盐量的一个标度。海水含盐量是海水的重要特性，是研究海水的物理过程和化学过程的基本参数。海洋中发生的许多现象和过程，常与盐度的分布和变化有关，因此海洋中盐度的分布及其变化规律的研究，在海洋科学上占有重要的地位。

（一）首次定义

19世纪末，一些欧洲国家召开了国际海洋会议，为了统一观测资料，成立了专家小组，研究了海水的盐度、氯度和密度等有关问题。专家小组提出了一种测定盐度的方法，即取一定量的海水样品，加盐酸酸化后，再加氯水，蒸干后继续升温，最后在480℃条件下烘至恒重，称量剩余的盐分。根据这种测定方法，海水盐度的定义为："1 kg海水中的溴和碘全部被当量的氯置换，而且所有的碳酸盐都转换成氧化物之后，其所含的无机盐的克数。"以符号"S"表示之，单位为g/kg。

这样就可以通过测定海水样品的氯度，计算出盐度。

（二）重新定义

盐度与氯度的上述关系式是不严格的，况且当时所取的水样，多数为波罗的海表层水，难以代表整个大洋水的规律。实际上，关系式中的常数项0.030，不符合大洋海水盐度变化的实际情况。1950年以后，电导盐度计的研究和发展，使盐度的测定方法得到简化，精准度也提高，比测定氯度后计算盐度的方法更加准确和方便。因此联合国教科文组织（UNESCO）、国际海洋考察理事会（ICES）、海洋研究科学委员会

（SCOR）和国际海洋物理科学学会（IAPSO）4个国际组织联合发起,于1962年5月召开会议,成立了海水状态方程式联合小组。该小组于1963年第二次会议上改名为"海洋用表与标准联合专家小组（JPOTS）"。经过多次讨论和研究,为了保持历史资料的统一性,将盐度公式改为:

$$\frac{S}{1000}=1.80655\frac{Cl}{1000} \tag{1.13}$$

R.A.考克斯等对采自各大洋和海区的135个水样（深度在100 m以内）的氯度值进行了准确的测定,按上述公式换算成盐度,并测定了电导比$R15$,得到盐度与$R15$关系的多项式:

$$\frac{S}{1000}=-0.08996+28.2970R15+12.80832R15-10.67869R15+5.98624R15-1.32311R15 \tag{1.14}$$

式中,$R15$为一个标准大气压和15℃条件下海水样品与$S=35.000$的标准海水电导率的比值。

1966年,联合国教科文组织和英国国立海洋研究所出版的《国际海洋用表》,其中的盐度数据,就是采用上述测定电导率后换算成盐度的方法。

海水盐度因海域地理位置不同而有差异,主要受纬度、河流、海域轮廓、洋流等的影响。在外海或大洋,影响盐度的因素主要有降水、蒸发等;在近岸地区,盐度则主要受河川径流的影响。从低纬度到高纬度,海水盐度的高低,主要取决于蒸发量和降水量之差。蒸发量使海水浓缩,降水使海水稀释。有河流注入的海区,海水盐度一般比较低。

二、海水的密度

海水的密度是指单位体积内所含海水的质量,单位是g/cm³（或kg/m³）,但习惯上使用的海水密度是指海水的比重,即指在一个标准大气压下,海水的密度与3.98℃的蒸馏水的密度之比,因此在数值上密度和比重是相等的。海水的密度状况,是决定海流运动的最重要因子之一。

不同海区海水密度有不同的数值,取决于海水中的含盐量。波罗的海的盐度最低,海水密度也最低;红海盐度最高,海水密度也最大。在大河出海口处海水盐度甚至接近淡水,密度较小,但也可能因为河水裹挟泥沙的原因使得海水密度增大。还可能由于海水不同深度的原因,海水密度会产生差别（强大的水压致使水分子稍紧凑些,密度增大,所以海水密度的垂直分布规律是从表层向深层逐渐增加的）。另外,从理论上讲,随着气候变暖,两极冰盖不断融化,会使海水的密度减小。

一般情况下海水密度可以取为1.025×10^3kg/m³。

三、海水的温度

海水温度（sea-water temperature）是表示海水热力状况的一个重要物理量,在海洋学上一般以摄氏度（℃）表示，测定精度要求在±0.02℃。

海水温度是表征海洋水文状况最重要的物理因子之一，常作为研究海水团的性质，描述水团运动的基本指标。研究并掌握海水温度的时空分布及变化规律是海洋学的重要内容，对于航海、海洋捕捞、水产养殖及海上作业等都有重要意义，对气象、航海和水声等学科也很重要。

海水温度体现了海水的热状况。太阳辐射和海洋大气热交换是影响海水温度的两个主要因素。海流对局部海区海水的温度也有显著的影响。在开阔海洋中，表层海水等温线的分布大致与纬圈平行，在近岸地区，因受海流等的影响，等温线向南北方向移动。海水温度的垂直分布一般随深度的增加而降低，并呈现出季节性变化。

（一）表层海水温度的水平分布

（1）海水表面平均温度的纬度分布规律：从低纬向高纬递减。这是因为地球表面所获得的太阳辐射热量受地球形状的影响，从赤道向两极递减。

（2）海水表面温度的变化特点：海水表面温度受季节影响、纬度制约以及洋流性质的影响。

（二）海水温度的垂直变化

海水温度的垂直分布规律是：随深度增加而递减。海水从表层到水深1000 m，水温随深度增加而迅速递减，水深超过1000 m，水温下降变慢。其原因主要是海洋表层受太阳辐射影响大，在海洋深处受太阳辐射和表层热量的传导、对流影响较小。

世界海洋的水温变化一般在-2℃~30℃之间，其中年平均水温超过20℃的区域占整个海洋面积的一半以上。观测表明：海水温度日变化很小，变化水深范围为0 m~30 m，而年变化可到达水深350 m左右处。在水深350 m左右处，有一恒温层。但随深度增加，水温逐渐下降（每增加1000 m深度，水温下降1℃~2℃），在水深3000 m~4000 m处，温度达到1℃~2℃。

（三）世界大洋的温度分布

三大洋表面年平均水温约为17.4℃，其中以太平洋最高，达19.1℃，印度洋次之，达17.0℃，大西洋最低，为16.9℃。水温一般随深度的增加而降低，在深度1000 m处的水温为4℃~5℃，2000 m处为2℃~3℃，3000 m处为1℃~2℃。占大洋总体积75%的海水，温度在0℃~6℃之间，全球海洋平均温度约为3.5℃。海水温度还有日、月、年、多年等周期性变化和不规则变化。

参考文献

1. 朱炳海，王鹏飞，束家鑫. 气象学词典［M］. 上海：上海辞书出版社，1984：1239.

2. 王衍明. 大气物理学［M］. 青岛：中国海洋大学出版社，1991：467.

3. 叶安乐，李凤岐. 物理海洋学［M］. 青岛：中国海洋大学出版社，1991：684.

4. 冯士笮，李凤岐，李少菁. 海洋科学导论［M］. 北京：高等教育出版社，1999：503.

5. 盛裴轩, 毛节泰, 李建国, 等. 大气物理学［M］. 北京: 北京大学出版社, 2003: 522.

思考题

1. 什么是大气科学?

2. 地球大气的演化历史大体可分几个时期? 不同时期具有什么特性?

3. 地球大气在铅直方向可分为几层?

4. 可用哪些物理量来表示大气的湿度?

5. 风的等级是如何划分的?

6. 云可以分为几个属? 其形态有什么特点?

7. 洋与海的区别是什么?

气象风云人物之三

朱勒·格里高利·查尼（Jule Gregory Charney, 1917—1981），美国气象学家，1917年1月1日生于美国旧金山，1981年6月16日卒于波士顿。他是国际气象学界著名的芝加哥学派里地位仅次于Rossby的代表人物。他对气象学、大气动力学和物理海洋学的贡献是难以估量的，其主要工作可概括为斜压不稳定、准地转运动、数值天气预报、地转湍流、第二类条件不稳定（Conditional Instability of the Second Kind, 缩写为CISK）机制、大气行星波垂直传播、大气环流的多平衡态等方面，是20世纪最伟大的气象学家之一。

朱勒·格里高利·查尼（Jule Gregory Charney）的照片（引自胡永云，2017）

朱勒·格里高利·查尼（Jule Gregory Charney）在20世纪40年代初期毕业于美国洛杉矶加利福尼亚大学（UCLA）数学系，他以不稳定性方面的论文获博士学位。20世纪40年代后期在普林斯顿高等研究院工作，1956年任麻省理工学院气象系教授。

虽然他在芝加哥大学临时工作过不到一年的时间，但毫无疑问他是芝加哥学派里地位仅次于Rossby的代表人物。有相当一部分学者认为，Rossby对大气科学的另一重要贡献是把他吸引到了这个领域，而他则一次又一次开创性地解决了大气动力学中的关键性问题。许多人也许对他以及他和Rossby之间师生加朋友的故事并不陌生，Platzman在他去世前对他的采访以及Phillips为美国科学院所写的他的传记里记录了很多生动的情节。

他生于旧金山，在洛杉矶长大，并在UCLA先后获得了学士和博士学位。他在本科以及研究生早期阶段的学习兴趣是数学和物理，一次偶然的机会让他接触到了气象学。那是因为有一天他在物理系的导师T.Thomas邀请该系新成立的气象专业的教授Holmboe做报告。在这个报告会上他第一次听到了"气象学"这个名词并认识了Holmboe。后来Holmboe邀请他做助教，他在咨询了加州理工学院（California Institute of Technology）的冯·卡门（Theodore von Kármán）之后接受了邀请。当时在UCLA气象学专业的几位教师，如J. Bjerkenes，Holmboe和Neiburger，都是因为第二次世界大战从挪威移民来美国，经Rossby介绍到UCLA成立了一个气象学专业，为美国空军培训气象观测员和预报员。最初他对Bjerkenes和Holmboe过于描述性的研究工作不太感兴趣，直到Neiburger把Rossby在1939年发表的论文介绍给他，他才决定把气象学作为他的博士论文研究方向，Rossby对他更大的影响是在他们见面之后。在其后的近一年里，Rossby多次和他讨论他的博士论文以及气象学的其他关键问题，这些讨论使他对气象学有了真正的了解，并且对从事气象学的研究充满了信心。1947年他在*Journal of Meteorology*上发表了著名的关于斜压不稳定的论文*The Dynamics of Long Waves in a Baroclinic Westerly Current*。

1947年秋，他在挪威Oslo大学访问时，Rossby已经回到了瑞典斯德哥尔摩大学，Rossby不止一次地给他写信谈论数值天气预报的重要性，并把他介绍给普林斯顿大学高等研究院的冯·诺伊曼（John von Neumann）。在数值天气预报项目经费困难时，Rossby建议冯·诺伊曼向军方申请经费，这些都保证了他的研究顺利进行。

他对气象学、大气动力学和物理海洋学的贡献是难以估量的。他的主要工作大致可以总结为斜压不稳定、准地转运动、数值天气预报、湍流、第二类条件不稳定机制、行星波垂直传播、大气环流的多平衡态等几个方面。斜压不稳定理论是他在做博士论文时完成的工作，他是在几乎没有指导的情况下独立地提出并解决这一开创性问题的。无论是J. Bjerkenes还是Holmboe，似乎都无法在这一研究中给予太多指导，这一点可以从Platzman对他的访谈中看出来。人们常常说在科学研究中，问题的提出甚至比解决更重要，这个观点也反映在斜压不稳定问题提出和解决的过程中。当时，并没有一个所谓的"斜压不稳定"，这一概念是他在一步步的思考中逐渐形成的。他告诉Platzman，他最初并没有一个明确的方向，大约花了三年的时间才搞清楚问题的所在，也就是斜压不稳定问题，后来又花了大约两年时间来解决这一问题。从Platzman对他的访谈中我们还可以发现，在整个提出和解决问题的过程中有几处关键的突破。行星波向上传播这一问题的提出和解决，反映出他非常善于把其他领域的知识和气象学问题结合在一起。这项工作的最初想法来自于他在1946年芝加哥停留期间与Rossby的讨论，Rossby曾向他强调过Rossby波动是大气的内在模态。他自己也曾使用过群速度的垂直分量估计过高层大气波动对下层天气预报的影响，所以考虑过Rossby波存在垂直方向传播的可能性。1948年，他从挪威回美国之前访问了Oslo天体物理研究所，在那里他了解到太阳日冕是由于太阳内部的涡动能量向太阳表层传播的结果。这进一步促使他思考大气对流层Rossby波动有可能会向上传播的问题，但是为什么地球大气不会出现类似太阳的日冕现象呢？他在后来的十几年里一直在思考这些问题，直到1961年他和Drazin才解决了该问题。最初他们认为，对流层大气波动之所以无法向上传播到大气层顶是因为西风带有限制Rossby波动垂直方向传播的作用。后来他们发现，一方面Rossby波不可能在东风中传播，另一方面如果西风太强，也同样不利于Rossby波的传播。在夏季，平流层盛行东风，行星波动无法进入平流层；在冬季，行星波动也不可能穿越位于中间层低层的强西风急流。这就解释了对流层大气波动是不可能传播到大气层顶的，所以不会出现类似日冕的现象。

他曾当选为美国国家科学院院士、瑞典科学院和挪威科学院外籍院士。他于1946年起研究数值天气预报。20世纪40年代提出滤波理论，1947年发表了The Dynamics of Long Waves in a Baroclinic Westerly Current一文，提出斜压大气西风带长波不稳定性理论。1950年参加试验，成功地做出了第一张数值天气预报图，为此1964年他获美国气象学会授予的Rossby奖。20世纪60年代他提出第二类条件不稳定性理论，70年代他提出大气大尺度运动的分岔理论。此外他还研究有关海洋动力学问题。在20世纪60年代，他参入制定了1978年~1979年第一次全球大气试验的实施计划，世界气象组织在1971年授予他国际气象组织奖。

他还曾获史密森学会霍奇金斯奖和英国皇家气象学会西蒙斯纪念金质奖章等。美国气象学会从1982年起将原"后半世纪奖"改名为"Charney奖"。他的主要论著还有《论大气运动的尺度》（1948）、《原始运动方程在数值预报中的应用》（1955）、《沙漠动力学与撒哈拉的干旱》（1975）等。

参考文献

1. 胡永云《我所知道的芝加哥学派》，http://www.atmos.pku.edu.cn/kxzb/350.htm.
2. https://baike.baidu.com/item/J. G. Charney.
3. http://www.chinabaike.com/article/316/327/2007/2007022258772.html.

第二章　海洋水文要素及海气相互作用

世界大洋上的海流、温度、盐度和密度的时空分布和变化,是海洋学研究最基本的内容之一,几乎与海洋中所有现象都有密切的联系。

第一节　世界大洋海流分布概况

世界大洋主要表层海流流系分布如图2.1所示。

一、太平洋的表层海流

在北太平洋上,北赤道流在10° N~22° N之间自东向西穿越太平洋,流速为0.5 kn[①]~0.7 kn,最大流速出现在夏季,为l kn~2 kn。

北赤道流到达菲律宾东岸后向南北分岔,向南一支沿棉兰老岛海岸南下汇入赤道逆流中,向北一支为主流,称为黑潮(Kuroshio),是世界著名的暖流之一。黑潮沿菲律宾以东北上,流经我国台湾东部海面进入东海,继续沿大陆架边缘北上,经土噶喇海峡流出东海,并沿着日本群岛向东北方向流动,在40° N附近与亲潮(Oyashio)汇合。黑潮的主轴位置、宽度和流速都有明显的季节变化,在我国台湾以东洋面,黑潮宽度约为150 n mile,流速为l kn~1.5 kn,在琉球以西,宽度约80 n mile,流速增至2 kn~

---

① "kn",中文"节",英文为"knot",是一个专用于航海的速度单位,相当于船只每小时所航行的海里数。1节的定义为每小时1海里(n mile/h),等于0.514 m/s。

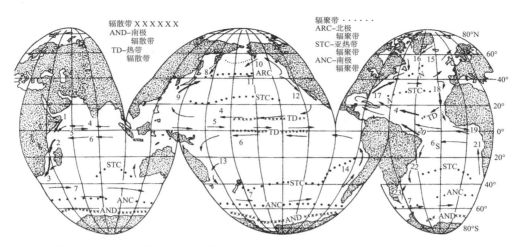

1. 索马里流　2. 莫桑比克流　3. 阿古拉斯流　4. 北赤道流　5. 赤道逆流　6. 南赤道流
7. 南极绕极流　8. 亲潮　9. 黑潮　10. 阿拉斯加流　11. 北太平洋流　12. 加利福尼亚流
13. 东澳流　14. 秘鲁流　15. 东格陵兰流　16. 拉布拉多流　17. 湾流　18. 加那利流
19. 几内亚流　20. 圭亚那流　21. 本格拉流　22. 巴西流　23. 马尔维纳斯（福克兰）流

图2.1　世界三大洋2月～3月表层环流示意图（引自冯士祚等，1999）

2.5 kn，在九州岛东部，流宽约80 n mile，流速为2 kn～2.5 kn，在四国外海，流宽约110 n mile，流速急增，表层流速达3 kn～4 kn，最大流速位置距离海岸仅50 km。

通常把从我国台湾到35° N的一段黑潮海流称为黑潮主流。在35° N附近，主流分为两支，一支离开海岸向正东流去直到160° E，称为黑潮续流，具有暖流性质。另一支继续向东北方向，到达40° N附近与南下的亲潮汇合，之后受盛行西风影响一起转向东流动，形成了自西向东横穿大洋的北太平洋海流。北太平洋海流流速为0.5 kn～1.0 kn，到达北美西岸分为南北两支，南支沿北美西岸南下，称为加利福尼亚海流，是一支寒流，平均流速约为0.5 kn。北支沿北美西岸北上进入阿拉斯加湾，形成阿拉斯加海流。阿拉斯加海流的一部分沿阿留申群岛南下，称为阿留申海流，另一部分进入白令海。

亲潮源于鄂霍次克海和白令海，沿堪察加半岛和千岛群岛向西南流动，是北太平洋上水温最低的寒流，流速为0.5 kn～1.0 kn，冬春势力强，夏季势力弱。亲潮南下到38° N～40° N附近与黑潮相遇后，一部分加入北太平洋海流，另一部分下沉到暖流之下。

在南、北赤道流之间，有一支自西向东流动的赤道逆流，流速为0.5 kn～1.0 kn，其位置偏向北半球，在3° N～5° N。它流到大洋东岸分成两支，分别汇入南、北赤道流中。

南赤道流在4° N～10° S之间自东向西流动，在6° S以北流速为0.4 kn～1.3 kn，有时可达2 kn，在6° S以南流速减弱。

南赤道流到大洋西部后主流沿澳大利亚东岸向南流动，称为东澳大利亚暖流，流速为0.5 kn～1.0 kn，在40° S以南与南大洋的西风漂流汇合。南太平洋的西风漂流流速为0.5 kn～1.0 kn，在整个西风带上自西向东流动，是寒流。当其越过南太平洋遇到南美西岸后，一部分北上形成秘鲁海流，流速约为0.5 kn，是世界大洋中行程最长的一支寒流。

二、大西洋的表层海流

北大西洋的北赤道流源于佛得角群岛，在15°N~20°N之间自东向西流动，其横渡大洋后，与北上的南赤道流北分支——圭亚那海流汇合，又在安的列斯群岛南端分为两部分，小安的列斯群岛外侧的部分称为安的列斯海流，是暖流；另一部分转向西北，经安的列斯群岛进入加勒比海和墨西哥湾，然后经佛罗里达海峡流出，与安的列斯海流汇合后沿北美东岸北上，流至35°N附近后转入深海，这就是著名的墨西哥海流，简称湾流（Gulf Stream）。

湾流是世界上最强大的暖流，水温常高达30℃以上。其宽度很窄流速较大，在佛罗里达海峡处流速可超过4 kn。从佛罗里达海峡出来至哈特拉斯角之间的湾流流速为0.5 kn~2 kn。湾流中段最大流速可达5 kn，其他部分为0.5 kn~1 kn。湾流的位置经常变动，这种变动表现为"弯曲"现象，而不是湾流整体迁移。通过哈特拉斯角后，湾流容易形成一系列的弯曲和涡旋，在哈特拉斯角以东弯曲发展，尤其在风暴之后弯曲发展得特别快，它叠加在湾流上向东北移动，移速为0.5 kn~1 kn。弯曲成长充分后便与湾流分开，形成独立的涡旋，涡旋直径一般在100 km~300 km，以小于0.5 kn的速度与湾流两侧的海水一起向西南运动。

湾流到达40°N附近折向东北横过北大西洋，形成北大西洋海流，流速为1.0 kn~1.3 kn。其水温比周围海水高出8℃~10℃，是暖流，能把大量的热量输送至高纬度地区，使西欧、北欧冬季气温比同纬度的亚洲大陆东岸高出10℃左右。

北大西洋海流在大洋东部形成几个主要分支，分别向南或向北流去。向南流的一支经伊比利亚半岛和亚速尔群岛之间南下，称为加那利海流，流速为0.5 kn~0.75 kn，为寒流。向东北流去的分支到达冰岛南部时，又分为经挪威沿岸向北流的挪威海流和在冰岛南部转向西的爱尔明格海流。

爱尔明格海流向西流动，绕过冰岛以后转向北和西北，汇合形成东格陵兰海流。

东格陵兰海流是一支自极地海域沿格陵兰东岸流向西南的寒流，流速在0.5 kn左右，夏季可增大到1 kn，水温极低，常从北冰洋带来大量的海冰。东格陵兰海流离开格陵兰南端后，急转向西北沿格陵兰西岸流动，改称为西格陵兰海流，它流经戴维斯海峡进入巴芬湾。

挪威海流、爱尔明格海流和西格陵兰海流都具有暖流性质。

拉布拉多海流是源于极地水域沿北美东岸南下的强寒流，水温较低，它将大量的冰山和海冰沿北美东岸向南带往纽芬兰岛附近。

南、北赤道流之间，在3°N~10°N处是自西向东流动的赤道逆流，它向东流入几内亚湾，在几内亚湾的部分称为几内亚海流。

　　南赤道流源于几内亚湾,沿着4°N~10°S之间向西流动,平均流速约为0.6 kn,在西移过程中流速逐渐增大,到南美东岸时高达2.5 kn。南赤道流在南美东岸南下的分支称为巴西海流,为暖流,流速小于1.0 kn,它到40°S附近折向东与西风漂流汇合。西风漂流通过合恩角时,有一支沿南美东岸北上的海流,称为福克兰海流,它是一支夹带冰山的寒流,当其北上到达33°S时与南下的巴西海流汇合,然后沿西风漂流向东流去。在好望角附近,西风漂流的一部分沿非洲西岸北上,形成本格拉寒流,流速约为0.8 kn。

三、印度洋的表层海流

　　北印度洋的海流会受季风的转换而变化,故称为季风流。

　　冬季(10月至次年4月)北印度洋在东北季风作用下,引起表层海水向西或西南方向流动,称为东北季风流,以12月至次年1月最明显。东北季风流流速为2 kn~3 kn,在苏门答腊附近约为2 kn,在斯里兰卡南部约为2.5 kn,在索马里东部为2 kn~3 kn。东北季风流在赤道附近与向东的赤道逆流(位置大约在5°S)相接,构成了北印度洋冬季的逆时针方向环流系统。

　　夏季(5月至9月)北印度洋盛行西南季风,海水在西南季风作用下向东或东北方向流动,称为西南季风流。此时赤道逆流消失,整个北印度洋直到5°S,表层海流均为向东流,它与南赤道流构成一个顺时针方向的环流。西南季风流在每年7月、8月最明显,其中在索马里沿海的索马里海流流速较大,一般都在4 kn以上,在索科特拉岛南部附近最大可达7 kn。

　　南赤道流的北界通常在6°S~10°S之间,南界在20°S左右,自东向西流动,流速为1.5 kn~2.5kn。南赤道流流到大洋西岸,一部分沿马达加斯加岛东岸南下,称为马达加斯加海流。另一部分沿莫桑比克海峡南下,称为莫桑比克海流,流速约为1.7 kn。莫桑比克海流沿南非东岸继续南下,称为厄加勒斯海流,从30°S向南流速逐渐增大,有时可达4.5 kn,它在非洲之角与西风漂流相接。西风漂流抵达澳大利亚西岸后部分北上,形成西澳大利亚海流,是寒流,最大流速不到1 kn。马达加斯加海流、莫桑比克海流和厄加勒斯海流均属暖流。

四、中国近海的表层海流

(一)渤海、黄海和东海的海流

　　渤海、黄海和东海统称东中国海,东中国海的海流系统由外海流系和沿岸流两支流系组成,如图2.2所示。

　　1.外海流系

　　外海流系由黑潮主干及其分支(台湾暖流、对马暖流和黄海暖流)组成。黑潮沿菲律宾北部诸岛向北流,在向北流的过程中,除10月到次年4月有一部分流入巴士海峡

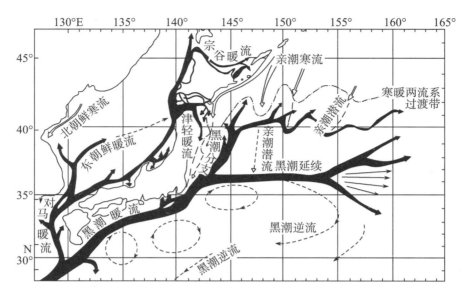

图2.2　黄海和东海表层海流示意图（引自冯士筰等，1999）

外，主流沿我国台湾东部向东北进入东海，并沿大陆架边缘继续流向东北，至九州岛南方土噶喇海峡流出东海。130°E以西的这部分黑潮是东中国海外海流系的主干。黑潮水温较高，夏季表层水温可达29℃，在我国台湾以东洋面，水温甚至达30℃，冬季为20℃，我国台湾外海为22℃~23℃，由南向北递减。

黑潮主流在我国台湾东北海域分出一个弱小分支，沿闽浙外海北上，可达杭州湾外，然后转折向东与黄海冷水混合变性。因这支海流从我国台湾附近流来，故被称为台湾暖流（又称为黑潮的闽浙分支）。台湾暖流的流速具有明显的季节变化，夏季强，冬季弱。黑潮主流抵达日本奄美大岛以西约29°30′N，129°E附近又开始分支，主要的分支向东，通过土噶喇海峡后沿日本南岸向东北方向流动。另一分支在奄美大岛以西向北流动，大约在五岛列岛南方海域又分为两部分：一部分经过对马海峡和朝鲜海峡进入日本海，称为对马暖流；另一部分在济州岛南面北上进入黄海南部，称为黄海暖流。

对马暖流的流速和流量有明显的年周期变化特性，流速9月最大，约为1.2 kn；2月最小，仅为0.2 kn。黄海暖流大致沿124°E线北上，在北黄海转折，后经渤海海峡进入渤海，分为两支：一支入辽东湾构成顺时针环流，另一支在渤海南部构成逆时针环流。黄海暖流流向比较稳定，终年偏北，流速小于黑潮主流和对马暖流，为0.2 kn~0.3 kn。这支暖流在北上过程中，受到沿岸水文气象条件的影响逐渐变性，随着进入黄海距离的增加暖流特性很快减弱。在温度、盐度的分布上，表现出明显的由黄海南部伸向黄海北部的高温、高盐特性，在冬季尤为显著。

2. 沿岸流系

由于我国沿岸有许多大小不同的江河入海，把沿岸的海水冲淡，这些被冲淡的海水沿岸边流动构成沿岸流系。在我国沿海自北向南主要有辽南沿岸流、辽东沿岸流、渤海沿岸流、苏北沿岸流和闽浙沿岸流等。沿岸流流动的总趋势是由北向南，在流动中不断与外海海水混合，产生许多小旋涡。一般情况下，渤海海峡的海流终年都是"北进南出"的，即从渤海海峡的北部流入渤海，从渤海海峡的南部流出渤海，流速冬季强夏季弱。

沿岸流系在冬季具有明显的寒流性质，在强烈的偏北季风作用下，流速达到最大，扩展范围也大，在东海可扩展到126°E左右，闽浙沿岸的沿岸流可经过台湾海峡南下到南海。春季沿岸流由强变弱，并向北收缩；夏季沿岸流的冷性基本消失，强度最弱。

（二）南海的表层海流

南海位于热带季风区，在季风的作用下，表层海流具有季风漂流的特性，在冬季东北季风期间，南海盛行西南向的漂流。经巴士海峡进入南海的黑潮海水，除少部分在我国台湾南部沿台湾西岸北上进入台湾海峡外，主流向西南进入南海北部，与来自台湾海峡的沿岸流汇合后流向西南，后沿中南半岛南下，绝大部分海水经卡里马塔海峡和卡斯帕海峡流入爪哇海，小部分海水经马六甲海峡流入安达曼海。在南海的东部，从苏禄海进入南海的海流有两支：北支从吕宋岛和巴拉望岛之间的海峡流入，开始向西北，然后并入主流；南支从巴拉巴克海峡流入，向西或向西南。由此可见，冬季南海表层海流具有明显的逆时针环流特点。

在夏季西南季风期间，南海主要为东北流。海水大部分从爪哇海经卡里马塔海峡和卡斯帕海峡流入南海，主流靠近马来半岛和中南半岛一边，流速较快，流幅较窄，在向东北运动过程中，流幅逐渐分散。到达南海北部时，大部分海水通过巴士海峡流出南海，与南来的黑潮汇合北上，而另一小部分海水继续北上进入台湾海峡到东海。冬季和夏季，南海西部的海流均比东部的强，强流区在越南近海。

第二节　海水温度的分布与变化

对整个世界大洋而言，约75%的海水温度在0℃~6℃之间，其中的50%海水温度在1.3℃~2.8℃之间。海水水温平均值为2.8℃，其中太平洋平均值为2.7℃，大西洋平均值为4.0℃，印度洋平均值为2.8℃。

世界大洋中的水温会因时因地而异，比上述平均状况要复杂得多，且一般难以用解析表达式给出。因此通常多借助于平面图、剖面图，用绘制等值线、铅直分布曲线、时间变化曲线等，将其三维时空结构分解成二维或者一维的结构，通过分析加以综合，从而形成对整个海水温度场的认识。

这种方法同样适应于对盐度、密度场和其他海洋要素场的分析。

一、大洋表层水温的平面分布

大洋表层水温的分布,主要取决于太阳辐射的分布和大洋环流两个因子。在极地海域,结冰与融冰的影响也起重要作用。

大洋表层水温在–2℃~30℃之间变化,年平均值为17.4℃。太平洋的表层水温最高,平均为19.1℃;印度洋次之,为17.0℃;大西洋为16.9℃。相比各大洋的平均温度而言,大洋表层是相当温暖的。

各大洋表层水温的差异,是由其所处的地理位置、大洋形状以及大洋环流的配置等因素造成的。太平洋的表层水温之所以高,主要因为其在热带和副热带的面积较大,表层温度高于25℃的面积约占66%;而大西洋在热带和副热带的面积较小,表层水温高于25℃的面积仅占18%。

从表2.1可以看出,大洋在南、北两半球的表层水温有明显的差异。北半球的年平均水温比南半球相同纬度带内的温度高2℃左右,尤其在大西洋南半球50° S~70° S、北半球50° N~70° N之间特别明显,相差7℃左右。造成这种差异的原因,一方面是由于南赤道流的一部分跨越赤道进入北半球;另一方面是由于北半球的陆地阻碍了北冰洋冷水的流入,而南半球则与南极海域直接连通。

表2.1　三大洋上每10° 纬度带内表面水温的年平均值（单位：℃,据Defant,1961）

纬度	北半球				南半球			
	大西洋	太平洋	印度洋	平均	大西洋	太平洋	印度洋	平均
0° ~ 10°	26.6	27.9	27.2	27.3	25.2	27.4	26.0	26.4
10° ~ 20°	25.8	27.2	26.4	26.5	22.1	25.9	25.1	25.1
20° ~ 30°	24.1	26.1	22.4	22.7	21.1	22.5	21.5	21.7
30° ~ 40°	20.4	–	18.6	18.4	16.8	17.0	17.0	17.0
40° ~ 50°	12.4	–	10.0	11.0	8.6	8.7	11.2	9.8
50° ~ 60°	8.7		5.7	6.1	1.8	1.6	5.0	2.0
60° ~ 70°	5.6	–	–	2.1	(–1.3)	(–1.5)	(–1.3)	(–1.4)
70° ~ 80°	–	–	–	(–1.0)	(–1.7)	(–1.7)	(–1.7)	(–1.7)
80° ~ 90°				(–1.7)				
	0° ~ 90°				0° ~ 80°			
	20.1	27.5	22.2	19.2	14.1	15.2	16.8	16.0

图2.3和图2.4为世界大洋2月和8月表层水温的平面分布,具有如下共同特点:

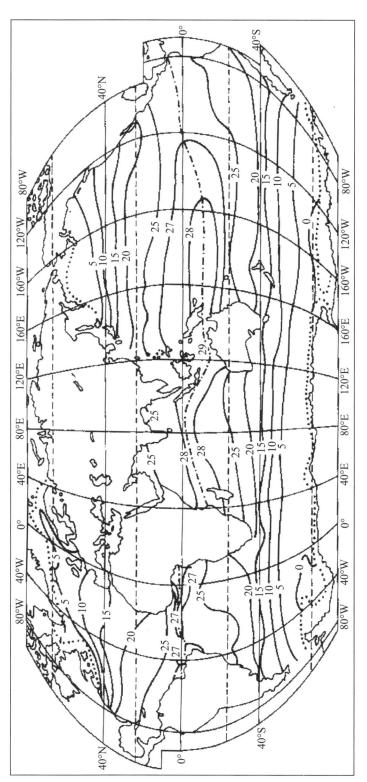

图2.3　世界大洋2月表层水温的平面分布（单位：℃，改绘自冯士筰等，1999）

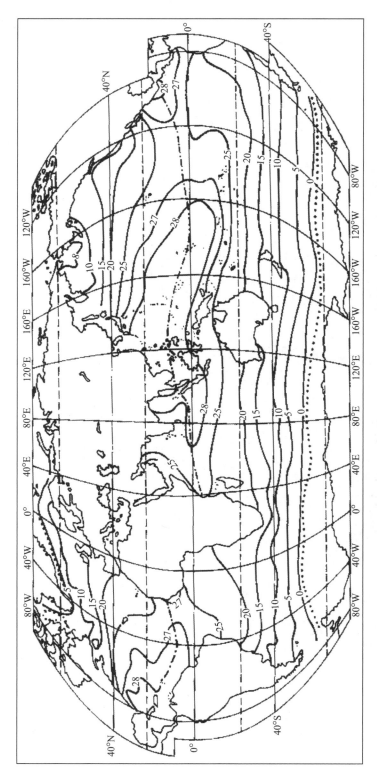

图2.4 世界大洋8月表层水温的平面分布（单位：℃，改绘自冯士筰等，1999）

（1）等温线的分布，沿纬度线大致呈带状分布，特别在南半球40°S以南海域，等温线几乎与纬圈平行，且冬季比夏季更为明显，这与太阳辐射的纬度变化密切相关。

（2）冬季和夏季最高水温都出现在赤道附近海域，在西太平洋和印度洋近赤道海域，可达28℃~29℃。在西太平洋，28℃等温线的包围面积夏季比冬季更大，且位置偏北一些。图2.3中的点画线表示最高水温出现的位置，称为热赤道，平均位置在7°N左右。

（3）由热赤道向两极水温逐渐降低，到极圈附近降至0℃左右；在极地冰盖之下，温度接近于对应盐度下的冰点温度。例如南极冰架之下曾有−2.1℃的记录。

（4）在两半球的副热带到温带海域，特别是北半球，等温线偏离带状分布，在大洋西部向极地弯曲，大洋东部则向赤道方向弯曲。这种分布造成大洋西部水温高于东部。在亚北极海域，水温分布与上述特点恰恰相反，即大洋东部比大洋西部温暖。大洋两侧水温的这种差异在北大西洋尤为明显，东西两岸的水温差在夏季为6℃左右，冬季可达12℃。这种分布特点是由大洋环流造成的：在副热带海域，大洋西部是暖流区，东部为寒流区；在亚北极海域正好相反。在南半球的中、高纬度海域，三大洋连成一片，有著名的南极绕极流围绕南极流动，所以东西两岸的温度差没有北半球明显。

（5）在寒、暖流交汇区等温线分布特别密集，温度水平梯度较大，如北大西洋的湾流与拉布拉多寒流之间，以及北太平洋的黑潮与亲潮之间都是如此。另外在大洋暖水区和冷水区，两种水团的交界处，水温水平梯度也比较大，形成所谓的极锋（polar front）。

（6）冬季表层水温的分布特征与夏季相似，但水温的经向方向梯度比夏季大。

由于在大洋表层以下太阳辐射的直接影响迅速减弱，环流情况与表层的情况不同，所以大洋表层以下水温的分布与表层差异甚大。

二、水温的铅直分布

图2.5是大西洋沿准经线方向断面水温分布图，可以看出，水温大体上随深度的

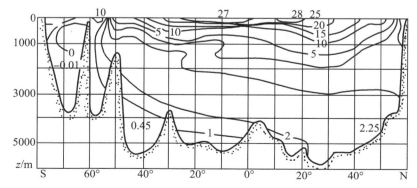

图2.5 大西洋沿准经线方向断面水温分布（单位：℃，改绘自冯士筰等，1999）

增加呈不均匀递减现象。低纬度海域的暖水只限于薄薄的近表层之内，其下便是温度铅直梯度较大的水层，在不太大的深度内，水温迅速递减，此层称为大洋主温跃层（main thermocline），相对于大洋表层随季节生消的跃层（seasonal thermocline）而言，又称为永久性跃层（permanent thermocline）。大洋主温跃层以下，水温随深度的增加逐渐降低，但梯度很小。

大洋主温跃层的深度并不是随纬度的变化而单调地升降。它在赤道海域上升，其深度在300 m左右；在副热带海域下降，在北大西洋海域（30° N左右），它扩展到800 m附近，在南大西洋（20° N左右）有600 m；由副热带海域开始向高纬度海域又逐渐上升，至亚极地可升达海面，大体呈W形状分布。

以主温跃层为界，其上为水温较高的暖水区，其下是水温梯度很小的冷水区。冷、暖水区在亚极地海面的交汇处，水温梯度很大形成极锋。极锋向极一侧的冷水区一直扩展至海面，暖水区消失。

暖水区的表面，由于受风、浪、流等动力因素及蒸发、降温、增密等热力因素的影响，引起强烈的湍流混合，从而在其上部形成一个温度铅直梯度很小，几近均匀的水层，常称为上均匀层或上混合层（upper mixed layer）。上混合层的厚度在不同海域、不同季节有差异。在低纬海域一般不超过100 m，赤道附近有50 m~70 m，赤道东部更浅些。冬季混合层加深，低纬度海域可达150 m~200 m，中纬度海域甚至可伸展至大洋主温跃层。

在混合层的下界，特别是夏季，由于表层增温，可形成很强的跃层，称为季节性跃层。冬季，由于表层降温，对流过程发展，混合层向下扩展，导致季节性跃层的消失。

在极锋的向极一侧，不存在永久性跃层。冬季甚至在上层会出现逆温现象，其深度可达100 m 左右（图2.6），夏季表层增温后，由于混合作用，在逆温层的顶部形成

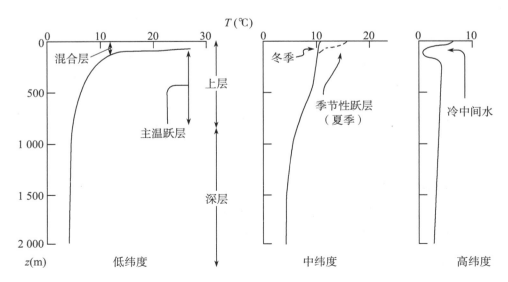

图2.6 大洋平均温度典型铅直分布（单位：℃，改绘自冯士筰等，1999）

一厚度不大的均匀层。因此，往往在其下界与逆温层的下界之间形成所谓的"冷中间水"，它实际是冬季冷水继续存留的结果。当然，在个别海域它也可由平流造成。

大西洋水温分布的这些特点，在太平洋和印度洋也都存在。

关于季节性跃层的生消规律如图2.7所示，这是西北太平洋（50°N，145°E）的实测情况。

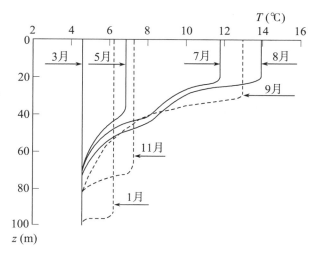

图2.7　季节性跃层生消规律实例（改绘自冯士筰等，1999）

3月，跃层尚未生成，即仍然保持冬季水温的分布状态。随着表层的逐渐增温，跃层出现，且随时间的推移深度逐渐变浅，但强度逐渐加大，至8月达到全年最盛时期；从9月开始，跃层强度复又逐渐减弱，且随对流混合的发展，其深度也逐渐加大，至次年1月已近消失，尔后完全消失，恢复到冬季状态。

值得注意的是，在季节跃层的生消过程中，有时会出现"双跃层"现象。这是由于在各次大风混合中，混合深度不同所造成的。

再者，在深海沟处有时会出现水温随深度缓慢升高的逆温现象，这一方面可能由于地热的影响，另外也常因为压力增大，绝热增温使然。

三、水温随时间的变化

1. 水温的日变化

大洋中水温的日变化很小，变化幅度一般不超过0.3℃。影响水温日变化的主要因子是太阳辐射、海洋内波等。在近岸海域潮流也是重要的影响因子。

单纯由太阳辐射引起的水温日变化曲线多为"一峰一谷"型，其最高值一般出现在当地时间14时~15时，最低值则出现在日出前后。一般而言，表层水直接吸收太阳辐射，其变化幅度应大于下层海水温度的变化幅度，但由于湍流混合作用，使表层热量不断向下传递以及蒸发耗热，故其变化幅度仍然很小。相比之下，晴好天气比多云天气时水温的变化幅度大；平静海面比大风天气海况恶劣时的变化幅度大；低纬海域比高纬海域的变化幅度大；夏季比冬季的变化幅度大；近岸海域又比外海变化幅度大。

由太阳辐射引起的表层水温日变化，通过海水内部的热交换向深层传播，其所及的深度不但决定于表层水温日变化幅度的大小，而且受制于水层的稳定程度。一般而言，变化幅度随深度的增加而减小，其位相随深度的增加而落后，在水深50 m处日变化幅度已经很小，而最大值的出现时间可落后表层达10小时左右。如果在表层以下有密度跃层存在，由于它的"屏障"作用，则会阻止日变化的向下传递。况且海洋内波导致跃层起伏，它所引起的温度变化常常掩盖水温的正常日变化，使其变化形式更趋复杂，水温日变化幅度甚至远远超过表层。

潮流对海洋水温日变化的影响，在近岸海域往往起着重要作用。由涨、落潮流所携带的近海与外海不同温度的海水，伴随潮流周期性的交替出现，它所引起水温在一天内的变化与太阳辐射引起的水温日变化叠加在一起，同样可以造成水温的复杂变化，特别在上层水温日变化幅度所影响的深度更是如此，但在较深层次，则呈现出潮流影响的特点，其变化周期与潮流性质有关。在浅海水域，常常是太阳辐射、潮流和海洋内部三者同时起作用。

2. 水温的年变化

大洋表层温度的年变化，主要受制于太阳辐射的年变化，在中高纬度，表现为年周期特征；在热带海域，由于太阳在一年中两次当顶直射，故有半年的周期。水温极值出现的时间一般在太阳高度最大和最小之后的2~3个月。年变化幅度也因海域不同以及海流性质、盛行风系的年变化和结冰融冰等因素的变化而不同。

赤道海域表层水温的年变化幅度小于1℃，这与该海域太阳辐射年变化小有直接关系。极地海域表层水温的年变化幅度也小于1℃，这与结冰融冰有关。因为当海水结冰时，释放出大量热量，在结冰后，由于海冰的热传导性差，防止了海水热量的迅速散失，所以减缓了水温的降低。夏季，由于冰面对太阳辐射的反射以及融冰时消耗大量的融解热，因此减小了水温的增幅。年变化幅度最大值总是发生在副热带海域，如大西洋的百慕大岛和亚速尔群岛附近，其变化幅度大于8℃；在太平洋30° N~40° N 之间，其变化幅度大于9℃；而在湾流和拉布拉多寒流与黑潮和亲潮之间的交汇处可高达15℃，这主要是由于太阳辐射和洋流的年变化引起的。与南、北半球大洋表面水温的年变化相比，北半球的变化幅度大，这与盛行风的年变化有关，冬季来自大陆的冷空气，大大地降低了海面温度；而南半球的相应海域，由于洋面广阔以及经向洋流不像北半球那样强，故年变化幅度较小。

在浅海、边缘海和内陆海，表层水温由于受大陆的影响，也比大洋年变化幅度大，且其变化曲线不像中、高纬度那样呈现正规的正弦曲线形状。例如日本海、黑海和东海的变化幅度可达20℃以上，渤海和某些浅水区甚至可达28℃~30℃，其升温期也往往不同于降温期。表层以下水温的年变化，主要靠混合和海流等因子在表层以下施加影响，一般是随深度的增加变化幅度减小，且极值的出现时间也相应推迟。

第三节　海水盐度的分布与变化

世界大洋盐度平均值以大西洋最高,为34.90;印度洋次之,为34.76;太平洋最低,为34.62,但是其空间分布极不均匀。

一、盐度的平面分布

海洋表层盐度的平面分布由前所述可知,海洋表层盐度与其水量收支有着直接的关系。若将世界大洋表层的盐度分布(图2.8)和年蒸发量(E)与降水量(E)之差(E-P)的地理分布图(图2.9)相对照,可以看出,(E-P)的高值区与低值区分别与高盐区和低盐区的分布存在着很相似的对应关系。在大洋南、北副热带海域(E-P)呈明显的高值带状分布,其盐度也对应为高值带状区。在赤道海域,(E-P)低值带对应盐度的低值区。

海洋表层的盐度分布比水温分布更为复杂,总体特征如下:

(1)　基本呈纬向带状分布,但从赤道向两极呈马鞍形的双峰分布。即在赤道海域盐度较低,至副热带海域盐度达最大值(南、北太平洋分别达35和36以上,大西洋达37以上,印度洋也达36)。从副热带向两极地区盐度逐渐降低,至两极海域降低到34,这与极地海域结冰、融冰的影响有密切关系。但在大西洋东北部和北冰洋的挪威海、巴伦支海海域,其盐度值却普遍升高,这是由于大西洋流和挪威海流携带高盐水输送的结果。另外,在印度洋北部、太平洋西部和中、南美洲两岸等大洋边缘海域,由于降水量远远超过蒸发量,故呈现出明显的低盐区,不再呈带状分布特征。

(2)　在寒暖流交汇区域和径流冲淡海域盐度梯度较大,这显然是由它们盐度的显著差异造成的,盐度梯度在某些海域可达0.2/km以上。

(3)　海洋中盐度的最大值与最小值多出现在一些大洋边缘的海盆中,如红海北部的盐度高达42.8;波斯湾和地中海的盐度在39以上,这些海域由于蒸发强而降水与径流较小,同时与大洋水的交换不顺畅,故其盐度较高。而在一些降水量和径流量远远超过蒸发量的海域,其盐度又很小,如黑海的盐度为15~23。

(4)　冬季盐度的分布特征与夏季相似,只是在季风影响特别显著的海域,如孟加拉湾和南海北部地区盐度有较大差异。夏季由于降水量很大,盐度降低;冬季降水量减少,蒸发加强,盐度增大。

平均而言,北大西洋盐度最高,为35.5;南大西洋、南太平洋次之,为35.2;北太平洋最低,为34.2。这是因为大西洋沿岸无高大山脉,北大西洋蒸发的水汽由东北信风带入北太平洋释放于巴拿马湾一带。而南太平洋东海岸的安第斯山脉,却使由南太平洋

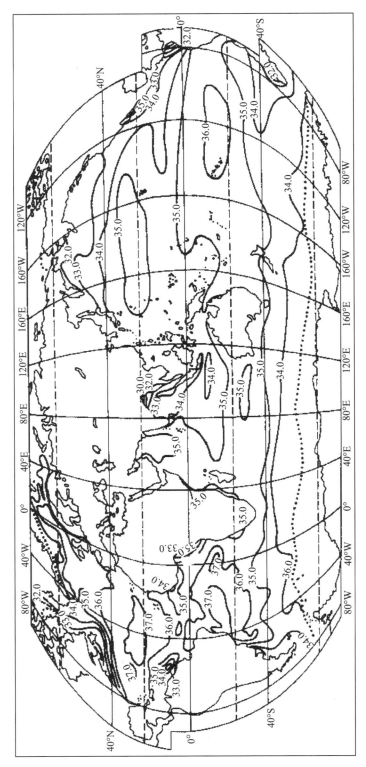

图2.8 世界大洋表层8月的盐度分布（改绘自冯士筰等，1999）

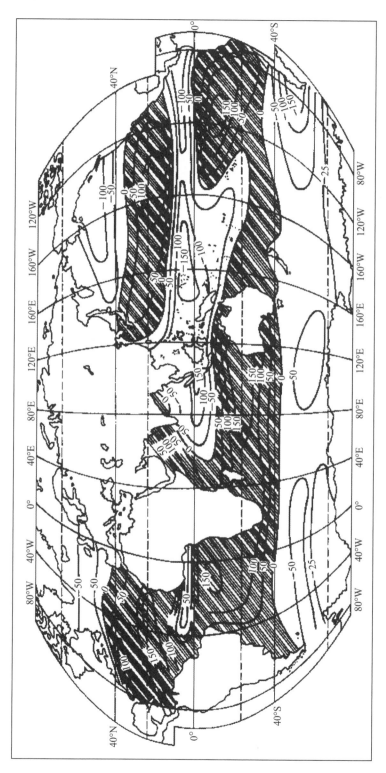

图2.9　年蒸发量与降水量之差（E-P）的地理分布（单位：g/cm²，改绘自冯士筰等，1999）

西风带所携带的大量水汽上升凝结,释放于太平洋东部的智利沿岸。越过安第斯山脉后下沉的干燥气流又加强了南大西洋的蒸发作用。印度洋副热带的高盐水,由阿古拉斯流带入南大西洋东部,使其盐度增高,但南太平洋东部,则因大量降水,使其盐度下降,故两个海域形成了鲜明的对比。

二、盐度的铅直分布

大洋盐度的铅直方向分布与温度的铅直方向分布有很大不同。图2.10和图2.11分别为太平洋和大西洋沿准经线方向断面上的盐度分布。由图2.10可见,在赤道海域盐度较低的海水只涉及不大的深度。其下便是由南、北半球副热带海域下沉后向赤道方向扩展的高盐度水,它分布在表层之下,故称为大洋次表层水,具有大洋铅直方向上最高的盐度。从南半球副热带海面向下伸展的高盐度水舌,在大西洋和太平洋,可越过赤道达5° N附近,相比之下,北半球的高盐水势力较弱。水舌的盐度值在南大西洋可达37.2以上,在南太平洋达36.0以上。

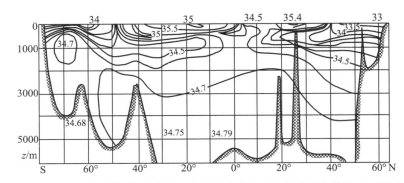

图2.10　太平洋沿准经线方向断面上的盐度分布（改绘自冯士筰等，1999）

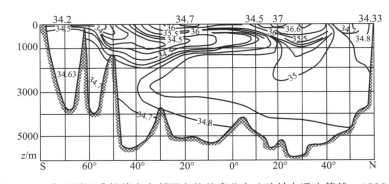

图2.11　大西洋沿准经线方向断面上的盐度分布（改绘自冯士筰等，1999）

在次表层高盐水以下,是由南、北半球中高纬度表层下沉的低盐水层,称为大洋(低盐)中层水。在南半球,它的源地是南极辐合带,即在45° S~60° S围绕南极的南大洋海面。这里的低盐水下沉后,继而在500 m~1500 m的深度层中向赤道方向扩展,进入三大洋的次表层水之下。在大西洋可越过赤道达20° N，在太平洋也可达赤道附近，在印度洋则限于10° S以南。在北半球下沉的低盐水势力较弱，在次表层高盐水与中层低盐水之间等盐度线特别密集，形成铅直方向上的盐度跃层，跃层中心（相当于35.0的等盐度面）大致在水深300 m~700 m。南大西洋最为明显，跃层上、下的盐度差达2.5，太平洋和印度洋则只差1.0。在跃层中，盐度虽然随深度而降低，但温度也相应减小，由于温度增密作用对盐度降密作用的补偿，其密度仍比次表层水大，所以能在次表层水下分布，同时盐度跃层也是稳定的。

上述在南半球形成的低盐水，在印度洋中只限于10° S以南，这是因为源于红海、波斯湾的高盐水，下沉之后也在600 m~1600 m的水层中向南扩展，从而阻止了南极中层低盐水的北进。就其深度而言，与中层低盐水相当，因此又称其为高盐中层水。同样，在北大西洋，由于地中海高盐水溢出后，在相当低盐中层水的深度上，分布范围相当广阔，东北方向可达爱尔兰，西南可到海地岛，为大西洋的中层高盐水。但在太平洋未发现像印度洋和大西洋中那样的中层高盐水。

在中层低盐水之下，充满了在高纬海域下沉形成的深层水与底层水，盐度略有升高。世界大洋的底层水主要源地是南极陆架上的威德尔海盆，其盐度在34.7左右，由于温度低，密度大，故能稳定地盘据在大洋底部。大洋深层水形成于大西洋北部海域表层以下，由于受北大西洋流的影响，盐度值稍高于底层水，它位于底层水之上，向南扩展，进入南大洋后被带入其他大洋。

海水盐度随深度呈层状分布的根本原因是，大洋表层以下的海水都是从不同海域表层辐合下沉而来的，由于其源地的盐度性质的差异，因而必然将其带入深层中去，并根据铅直方向密度的大小，在不同深度上水平散布。当然，同时也受到大洋环流配置的制约。

由于海水在不同纬度带的海面下沉，这就使盐度的铅直方向分布，在不同气候带海域内形成了迥然不同的特点。图2.12是大洋中平均盐度的典型铅直分布，在赤道附

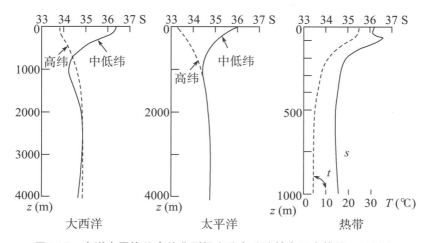

图2.12　大洋中平均盐度的典型铅直分布（改绘自冯士筰等，1999）

近热带海域，表层为一深度不大、盐度较低的均匀层，在其下水深在100 m~200 m，出现盐度的最大值；再向下盐度再次急剧降低，至水深800 m~1000 m出现盐度最小值；然后又缓慢升高，至2000 m以深，铅直方向变化已十分小了。在副热带中、低纬海域，由于表层高盐水在此下沉，形成了一厚度为400 m~500 m的高盐水层，再向下盐度迅速减小，最小值出现在水深600 m~1000 m，继而又随深度的增加而增大，至2000 m以深，变化则甚小，直至海底。在高纬度寒带海域表层盐度很低，但随深度的增大而递升，至2000 m以深，其分布与中、低纬度的分布相似，所以没有盐度最小值层出现。

三、大洋盐度随时间的变化

1. 盐度的日变化

大洋表面盐度的日变化很小，其变化幅度通常小于0.05。但在下层，因受海洋内波的影响，日变化幅度常大于表层。特别在浅海，由于季节性跃层的深度较浅，海洋内波引起的盐度变化幅度增大现象可出现在更浅的水层，可达1.0 甚至更大。盐度日变化没有像水温日变化那样呈比较规律的周期性，但在近岸受潮流影响大的海域，也常常呈现出潮流的变化周期。

2. 盐度的年变化

大洋盐度的年变化主要由降水、蒸发、径流、结冰、融冰及大洋环流等因素所制约。由于上述因子都具有年变化的周期性，故盐度也相应地出现年变化。然而，由于上述因子在不同海域所起的作用和相对重要性不同，致使各海域盐度变化的特征也不相同。例如，在白令海峡和鄂霍茨克海等高纬度海域，由于春季融冰，表层盐度出现最小值（在4月前后）；冬季季风引起强烈蒸发以及结冰排出盐分，使表层盐度达到一年中的最大值（12月前后），其变化幅度达1.05。在一些降水和大陆径流集中的海域，在夏季其盐度常常为一年中的最小值，而冬季相反，且由于蒸发的加强使盐度出现最大值。

总之，盐度的年变化，在整个世界大洋中几乎无普遍规律可循，只能对具体海域进行具体分析。

第四节　海水密度的分布与变化

一、海水密度的平面分布

海水密度是温度、盐度和压力的函数。在大洋上层，特别是表层，主要取决于海水的温度和盐度分布情况。图2.13是大西洋表层密度与温度、盐度随纬度变化的分布

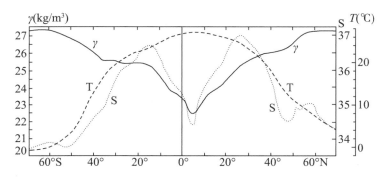

图2.13　大西洋每2°纬度带的年平均表层温度（长画线，单位：℃），盐度（点线）和密度超量γ（实线，单位：kg/m³）的分布（改绘自冯士筰等，1999）

图，其他大洋也类似。赤道区温度最高，盐度较低，因而表层海水密度最小，密度超量（γ）约为23 kg/m³，由此向两极方向，密度逐渐增大。在副热带海域，虽然盐度最大，但因温度下降不大，仍然很高，所以密度虽有增大，但没有相应地出现极大值，密度超量γ约为26 kg/m³。随着纬度的增高，盐度剧降，但因水温降低引起的增密效应比降盐减密效应更大，所以密度继续增大。最大密度出现在极地海域，如格陵兰海域的密度超量γ达28 kg/m³以上，南极威德尔海可达27.9 kg/m³以上。

随着深度的增加，密度的水平差异与温度和盐度的水平分布相似，在不断减小，至大洋底层则已相当均匀。

二、海水密度的铅直分布

平均而言，大洋中温度的变化对密度变化的影响要比盐度大。因此，密度随深度的变化主要取决于温度。海水温度随着深度的分布不均匀地递降，因而海水的密度即随深度的增加而不均匀地增大。图2.14是大洋中典型的密度铅直分布图。

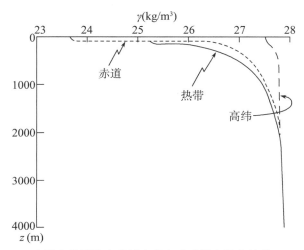

图2.14　大洋中典型的密度铅直分布（改绘自冯士筰等，1999）

61

在赤道至副热带的低中纬海域,与温度的上均匀层对应的一层内,密度基本上是均匀的。向下,与大洋主温跃层相对应,密度的铅直梯度也很大,被称为密度跃层。由于主温跃层的深度在不同纬度带上的起伏,从而密度跃层也有相应的分布。热带海域表层的密度小,跃层的强度大,副热带海域表面的密度增大,因而跃层的强度就相对减弱。至极锋向极一侧,由于表层密度超量已达27 kg/m³左右或更大些,因此铅直方向上已不再存在中、低纬海域中那种随深度迅速增密的水层。中、低纬海域密度跃层以下及高纬海域中的海水密度,其铅直方向变化已相当小了。

当然,在个别降水量较大的海域或在极地海域夏季融冰季节,使表面薄层密度降低,也会形成浅而弱的密度跃层。在浅海,随着季节温跃层的生消也常常存在着密度跃层的生消过程。密度跃层的存在阻碍着上、下水层的交换。

海水下沉运动所能达到的深度,基本上取决于其自身密度和环流情况。由于大洋表层的密度是从赤道向两极递增的,因此,纬度越高的表层水,下沉的深度越大。南极威德尔海的高密度(27.9 kg/m³)冷水(0℃左右),可沿陆坡沉到海底,并向三大洋底部扩散;南极辐合带的冷水则只能下沉到1000 m左右的深度层中向北散布;副热带高盐水,因水温较高,其密度较小只能在盐度较低、温度较高的赤道海域的低密表层水之下散布。

由上可见,在海面形成的不同密度的海水是按其密度大小沿等密面(严格说是等位密面)下沉至海洋各深层的,并且下沉后都向低纬海域扩展。因而在低纬海域,温度、盐度和密度在铅直方向上的分布,在一定程度上反映了大洋表层经向上的分布特征。

三、海水密度随时间的变化

凡是能影响海洋温度、盐度变化的因子都会影响海水密度随时间的变化。大洋密度的日变化,由于影响因子的变化小,因此微不足道。在深层有密度跃层存在时,由于海洋内波作用,可能引起一些波动,但无明显规律可循。其年变化规律,由于受温度、盐度年变化的影响,其综合作用也导致了密度的年变化的复杂性。

第五节　海洋-大气相互作用

海洋-大气系统是地球大气圈与占地球面积71%的海洋相互作用、相互影响构成的系统。一般而言,海洋-大气相互作用在三个尺度上进行,即大尺度、中尺度、小尺度。以大尺度为重点,即分析大尺度海洋与大气过程中热力与动力相互作用,研究海洋对大尺度风应力响应,大气对大尺度海洋温度波动响应,海洋对大气变化起着调节与滞缓作用等。

一、海洋在气候系统中的地位

(一) 气候系统

1. 气候系统的组成

气候系统的提出是气候学研究进入一个新阶段的重要标志之一。在这个意义上，人们不仅要研究大气内部过程对气候变化的影响，同时也要考虑海洋、冰雪、地表以及生物状况对气候变化的作用。即把气候变化视为包括大气、海洋、冰雪圈、陆地表面和生物圈组成的气候系统的总体行为。上述各子系统之间的各种物理、化学以及生物过程的相互作用，决定了气候的长期平均状态以及各种时间尺度的变化。

气候系统的概念可以用图2.15来表示，它既包括了大气和海洋等子系统内部的各种过程，如大气和海洋环流、大气中水的相变以及海洋中盐度的变化等，又更多地反映了各个子系统间的相互作用，如海-气相互作用、陆-气相互作用、冰-海相互作用、大气-冰雪相互作用以及气候（大气）-生物相互作用等。越来越多的事实表明，上述各种相互作用过程对气候及其变化的影响是复杂的，也是十分重要的。

大气运动及气候的状态和变化都与太阳辐射有着非常重要的关系，特别是太阳辐射为大气和海洋的运动以至生物活动提供了最基本的能源。太阳活动所引起的太阳辐射的改变也必然对地球气候及其变化产生重要影响。因此，气候系统还应包括天文因素（主要是太阳活动）在内。

2. 气候系统的性质

正如图2.15所示，气候系统是由五个主要分量构成的综合系统，这五个相互联系

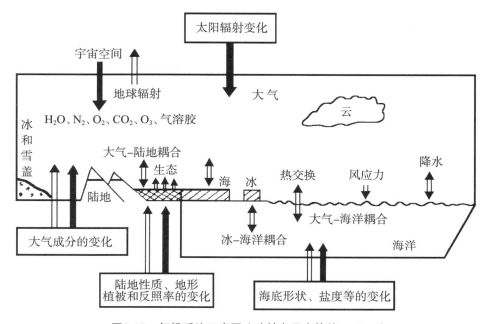

图2.15　气候系统示意图（改绘自冯士筰等，1999）

和相互作用的分量是：大气圈、水圈（海洋）、冰雪圈、岩石圈和生物圈。这些子系统都是开放的非孤立系统。作为一个整体，假定全球气候系统对能量而言是非孤立系统，对外与外层空间的物质交换而言则是一个封闭系统。大气圈、水圈、冰雪圈和生物圈构成了一个由复杂物理过程联系起来的串级系统。这些物理过程包括穿越边界的能量、动量和物质输送，且生成了大量的反馈机制。气候系统的各分量是非均匀的热力学-动力学系统，它们可以用化学组成、热力学及动力学状态加以描述。

气候系统各不同分量的估计时间尺度（正比于响应时间尺度）在不同子系统之间变化很大，甚至在同一个子系统内变化也很大。大气边界层内的时间尺度从几分钟到数小时。自由大气时间尺度由数周到几个月。海洋表面混合层的时间尺度是从数周到几年。对于深层海水则从几十年到几千年。海冰是从几周到几十年。内陆水和植被由几个月至几百年。对冰川来说其时间尺度为世纪量级，而冰原的时间尺度是几千年甚至更长。地壳构造现象的时间尺度在千万年的量级。

由于气候系统内部的复杂性以及不同的系统有不同的响应时间，在研究气候系统时，不可能也不必要把全部子系统同时考虑在内，因而可依序考虑内部系统和外部系统。首先，把那些具有最短响应时间的系统看成同一级的内部系统，于是就可把所有其他分量看成外部系统。例如，对于数小时到几个月的时间尺度，大气可以看成气候系统的唯一内部分量，而海洋、冰雪、陆地表面、生物圈都可处理成边界条件和外强迫。对于由数月到几百年的时间尺度，气候内部系统必须包括大气和海洋，也应考虑雪盖、海冰和生物圈。对于时间尺度超过几百年的气候变化研究，还必须考虑整个冰雪圈和生物圈，而把岩石圈看成外强迫。

气候系统主要由两个外强迫来制约其全球行为，它们就是太阳辐射和重力作用。在外强迫中必须把太阳辐射看成主要因子，因为它提供了驱动气候系统的几乎所有能量。到达大气顶的太阳辐射有一部分传输下来，一部分转换成最终由大气和海洋环流耗散掉的其他形式的能量，另一部分则用于化学和生物过程。在气候系统内部，能量以多种形式存在，如热能、势能、动能、化学能，以及短波太阳辐射能和长波地面辐射能。在所有各种形式的能量中，我们可以不考虑电能和磁能，因为它们仅在非常高的大气层中起作用。

由于地球的球形、轨道运动和地球旋转轴的倾斜，太阳的短波辐射不均匀地分布在气候系统的不同部分。与极区相比，有更多的太阳辐射到达热带地区并被吸收。把地球作为一个整体，观测表明，这一系统通过红外辐射失去的能量差不多等同于由入射太阳辐射得到的能量。

由于赤道和两极地区观测到的温差不大，地球射出辐射随纬度的降低比起吸收的太阳辐射随纬度的降低要弱得多，从而使热带地区有能量的净收入。自40°纬度的向极地有能量的净亏损。这种能量的源汇分布为发生在气候系统内几乎所有的热力学过程（一般是不可逆的），包括大气和海洋环流，提供了基本的原动力。

(二) 海洋在气候系统中的地位

海洋在地球气候的形成和变化中的重要作用已越来越为人们所认识,它是地球气候系统的最重要的组成部分。20世纪80年代的研究结果清楚地表明,海洋-大气相互作用是气候变化问题的核心内容,对于几年到几十年时间尺度的气候变化及其预测,只有在充分了解大气和海洋的耦合作用及其动力学的基础上才能得到解决。海洋在气候系统中的重要地位是由海洋自身的性质所决定的。

地球表面约71%为海洋所覆盖,全球海洋吸收的太阳辐射能量约占进入地球大气顶的总太阳辐射能量的70%左右。因此,海洋,尤其是热带海洋,是大气运动的重要能源。

海洋有着极大的热容量,相对大气运动而言,海洋运动比较稳定,运动和变化比较缓慢。

海洋是地球大气系统中CO_2的最大的汇。

上述三个重要性质,决定了海洋对大气运动和气候变化具有不可忽视的影响。

1. 海洋对大气系统热力平衡的影响

海洋吸收太阳入射辐射的70%,其绝大部分(85%左右)被贮存在海洋表层(混合层)中。这些被贮存的能量将以潜热、长波辐射和感热交换的形式输送给大气,驱动大气的运动。因此,海洋热状况的变化以及海面蒸发的强弱都将对大气运动的能量产生重要影响,从而引起气候的变化。

海洋并非静止的水体,它也有各种尺度的运动,海洋环流在地球大气系统的能量输送和平衡中起着重要作用。由于地球大气系统中低纬地区获得的净辐射能多于高纬地区,因此,要保持能量平衡,必须有能量从低纬地区向高纬地区输送。研究表明,全球平均有近70%的经向能量输送是由大气完成的,还有30%的经向能量输送要由海洋来承担。而且在不同的纬度带,大气和海洋各自输送能量的相对值也不同,在0°~30°N的低纬度区域,海洋输送的能量超过大气的输送,最大值在20°N附近,海洋的输送在那里达到了74%,但在30°N以北的区域,大气输送的能量超过海洋的输送,在50°N附近有最强的大气输送。这样,对地球大气系统的热量平衡而言,在中低纬度主要由海洋环流把低纬度的多余热量向较高纬度输送;在中纬度的50°N附近,因有西部边界流的输送,通过海气间的强烈热交换,海洋把相当多的热量输送给大气,再由大气环流以特定形式将能量向更高纬度输送。因此,如果海洋对热量的经向输送发生异常,必将对全球气候变化产生重要影响。

2. 海洋对水汽循环的影响

大气中的水汽含量及其变化既是气候变化的表征之一,又会对气候产生重要影响。大气中水汽的绝大部分(86%)由海洋供给,尤其低纬度海洋,是大气中水汽的主要源地。因此,不同的海洋状况通过蒸发和凝结过程将会对气候及其变化产生影响。

3. 海洋对大气运动的调谐作用

因海洋的热力学和动力学惯性使然,海洋的运动和变化具有明显的缓慢性和持续性。海洋的这一特征一方面使海洋有较强的"记忆"能力,可以把大气环流的变化通过海气相互作用将信息贮存于海洋中,然后再对大气运动产生作用。另一方面,海洋的热惯性使得海洋状况的变化有滞后效应,例如海洋对太阳辐射季节变化的响应要比陆地落后1个月左右;通过海气耦合作用还可以使较高频率的大气变化(扰动)减频,导致大气中较高频变化转化成较低频的变化。

4. 海洋对温室效应的缓解作用

海洋,尤其是海洋环流,不仅减小了低纬大气的增热,使高纬大气加热,降水量亦发生相应的改变,而且由于海洋环流对热量的向极输送所引起的大气环流的变化,还使得大气对某些因素变化的敏感性降低。例如大气中CO_2含量增加的气候(温室)效应就因海洋的存在而被减弱。

二、海洋-大气相互作用的基本特征

海洋和大气同属地球流体,它们的运动规律有相似之处;同时,它们又是相互联系相互影响的,尤其是海洋和大气都是气候系统的成员,大尺度海气耦合相互作用对气候的形成和变化都有重要影响。因此,现代气候研究必须考虑海洋的存在及海气相互作用。

在相互制约的大气-海洋系统中,海洋主要通过向大气输送热量,尤其是提供潜热,来影响大气运动;大气主要通过风应力向海洋提供动量,改变洋流及重新分配海洋的热含量。因此可以简单地认为,在大尺度海气相互作用中,海洋对大气的作用主要是热力的,而大气对海洋的作用主要是动力的。

(一) 海洋对大气的热力作用

大气和海洋运动的原动力都来自太阳辐射能,但是,由于海水反射率比较小,吸收到的太阳短波辐射能较多,而且海面上空湿度一般较大,海洋上空的净长波辐射损失又不大。因此,海洋就有比较大的净辐射收入。热带地区海洋面积最大,因此热带海洋在热量贮存方面具有更重要的地位。因为热带海洋可得到最多的能量,所以在海洋上,尤其在热带海洋上,有较大的辐射平衡值。这样一来,通过热力强迫,在驱动地球大气系统的运动方面,海洋,特别是热带海洋,就成了极为重要的能量源地。

人们通过一些观测研究已经发现,海洋热状况改变对大气环流及气候的影响,有几个关键海区尤为重要。一是厄尔尼诺(El Niño)现象发生的赤道东太平洋海区;二是海温最高的赤道西太平洋"暖池"区;另外,东北太平洋海区及北大西洋海区的热状况也被分别认为对北美和欧洲的天气气候变化有着明显的影响。

海洋向大气提供的热量有潜热和感热两种,但主要是通过蒸发过程提供潜热。既然是"潜"热,就不同于"显"热,它须有水汽的相变过程才能释放出潜热,对大气运动产生影响。要出现水汽相变而释放潜热,就要求水汽辐合上升而凝结,亦即必须有相应的大气环流条件。因此,海洋对大气的加热作用往往并不直接发生在最大蒸发区的上空。

大洋环流既影响海洋热含量的分布，也影响海洋向大气的热量输送过程。低纬度海洋获得了较多的太阳辐射能，通过大洋环流可将其中一部分输送到中高纬度海洋，然后再提供给大气。因此，海洋向大气提供热量一般更具有全球尺度特征。

一般可以把由海洋向大气的潜热和感热输送分别写成：

$$Q_L = L \cdot C_E \cdot (q_0 - q_a) \cdot U \tag{2.1}$$

$$Q_s = C_H \cdot (t_0 - t_a) \cdot U \tag{2.2}$$

式中，L是蒸发（凝结）潜热，q_0和q_a分别是海表面和大气中的饱和比湿，U是距海面10 m高度处的风速，t_0和t_a分别是海水表面和空气的温度，而C_E和C_H是交换函数。起初人们将C_E和C_H作为经验常数给出，如$C_E = 1.1 \times 10^{-3}$，$C_H = 0.97 \times 10^{-3}$。进一步的研究表明，将$C_E$和$C_H$取作常数往往带来较大的计算误差，已有研究表明它们还是距海面10 m高度处风速U_{10}的函数。

在公式（2.1）中，饱和比湿q_0是海表温度（SST）的函数。因此，无论海洋向大气提供感热还是潜热，都同SST有极为密切的关系。这样，海表水温和它的异常（SSTA）也就成为描述海洋对大气运动影响以及影响气候变化的重要物理量。热带海洋积存了较多的能量，所以热带SST的异常必然对大气环流和气候有更重要的影响。

（二）大气对海洋的风应力强迫

大气对海洋的影响是风应力的动力作用。下面我们将讨论风应力对海洋强迫的基本特征。

大洋表层环流的显著特点之一是，在北半球大洋环流为顺时针方向；在南半球，则为逆时针方向。南北半球太平洋环流的反向特征极其清楚。另一个重要特征，即所谓"西向强化"，最典型的是西北太平洋和北大西洋的西部海域，那里流线密集，流速较大，而大洋的其余部分海区，流线较疏，流速较小。上述大洋环流的主要特征，与风应力强迫有密切关系。

用整体参数化方法，可以把海面风应力表示成：

$$\vec{\tau_0} = \rho \, C_D |\vec{V}| \vec{V} \tag{2.3}$$

式中，ρ为空气密度，C_D为拖曳系数，$\vec{V}$是10 m高度处的风向量。海洋表面典型的拖曳系数$C_D = 0.0013$，这只适用于中性条件。在强风条件下，该值应加以修正。

利用覆盖全球大洋的历史船舶资料，依据公式（2.3）计算出了全球大洋表面风应力图，其中C_D取成0.0013。图2.16给出了12月~2月及6月~8月全球大洋表面风应力分布图，其分布酷似表面风的分布，但在北大西洋、西北太平洋以及南半球中高纬度的西风带上更强一些。风应力在东半球上最强，尤其是中纬度。然而，风应力的最大季节变化却是在靠近索马里海岸的印度洋上。事实上，夏季风期间该处的风应力值是全球最大的。

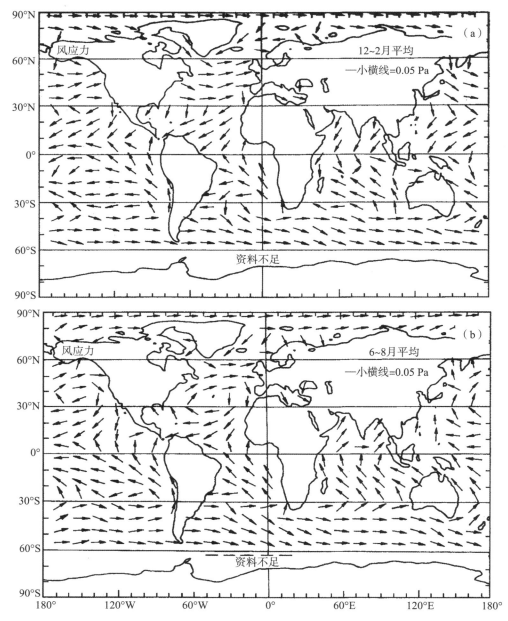

图2.16 （a）12月～2月，（b）6月～8月平均海洋表面风应力 $\vec{\tau}_0$ 的分布（箭头上的一小横线表示0.05 Pa，改绘自冯士筰等，1999）

（三）海洋混合层

无论从海气相互作用来讲，还是就海洋动力过程而言，海洋上混合层（简称海洋混合层）都是十分重要的。因为海气相互作用正是通过大气和海洋混合层间热量、动量和质量的直接交换而奏效的。对于长期天气和气候的变化问题，都需要知道大气底部边界的情况，尤其是海面温度及海表热量平衡，知道海洋混合层的情况是十分有必要的。海洋混合层的辐合、辐散过程通过爱克曼（Ekman）抽吸效应会影响深层海洋环流；而深层海洋对大气运动（气候）的影响，又要通过改变混合层的状况来实现；另外，太阳辐射能也是通过影响混合层而成为驱动整个海洋运动的重要原动力。因此，对于气候和大尺度大气环流变化来讲，海洋混合层是十分重要的。在研究海气相互作用及设计海气耦合模式的时候都必须考虑海洋混合层，有时，为简单起见，甚至可以用海洋混合层代表整层海洋的作用，于是就把这样的模式简称为"混合层"模式。

第六节　ENSO及其对大气环流的影响

一、厄尔尼诺现象

"厄尔尼诺"（El Niño）一词源于西班牙语，为"圣婴"之意，是秘鲁、厄瓜多尔一带的渔民称呼异常气候现象的名词。"厄尔尼诺"现象，是指太平洋东部和中部热带海洋的海水温度异常地持续变暖，使全球气候发生变化，造成一些地区干旱而另一些地区又降水过多（Philander，1983）。

19世纪初，在南美洲的厄瓜多尔和秘鲁等国家的渔民发现，每隔几年，从10月至来年的3月便会出现一股沿海岸南移的暖流，使表层海水温度明显升高。南美洲的太平洋东岸本来盛行的是秘鲁寒流，随着寒流移动的鱼群使秘鲁渔场成为世界重要渔场之一，但这股暖流一旦出现，性喜冷水的鱼类便会大量死亡。由于这种现象往往在圣诞节前后发生，于是渔民将其称为上帝之子——"圣婴"。其出现频率并不规则，但平均每4年发生一次。

正常情况下，热带太平洋区域的季风洋流是从美洲走向亚洲，使太平洋表面保持温暖，给印度尼西亚附近带来热带降雨。但这种模态每2年~7年被打乱一次，使风向和洋流发生逆转，太平洋表层的暖流就转而向东走向美洲，随之带走了热带降雨，使地球出现大面积干旱，这就是"厄尔尼诺"现象。后来，科学家们把该词语用于表示在秘鲁和厄瓜多尔附近几千千米的东太平洋海面温度的异常增暖现象。当这种现象发生时，大范围的海水温度可比常年高3℃~6℃。太平洋广大水域的水温升高，改变了传统的赤道洋流和东南信风，导致全球性的气候异常。

厄尔尼诺事件是指赤道中、东太平洋海表大范围持续异常偏暖的现象，其评判标准在国际上还有一定差异。图2.17为各Niño区地理位置及区域范围示意图，其中Niño 1区（90° W~80° W，10° S~5° S），Niño 2区（90° W~80° W，5° S~0°），Niño 3区（150° W~90° W，5° S~5° N），Niño 4区（160° E~150° W，5° S~5° N），Niño 3.4区（170° W~120° W，5° S~5° N）。一般将Niño 3区海温距平指数连续6个月达到0.5℃

以上定义为一次厄尔尼诺事件，美国则将Niño 3.4区（图2.17）海温距平指数的3个月滑动平均值达到0.5℃以上定义为一次厄尔尼诺事件。

为更加充分地反映赤道中、东太平洋的整体状况，目前，中国气象局国家气候中心在业务上主要以Niño综合区（Niño 1 + 2 + 3 + 4区）（图2.17）的海温距平指数作为判定厄尔尼诺事件的依据，指标如下：Niño综合区海温距平指数持续6个月以上≥0.5℃（过程中间可有单个月未达指标）为一次厄尔尼诺事件；若该区海温距平指数持续5个月≥0.5℃，且5个月的指数之和≥4.0℃，也定义为一次厄尔尼诺事件。

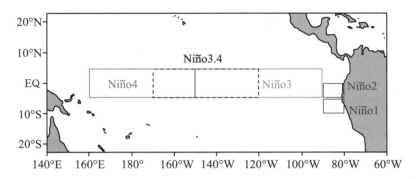

淡紫色区域为Niño 1区（90°W～80°W，10°S～5°S），蓝色区域为Niño 2区（90°W～80°W，5°S～0°），绿色区域为Niño 3区（150°W～90°W，5°S～5°N），红色区域为Niño 4区（160°E～150°W，5°S～5°N），黑色断线区域为Niño 3.4区（170°W～120°W，5°S～5°N）

图2.17　各Niño区地理位置及区域范围示意图

二、拉尼娜现象

"拉尼娜"（La Niña）是西班牙语"圣女"的意思，是指赤道太平洋东部和中部海面温度持续异常偏冷的现象，是厄尔尼诺的反位相，因此也被称为"反厄尔尼诺"现象（Philander，1983）。拉尼娜事件，也被称为"反厄尔尼诺"事件，是指赤道附近东太平洋水温反常下降的一种现象，表现为东太平洋明显变冷，同时也伴随着全球性气候混乱，一般出现在厄尔尼诺现象之后。

从20世纪初到1992年，共发生了19次拉尼娜现象，每3年～5年发生一次，也有间隔达10年以上的。拉尼娜现象多数是跟在厄尔尼诺现象之后出现的，前述19次拉尼娜现象，有12次发生在厄尔尼诺年的次年。从近50年的结果来看，拉尼娜发生的频率少于厄尔尼诺，强度也比厄尔尼诺弱，持续时间则大多数为偏长。拉尼娜出现时印度尼西亚、澳大利亚东部、巴西东北部、印度及非洲南部等地降水偏多。相反，在赤道太平洋东部和中部地区、阿根廷、赤道非洲、美国东南部等地易出现干旱。

拉尼娜与厄尔尼诺现象都已成为反映全球气候异常的最强信号。拉尼娜现象是由前一年出现的厄尔尼诺现象造成的庞大冷水区域在东太平洋浮出水面后形成的。

因此拉尼娜现象总是出现在厄尔尼诺现象之后。自1949年以来，先后在1949年～1951年、1954年～1956年、1964年～1966年、1970年～1972年、1973年～1975年、1988年～1989年、1998年～2001年、2007年～2009年年初、2010年7月～2012年年初发生过拉尼娜现象，太平洋东部至中部的海水温度比正常低了1℃～2℃。1984年～1985年、1992年～1993年、1995年～1996年，2006年发生的拉尼娜现象较弱。

三、ENSO事件

ENSO是厄尔尼诺（El Niño）和南方涛动（Southern Oscillation，简称SO）的合称（Philander，1983）。所谓的"南方涛动"，是用以描述热带东太平洋地区与热带印度洋地区气压场反位相变化的"跷跷板"现象，最早是由英国气象学家Gilbert Walker于20世纪初期发现并提出的。若干以东西向气压差所定义的南方涛动指数（SOI），除因所取代表站不同略有差异外，本质上并无不同。通常使用澳大利亚达尔文岛（12° 28′ S，130° 51′ E）与南太平洋上塔希提（Tahiti）岛（17° 32′ S，149° 34′ W）之间的气压差来表示SOI。南方涛动会影响到全球海洋和大气状况。

许多研究表明，厄尔尼诺与南方涛动指数（SOI）之间有非常好的相关关系。当赤道东太平洋表层水温（SST）出现正（负）距平时，南方涛动指数往往是负（正）值，两者的相关系数在–0.75～–0.5之间，达到99.9%的信度。图2.18给出了南方涛动指数SOI与赤道东太平洋海表面温度（SST）异常的时间演变曲线，两者反相关关系表现得十分清楚。

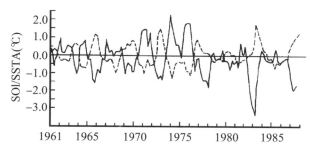

图2.18　南方涛动指数（实线）与赤道东太平洋（0°～10° S，180°～90° W）海表温度异常（SSTA）（虚线）的时间演变曲线（改绘自冯士筰等，1999）

厄尔尼诺和南方涛动之间的紧密关系，是大尺度海气相互作用的突出反映。因此，ENSO越来越成为大尺度海气相互作用以及气候变化问题研究的中心课题。通过分析SST与SOI的关系，人们发现了许多同南方涛动有关的异常现象。如在高SOI期，赤道东太平洋和秘鲁沿岸的SST相对偏低，热带主要降水区位于印度尼西亚地区，沿赤道的沃克（Walker）环流较强，经向哈德莱（Hadley）环流偏弱，东南信风较强。相反，在低SOI期，东南信风较弱，赤道中太平洋有最强降水中心，Hadley环流加强，而Walker环流减弱，赤道东太平洋SST增高甚至出现厄尔尼诺事件。也正因有上述这些联系,人们便把负SOI同赤道东太平洋暖水事件即厄尔尼诺视为一种海洋-大气耦合系统的两方面表现。因而,从20世纪80年代初开始,人们便用缩略词ENSO来表示大尺度海洋-大气耦合系统的异常现象。上升运动和集中降水区出现在印度尼西亚、西太平洋、非洲东南部和南美亚马孙流域;下沉运动和沙漠状况则盛行于东赤道太平洋和非洲西南部。太平洋上Walker环流的最强支与西太平洋暖的SST和东太平洋冷的SST相连,这两个区域分别对应大气的上升和下沉运动。

四、ENSO对大气环流的影响

研究表明,ENSO对大气环流以及全球许多地方的天气气候异常有着重要的影响。ENSO期间,赤道东太平洋持续升温,对热带大气环流的影响最为直接。而热带大气环流的异常变化,也会牵动全球大气环流,因而会在全球范围内引起一系列的天气气候异常。在正常情况下,赤道大气中存在一个东西向的Walker环流,这是叠加在纬向平均哈得莱环流上的重要东西向环流,图2.19的上半部是在正常(非ENSO)情况下,赤道太平洋上的Walker环流的示意图,图2.19的下半部给出了沿赤道SST与其纬向平均值的偏差。可见在印度尼西亚群岛附近海面暖水上空,有一个上升运动区,而在赤道东太平洋冷水区上空,则为强烈的下沉运动区。在赤道东部非洲和亚马孙流域,还有另外两个上升运动区,与之相联的下沉运动则分别位于略微较冷的西印度洋和赤道东大西洋的冷水上空。

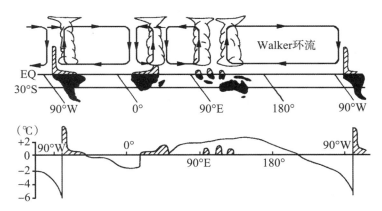

图2.19　图的上半部分为非ENSO期间沿赤道的正常Walker环流示意图,图的下半部分给出了沿赤道SST与其纬向平均值的偏差(改绘自冯士筰等,1999)

在ENSO期间(图2.20a),中、东赤道太平洋的海水增暖,西部海水略微变冷。对流在中、东太平洋上加强而在印度尼西亚地区减弱。在反ENSO期间(图2.20b),中、东太平洋的海水比正常偏冷,这些区域的对流也减弱,而印度尼西亚地区的对流增强。所谓的正常状态代表ENSO和反ENSO事件的平均,却更像弱的反ENSO状态。

在厄尔尼诺现象发生的情况下,主要增暖区的西边,也就是在国际日期变更线附

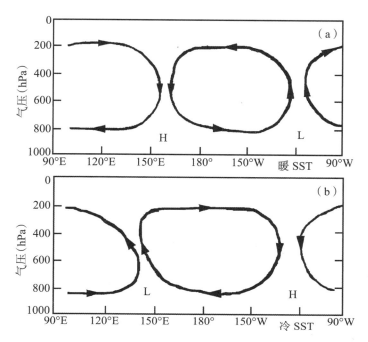

（a）ENSO状况，（b）反ENSO状况（赤道中太平洋正常信风的减弱（a）和加强（b）对于海洋的响应是重要的因子）

图2.20 沿赤道铅直平面中环流与正常情况偏差的示意图（改绘自冯士筰等，1999）

近及其西面地区将有异常积云对流的强烈发展。因此在厄尔尼诺期间主要降水区由印度尼西亚地区东移到了那里。同时，Walker环流也出现了明显的异常，其上升支由印度尼西亚地区东移到了国际日期变更线附近。

由于赤道东太平洋SST异常（厄尔尼诺现象），大气中的Hadley环流将会增强，或者说，厄尔尼诺现象会导致Hadley环流明显增强。与此同时，热带辐合带（Intertropical Convergence Zone，简称ITCZ）的位置也将发生变化，例如厄尔尼诺期间，ITCZ有明显向东推移的趋势，这必将影响西太平洋台风活动。ENSO对西太平洋副热带高压的活动也有明显的影响，包括对副高位置和强度的影响。首先，同厄尔尼诺年ITCZ位置偏南相匹配，西太平洋副高的位置在厄尔尼诺年一般也偏南。而在拉尼娜年西太平洋副高脊线位置较常年偏北。

由于ENSO的发生造成了大气环流尤其是热带大气环流的严重持续异常，因而给全球范围带来明显的气候异常。首先可以注意到距SST正距平区较近的中南美太平洋沿岸地区，由于赤道地区东西向铅直环流圈的异常，原来在南美东岸的环流上升支西移到了南美西岸，因而积云对流活动在秘鲁沿岸地区极为强烈，造成哥伦比亚、厄瓜多尔和秘鲁等地的持续大雨。以1982年~1983年的厄尔尼诺事件为例，在秘鲁北部的降水量竟是多年平均量的340倍。巨大的降水量异常使河水流量猛增，造成该地区的严重洪涝。同上述洪涝灾害相反，厄尔尼诺事件的发生又往往造成南亚、印度尼西亚和东南非洲的大范围干旱。在近百年的时间里，在绝大多数的厄尔尼诺年里，这三个地区的雨量都明显偏少。

厄尔尼诺现象的发生使中高纬度西风加强，阿留申低压往往比正常时强（气压值低），因而常给北美西岸地区造成频繁的强风暴活动，使得暴风雨和风暴浪潮的影响较为严重。ENSO对中国气候也有明显的影响，有关资料分析表明，在拉尼娜期间，西太平洋（包括南海）活动的台风和影响我国的台风都比较多，而在厄尔尼诺期间却出现相反的情况。造成台风偏多的原因，一是西太平洋海表水温相对比较高，二是西太平洋上空的空气对流相对比较旺盛，三是横贯在太平洋上的副热带高压位置偏北，紧靠着副热带高压南侧的热带辐合带的位置也偏北，而台风相当多数是在辐合带中的低压或云团中发展起来的。这些条件都有利于台风的活动。

参考文献

1. 冯士筰, 李凤岐, 李少菁. 海洋科学导论［M］. 北京: 高等教育出版社, 1999: 503.

2. Philander S G H. El Niño Southern Oscillation Phenomena［J］. Nature, 1983, 302: 295–301.

思考题

1. 世界大洋的表层海流有几个主要的暖流系? 几个主要的冷流系?
2. 影响中国近海的表层海流有哪几支重要海流?
3. 大洋中的海水温度、盐度、密度平面分布有什么特征?
4. 为什么海洋在全球气候变化中占重要地位?
5. 什么是ENSO? 它对气候变化有什么影响?

气象风云人物之四

世界著名气象学家美籍华人郭晓岚
（Hsiao-Lan Kuo）先生（引自http://www-news.uchicago.edu/releases/06/060515.kuo.shtml）

郭晓岚（Hsiao-Lan Kuo，1915年2月27日~2006年5月6日），美籍华人，世界著名气象学家，大气动力学的一代宗师。是地球物理学、大气动力学及海洋动力学的学术权威，因其学术上的卓越成就而深受同事和学生们的敬重。1970年荣获美国气象学会（American Meteorological Society，简称AMS）最高荣誉奖卡尔·古斯塔夫·罗斯贝Carl-Gustaf Rossby奖章，并被选为AMS院士，1988年被选为台湾地区"中央研究院"院士。他给出的"正压不稳定性判据"为国际上普遍接受。1965年提出积云对流参数化方案，1974年对它进行了修正。这个方案被广泛应用，并在以后的数值天气预报和动力气象学文献中，统称为"郭氏参数化方案"。

郭晓岚，1915年2月27日出生于中国河北满城县张辛庄村。因家境贫寒，完成中等教育后便回家务农。1929年夏，以优异成绩考入保定第二师范学院。1932年，考入清华大学数学系。1933年，转入清华大学地球物理系。1937年，毕业于清华大学，获得理学学士学位。后就读于浙江大学，师从中国气象学宗师竺可桢先生，1942年获得理学硕士学位。1945年赴美国留学，就读于芝加哥大学，师从芝加哥学派创始人、国际气象学泰斗罗斯贝（Carl-Gustaf Rossby）教授。1948年获得芝加哥大学地球物理学哲学博士学位。后在麻省理工学院飓风研究中心担任高级研究员，后升任中心主任。1962年，回芝加哥大学任教，担任地球物理学教授。

1970年获美国气象学会最高荣誉Rossby奖。他学识渊博，成绩卓著，在气象学诸多领域做出了创造性的成绩。曾于1973年、1979年、1986年和1992年先后4次应中国科学院邀请回国讲学或参加学术性会议。1979年郭晓岚的《大气动力学》（江苏科学技术出版社）出版，该书是气象、海洋研究人员以及高校有关教师的重要参考书。另外，他还兼任过我国台湾地区"中央研究院"院长。2006年5月6日，郭晓岚先生在芝加哥逝世，享年91岁。郭晓岚先生杰出的学术成就主要表现在大气动力学理论和大气数值模式物理过程参数化方面。

郭晓岚对大气动力学理论方面的贡献，包括大气不稳定理论、大气环流形成和大尺度热力环流理论、中尺度对流动力学和涡旋动力学理论、低纬度和热带动力学理论以及地气相互作用动力学理论等。以下分别介绍他的杰出贡献。

一、大气不稳定理论

郭晓岚发表的关于大气不稳定理论的论文有很多。他研究了"正压大气中两维无辐散流的动力不稳定"（Dynamic Instability of Two-Dimensional Nondivergent Flow in a Barotropic Atmosphere）问题，指出当强西风气流随纬度变化时，沿强西风运动且相速度在西风最大和最小速度之间的普通波长的波动和气旋波有可能会不稳定。当波动不稳定时，在最小绝对涡度点以南的槽线由东南向西北倾斜，在最大涡度点以北的槽线则由西南向东北倾斜。在"热带大尺度扰动的不稳定理论"研究中，郭晓岚解释了热带对流层和低层平流层中探测到的几种大尺度波动的存在原因，即波状扰动处于热带大气中条件性不稳定的辐合场中，并有源源不断的地面蒸发提供水汽，从而变得不稳定。郭晓岚还研究了热带地区既有水平切变又有垂直切变的切变带和急流型平均流的不稳定，结果表明，不稳定的主要来源是水平切变，平均垂直切变和稳定的层结无论在高层还是低层都限制扰动的发展。在距离赤道6°~10°的地带，急流型廓线最不稳定，扰动的最大强度发生在平均流绝对涡度较小的急流一侧，决定了热带辐合带（Intertropical Convergence Zone，简称ITCZ）的平均位置。在《大气中线性和急流型廓线的斜压不稳定》一文中，研究了冬季45°N~60°N间盛行的双急流和单急流廓线的斜压不稳定。发现这些廓线对所有对流层波动都不稳定。双急流廓线的不稳定特征几乎完全取决于对流层高层的切变。至于在60°N平流层的单急流廓线，只有在急流最大速度超过40 m/s时才是充分不稳定的。这种高层的不稳定超长扰动会使温度发生大的变化，因此，很可能是平流层晚冬季节突发性增暖的原因。

除了大气不稳定性问题外，郭晓岚还讨论了赤道地区海-气耦合系统中缓慢波动的不稳定性质。结果表明，在海洋和大气中快速运动的重力波和混合Rossby重力波都几乎不受海-气耦合作用的影响，只有慢速运动的Rossby波受影响很大，东西向的SST平流使所有海洋Rossby波不稳定，而南北向的平流使大气和海洋中的Rossby波均不稳定。

二、大气环流形成和大尺度热力环流

凭借深厚的数学功底，郭晓岚在该领域的理论研究中做出了杰出的贡献，接连发表了多篇高水平论文，深入研究了东西风带、大尺度槽脊系统和平均经圈环流等的形成原因及其与涡度和动量的涡动输送、摩擦耗散、垂直风切变和温度层结等影响因子的关系。他在研究大气中的涡旋运动时发现，在北半球，涡旋周围流体中的涡度分布会产生一个水平的力施加于涡旋，使气旋性涡旋向绝对涡度较高的地区运动，反气旋向绝对涡度较低的地区运动。因此，气旋向北移动，反气旋向南移动。但是，水平力在某些地区会在相反方向上起作用，在对流层高层形成切断的低压和高压。他还发现辐散的影响比起上述提到的涡度分布作用力的效应要小。这些效应与总角动量守恒原理，共同解释了为什么大气中存在西风带和东风带。他还从大气扰动对涡度输送的观点出发，讨论了大气带状流发展和维持的机制。由于扰动本身有涡度集中区，不能在一个不均匀的绝对涡度场中处于平衡态，它们会被其他纬度来的气团所挤走。造成反绝对涡度梯度的涡度输送，在扰动活跃的地区内涡度的经向梯度增加，其外减小，使相应地区分别产生西风气流和东风气流。并估算出强带状流建立所需的时间约为3周，与观测结果相符。通过对斜压纬向流中扰动的振幅和位相角的稳定性特征和垂直变化的研究，他发现忽略摩擦作用时，大气中扰动的波长有一个临界值，比其短的波动都不稳定，并且存在最不稳定波长，两者都取决于垂直风切变和静力稳定度因子。因此，很长的波动主要存在于高层，很短的波动仅限于大气低层，且振幅随高度很快衰减。为了解释大气中平均经圈环流的产生原因，郭晓岚研究了总非绝热加热和热量涡动输送的经向变化和总摩擦耗散和动量涡动输送的垂直变化。发现当平均温度的经向对比大于某个临界值时，强迫运动转变为更加剧烈的自由对流。在相对静止的大气中，平均非绝热加热只能产生很弱的单圈直接环流，最大经向速度只有每秒几个厘米。相反，纬向动量的涡动输送和摩擦耗散能在对流层中产生三圈环流。他从理论上提出了Hadley环流形成的一种机制。在大尺度热对流的研究方面，他用简单方法找到了用Richardson数表示的热对流判据，其中包括了旋转、静力稳定度、黏性、导热率、经向温度对比以及平均纬向流的相对涡度等的联合作用。检验了各种物理因子对旋转流体中加热不均匀造成的运动的影响，发现旋转和静力稳定度增加了阻力，会抑止对流运动；加热不均匀产生的有效位能通过经向和纬向的垂直运动转换成动能。他指出，在研究大尺度运动时，应当包含较不稳定的快速发展的小尺度运动，即包含非线性扩散的作用。

三、中尺度对流动力学和涡旋动力学

郭晓岚研究了大气对流和龙卷形成的机制，他从简化的但足够精确的大气运动方程组出发，解出两个相似解，分别为"双泡"和"单泡"型解。当给定合适的物理参数值时，得到了与龙卷中观测到的气流分布有很好相似性的"双泡"型解。在研究有摩擦的切变流中涡旋和旋转圆柱的运动时发现，摩擦和由施加在圆柱或涡旋上的压力造成的旋转力的联合作用，可使圆柱或涡旋在与平均流呈一定角度的平均方向上移动。他利用一个大气边界层模式，研究了大气边界层中的非对称流，为积云对流参数化的合理性提供了依据。为了研究地面日变化加热作用造成的低层大气中对流的发展过程，郭晓岚提出了一个非线性数值模式。结果表明，在通常存在的高层稳定层结和相对强的对流活动作用下，总会形成三个相互隔离的垂直层次，即超绝热地面薄层、混合层和薄逆温层。与观测资料比较后发现，模拟结果与实测资料相符。

四、低纬度和热带动力学

郭晓岚提出了热带辐合带（ITCZ）形成的非线性理论。他指出，热带大气中条件性不稳定和对流性活跃的大尺度纬向对称扰动的自激发行为是ITCZ形成的原因，这些扰动的本质可用非线性的准地转模式来描述。由该理论给出的风系的垂直和水平廓线与已有的观测廓线相像。郭晓岚还给出了产生这种廓线所要求的垂直扩散系数和辐射冷却率。在赤道行星边界层和球面稳定大气中的行星边界层流的研究中。郭晓岚指出，当边界层方程中包括了温度和气压的扰动，并且总体Richardson数为1或更大时，稳定的大气层结会抑制稳定的Ekman流型。但若气流是振荡的，即使是低频的振荡，则在中高纬度，稳定层结对气流的抑制作用也会被大大减弱。而在低纬度，边界层流衰退。在地面存在温度异常时，温度层结也可激发出热力驱动的边界层流。边界层流的最大垂直速度刚好位于地面边界层以上，在10°附近具有最大值，在赤道具有最小值。以上研究成果可以解释为何ITCZ常常发生在10°附近，而赤道上对流活动很少。

五、地气相互作用和陆面过程动力学

郭晓岚很早就注意到地表面附近显著的气象场日变化现象。他利用一个修正的热传导模式，通过方程求解，研究了以日变化热量波动形式表现出来的大气和下垫面之间的热力相互作用。结果表明，即使平均的垂直温度递减率是稳定的，向上的平均热量输送也可由输送过程的日变化维持。他的研究不但解决了一个长期困扰学术界的问题，即在平均位温分布下，为何仍有湍流热量的垂直输送，并且为日变化在地表面向大气的通量输送中的作用提供了理论根据，成为数值模式中必须考虑日变化的理由。同时指出，当热扩散率K的垂直梯度很大时，在地气边界上可维持很陡的温度梯度。地面长波辐射的效应有助于温度极值的前移。大气最低的几百米内的温度波受到太阳辐射吸收和热扩散率K与其相互作用的影响。将模式模拟结果与O'Neill夏季和冬季进行的观测试验做了比较，相符甚好。

郭晓岚对大气数值模式中物理过程参数化的最大贡献，莫过于提出了积云对流的参数化方案。他的积云对流参数化方案曾被广泛地用于各种尺度的大气数值模式中，尤其是在中期天气预报和大气环流模式中，被称为Kuo方案。有不少学者根据Kuo方案的原理设计出不少修正的Kuo方案。至今Kuo方案仍在一些数值模式中使用。

郭晓岚先生是一位杰出的气象学大师，他的聪明才智和敬业精神，使他成为大气动力学中诸多理论研究的开创者。他逝世后，美国芝加哥大学新闻办公室发布长篇文告给予其极高评价。文告指出，郭晓岚先生从"二战"时期的中国，漂洋过海来到美国，以很少的奖学金在芝加哥大学攻读博士学位。但在仅仅几年的时间，他就在学术界崭露头角，且一直保持重要影响。他的研究成果是动力气象学许多分支中的重要理论基础之一。

郭晓岚先生虽然出身贫寒，但从小就胸怀大志，对数学、中国古典文学和中国历史倍感兴趣。他对科学的兴趣和孜孜不倦的学风，使他很快成为有影响的青年学者和当时芝加哥学派的重要成员。正如芝加哥大学新闻办公室文告中所说，他在理论研究中的杰出成就为气象学的很多分支领域奠定了数学和物理的理论基础，因此影响着相关学科和领域的发展。除了大气动力学理论研究外，他还研制了大气模式物理过程参数化方案，其中的积云对流参数化方法不仅具有理论意义，更具有实际应用价值。1985年退休后，郭晓岚先生仍致力于气象科学研究，在ENSO长期振荡、地转适应过程和Walker、Hadley环流及ITCZ的形成机制等方面做出了新的理论贡献。

郭晓岚先生是一位国际著名的学者，生前曾先后4次访问中国，并为中国培养了气象人才。郭晓岚先生的逝世，是国际气象界的重大损失，也使大家失去了一位循循善诱的好导师。他对学业的态度和对事业的追求，永远是年轻学子们学习的楷模。

参考文献

1. https://baike.baidu.com/item/郭晓岚/8715085?fr=aladdin.
2. http://www-news.uchicago.edu/releases/06/060515.kuo.shtml.
3. https://en.wikipedia.org/wiki/Hsiao-Lan_Kuo.

第三章　海陆风环流

海陆风环流是由海陆热力性质差异引起的大气次级环流，其发生和发展会改变大气运动状态，影响局地小气候，在一定程度上决定地方气候资源和大气环境质量。海陆风环流的存在会影响局地风向和风速的日变化，会影响气温日较差、日最高气温及发生时间，会影响大气能见度的日变化等。在日常天气预报和气象保障工作中，海陆风环流是必须考虑的重要因素。

本章首先介绍海陆风现象，然后介绍海陆风的成因和日变化，再介绍国内外对海陆风的观测研究，最后介绍海陆风环流的数值模拟。

第一节　海陆风

一、海陆风现象

人们若在海边住上一段时间，往往会有这样的体验：晴朗的白天常有风从海上吹来，而到了夜晚风又从陆地吹向海洋，这种有规律的循环出现的风就是气象上所说的海陆风。

日间陆地受太阳辐射加热增温，陆面上的空气迅速增温而向上抬升，海面上由于海水的热容量大而升温较慢，其上空的气温相对较冷，冷空气下沉并在近地面流向附近较热的陆面，补充那里因热空气上升而造成的空缺，形成海风；而在夜间，陆地冷却快，海上较为温暖，近地面气流从陆地吹向海面，称为陆风，这就是海陆风。

海陆风是因海洋和陆地受热不均匀而在海岸附近形成的一种具有明显日变化的风系。在基本气流微弱时,白天风从海上吹向陆地,夜晚风从陆地吹向海洋。前者称为海风(sea breeze),后者称为陆风(land breeze),合称为海陆风。

海陆风一般须在稳定的天气条件下才可以观测到,如果有强烈的天气系统,如飑线、强风暴等一类的天气系统出现时,就难以观测到海陆风现象了。此外,如果是阴天,陆风吹的时间往往拖延很长,而海风出现的时间则会一直推延下去,有时甚至迟到12时左右才开始。

海风登陆会带来水汽,使陆地上湿度增大,温度明显降低,甚至形成低云和雾。

二、海陆风的时空尺度

海陆风的水平尺度一般可达几十千米,垂直高度为1 km~2 km,周期约为1天。以水平范围来说,海风深入大陆在温带地区为15 km~50 km,热带地区最远不超过100 km,陆风侵入海上最远为20 km~30 km,近的只有几千米。以垂直厚度来说,海风在温带地区为几百米,热带地区也只有1 km~2 km;只是上层的反向风往往会更高一些。至于陆风则要比海风浅得多了,最强的陆风,厚度只有数百米,上部反向风可达800 m。有观测发现,中国台湾岛上海风厚度较大,为500 m~700 m,陆风厚度为250 m~340 m。

第二节 海陆风形成的原因与日变化

一、海陆风的形成机制

海陆风是热力环流在自然界中的具体体现,是沿海地区最显著的大气中尺度环流。白天,由于陆地增温大于海洋,出现海风环流;夜间,由于陆地降温大于海洋,出现陆风环流。

图3.1给出了海风环流的形成机制示意图。在静风或近于静风的晴空大气中,太阳辐射加热在陆面比海面更快,从而产生水平温度梯度。由于静力平衡条件的要求,在海面上空较冷的空气中其垂直气压梯度较陆面上空较暖的空气中的垂直气压梯度大,因此在陆面和海面上空的某一高度上,陆地上空的气压较海面上空的高。这个气压梯度力产生一个弱的从陆地上空 B 点流向海洋上 C 点的气流。靠近 C 点的气流辐合导致此处气压增加,结果出现从 C 点到 D 点的下沉气流,以响应此处出现的静力平衡的偏差。由于在 D 点和 A 点之间存在静力气压梯度,使气流从 D 点流向 A 点,这就是海风。同时,靠近 B 点的气流辐散导致该处气压减小,随之在 AB 垂直方向出现静力平衡偏差,导致从 A 点流向 B 点的气流。这就是海风形成的机制。

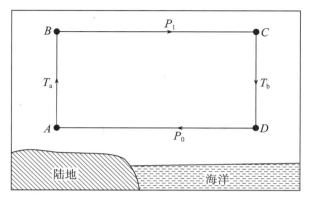

图 3.1　海风环流的形成机制示意图

与海风环流相反,在夜晚陆地上比海洋上冷却得快,形成与白天相反的过程,形成陆风环流。

海陆风环流对沿海地区的天气气候影响很大,它虽是由海陆温差引起,但反过来又影响沿海地区的温度场、湿度场和风场,有时还会造成低云、雷暴等恶劣天气。

海陆风因仅受一天的热力差异影响,能量微弱,风力不大,范围也小,一般仅深入陆地20 km～50 km,在稳定的天气形势下才较为显著。

由于夜间低空的热力差异远不如白天大,因此无论气流速度还是环流高度,陆风环流都要比海风环流弱,陆风的风速仅为1 m/s～2 m/s。

二、海陆风的日变化

海陆风交替的时间随地理环境和天气情况的变化而不同。白天,陆地温度高于海洋;夜里,海洋温度高于陆地。陆地温度高于海洋的时间一般为下午2：00～3：00,这时候的海风最强。此后温度逐渐下降,海风便随之减弱,在晚上9：00～10：00,海陆温差消失了,海风也就停止了。夜里陆地温度降得快,海洋温度比陆地下降得慢些,因此在晚上9：00以后陆上变冷了,海上反而暖些。海陆温差的方向改变了,海陆风的方向也随之改变了。从晚上9：00～10：00的暂时平静无风后,微弱的陆风就开始了。自此以后,海陆温差逐渐增大,陆风也越来越强。凌晨2：00～3：00,温差最大,这时的陆风也最强。天亮后陆地温度逐渐上升,海陆温差越来越小,陆风逐渐减弱。在上午9：00～10：00,海陆温差又消失了,陆风随之终止。就这样随着海陆昼夜温差的不断变化,白天出现的海风在下午2：00～3：00最强,夜间出现的陆风在凌晨2：00～3：00最强。上午9：00～10：00和晚上9：00～10：00,海陆温度几乎相同,温度差别消失,海风和陆风便消失了。海风和陆风消失的时间,也正是从海风转为陆风(晚上9：00～10：00)或从陆风转为海风(上午9：00～10：00)的过渡时间。

第三节　　海陆风的观测研究

19世纪末，人们还很少使用测量仪器对海陆风进行观测。20世纪20年代，人们使用气球进行高空风观测，由于当时技术条件的限制，气象观测仅限于低层，难以观测海风和陆风环流系统的厚度。随后的陆上观测发现，尽管海陆风的高度随季节、纬度不同而有差异，但海风高度一般为100 m~1000 m，陆风高度一般为100 m~300 m。海风深入内陆的距离一般为20 km~50 km，最大距离为100 km。热带地区的海陆风尺度和风速一般要比中纬度地区的大。

一、国外海陆风的观测研究

观测发现沿海地区海陆风是一种普遍现象。日本的神户海洋气象台从1953年起先后在濑户内海沿岸地区进行了几次海陆风立体观测。Fisher（1960）利用气象气球对美国东北部的罗德（Rhode）和布劳克（Block）进行过海陆风观测研究，Feit（1969）利用气象铁塔对美国得克萨斯（Texas）的海陆风进行过观测研究。Simpson等（1977）利用气象气球、雷达等对英格兰南部拉沙姆（Lasham）的观测研究发现，海风的发生频率跟潮水的涨落有关。

在60° N以北的高纬度地区，Kozo（1982）发现在70° N附近的蒲福（Beaufort）海岸有海陆风，他认为海风的一般特征是由于中尺度和大尺度气压梯度相互作用和非线性平流对温度场及风场的影响造成的。

在30° N~60° N的中纬度地区，海陆风观测主要集中在欧洲、北美和东亚地区。Kozo（1982）对70° N附近的Beaufort沿岸的海陆风进行了观测，观测手段除采用常规观测仪器外，还利用卫星跟踪浮标、轻便式声雷达等先进设备。Kraus等（1990）对澳大利亚南部库隆（Coorong）沿岸的海风锋动力结构和热力过程进行了观测研究。Banta等（1993）在美国加利福尼亚（California）的蒙特利（Montorey）海湾利用脉冲式多普勒雷达，发现海风发生时较难观测到其他的陆风回流。Finkele等（1995）在澳大利亚南部的Coorong沿岸观测到了完整的海陆风环流，发现该环流是非对称的，海风部分远大于陆风部分，并且观测到了海风在海上及陆上分别存在辐散和辐合流场。Puygrenier等（2005）对法国玛累莱（Mareille）地区的海陆风观测发现该地区海风通过影响大气边界层高度及垂直扩散而造成污染物的累积，海风风速在"小—大—小"的3个时期NO_2浓度出现"高—低—高"的变化。Bouchlaghem等（2007）分析了地中海突尼西亚（Tunisia）地区海风对大气污染的影响。近年来自动气象站网的建立，也为Prtenjak等（2007）和Azorin-Molina等（2009）的海陆风研究提供了便利。Prtenjak等（2007）对Borne等（1998）的海陆风判定方法作部分修正后，对克罗地亚亚德利亚海（Adriatic）沿岸的研究发现该地区海陆风频率在37%～60%之间，海风一般在当地时间8时开始，并平均持续10小时，且在14：00～15：00海风风速达到最大值。Azorin-Molina等（2009）以850 hPa风场作为系统风，研究发现西班牙阿里坎特（Alicante）地区离岸系统风会使海风开始时间推迟、持续时间延长及风速加强，向岸系统风则相反。

二、国内海陆风的观测研究

1976年，北京大学地球物理系在辽宁锦西沿海地区进行了探测研究，这是我国较早的海陆风观测研究。在环渤海湾地区，于恩洪等（1987）、陈斌等（1989）对渤海湾西部的海陆风进行了观测，发现天津塘沽地区的海陆风出现频率全年平均为41.2%，各月频率是17%～59%，天津市的城市热岛效应使海风加强，陆风减弱。吴增茂（1989）对山东省东营市的气象站资料和大气探测资料进行分析，提出了根据动力条件和气象要素变化特征来判断海陆风生消的方法。蒋维嵋等（1991）通过对河北省秦皇岛的观测研究，提出了一个由未受海陆风环流影响高度的平均风速和水陆最大温差定义的海陆风出现指数。Cheng（2002）对台湾海峡沿岸研究发现，该地区夏季和冬季的海风存在一定角度偏差，带来了不同污染源的污染物，同时由于冬季海风环流厚度比夏季小，使该地区冬季O_3浓度明显高于夏季。卢焕珍等（2008）利用天津新一代天气雷达结合地面自动气象站实时资料研究发现，雷达探测到的沿海岸线形成的大气边界层辐合线和渤海湾海陆风辐合线有对应关系，并且这种海陆风辐合线只在每年的5月～9月才能在雷达上观测到。此外，陈巫宏等（1988）对辽东半岛南部、王赐震等（1988）对山东半岛北部、张振维等（1991）对辽东湾西部、仲伟民（1993）对山东烟台、薛德强等（1995a、1995b）对山东半岛、殷达中等（1997）对辽东半岛西岸、王玉国等（2004）对辽东湾西岸、庄子善等（2005）对山东日照、刘玉彻等（2007）对辽宁大连金州、黄容等（2008）对青岛、陶岚等（2009）对上海、东高红等（2011）对渤海西岸、何群英等（2011）对天津的海陆风开展了观测研究。

低纬度地区的海陆风研究主要有，朱乾根等（1983）对华南沿海的海陆风研究指出，海陆风对温压梯度的削弱作用制约了海陆风本身的发展。李惠丰等（1985）对浙江沿海的研究发现，海陆风出现在晴天的概率较高。而周钦华等（1987）对浙江沿海的研究则发现，海陆风造成的地面风辐合带和当地的暴雨有一定关系。金文其（1988）研究发现福建厦门的海陆风在每年7月最多，海风夏季比冬季早2小时开始，陆风则冬季比夏季早2小时开始。徐金辉等（1992）使用20°N～25°N，110°E～117°E区域内不超过一条等压线的弱环流形势判定标准对广东沿海的海陆风进行研究。吴兑等（1995）在海口的观测研究发现，该地区海陆风频率较高，海风持续时间一般为1小时～4小时，最长可达10小时。此外，孔宁谦等（1998）对广西北海、周伯生等（2002）对广东阳江、官满元（2005）对海南万宁、黄梅丽等（200）对广西、周武等（2008）对广东阳江、王祖炉等（2009）对福建宁德的海陆风进行了研究。

在珠江三角洲地区的海陆风研究方面，黄志兴等（1985）利用伶仃洋及其附近站点的气象站资料和大气探测资料研究发现，该地区海陆风在夏秋季出现频率较高，内陆站与沿海站海陆风转换时间和强度存在明显差异。吴祖常等（1991）对内伶仃岛海陆风的观测分析发现,晴天有海陆风时大气边界层有两层不接地逆温,晴天无海陆风时只有一层不接地逆温。高绍凤等（1993）对珠江三角洲的研究发现,珠江三角洲的海陆风频率在25%~30%之间,最强海风出现在珠江喇叭口颈部。李明华等（2007,2008a,2008b）对珠江口西岸的海陆风进行了观测,分析发现该地区10月海风出现和结束的时间都较晚,且海风发生时珠江口容易出现低空逆温,并抑制城市群空气污染物向下风向输送造成污染物的"堆积"。

三、我国沿海三地区的海陆风主要特点

我国沿海地区海陆风研究表明:我国海陆风夏季频率高于冬季,海风强于陆风。辽东湾西部海陆风频率夏季超过20%,而冬季则在15%左右（张振维等,1991）,7月甚至出现过31%的频率（殷达中等,1997）,但仍低于广东深圳的48.7%（黄志兴等,1985）。辽东湾西部海风夏季最高风速为3.8 m/s,陆风则是2.8m/s,冬季海风为4.5 m/s,而陆风只有3.7 m/s（张振维等,1991）。在厦门夏季海风最大为8 m/s~10 m/s,冬季为10 m/s~12 m/s,陆风则是夏季为8 m/s~10 m/s,冬季为6 m/s~8 m/s（金文其,1988）,但在我国香港则海风最大风速只有4.2 m/s（张立凤等,1999）。海风开始时间始于上午,环渤海湾和华南地区多在上午7:00~9:00或9:00~10:00开始,而长江三角洲地区则是接近中午。海风结束时间各地区不尽相同,环渤海湾地区结束得较早,多在18:00前后,低纬度地区结束时间较晚,长江三角洲地区和华南地区海风甚至可持续至午夜（23:00）。陆风多在午夜开始,早晨结束,其中环渤海湾地区开始和结束时间均比较早,而长江三角洲地区和华南地区陆风则有时可持续到中午。海陆风开始和结束的时间随纬度和季节而变。纬度越低,海风开始和结束的时间有越晚的倾向。表3.1给出了我国不同地区海陆风特征。

表3.1 中国不同地区的海陆风特征

地点	海风发生时间	陆风发生时间	海陆风日频率
环渤海湾地区	夏季:07(09):00~18(20):00	夏季:20:00~06(07):00	夏秋高于冬春,年平均频率23%左右
	冬季:11:00~17(18):00	冬季:19:00~09(10):00	
长江三角洲地区	夏季:11:00~21(23):00	夏季:23:00~09(11):00	9月高于2月,频率皆超过30%。9月椒江站甚至接近50%
	冬季:12(13):00~22(23):00	冬季:00:00~12:00	
华南地区	夏季:09(10):00~22(23):00	夏季:00:00~08:00	夏秋高于冬春,年平均频率20%~35%（珠江口25%~35%,夏季略高于冬季）
	冬季:10(13):00~20(23):00	冬季:22(23):00~10(12):00	

第四节　大型海陆风——季风

一、季风的定义

季风（monsoon），是由于大陆及邻近海洋之间存在的温度差异而形成大范围盛行的、风向随季节有显著变化的风系，具有这种大气环流特征的风称为季风。

英语monsoon一词来源于葡萄牙语monção，最早来源于阿拉伯语mawsim（موسم）一词，有"season"（季节）之意，或来源于印地语"mausam"，也可能是由早期的现代荷兰语monsun演变而来的[①]。在古代中国，"季风"被称为"信风"，指的是"随时令变化，定期定向而来的风"。现代气象学意义上季风的概念是17世纪后期由英国的Halley首先提出来的，他认为，季风是由于海陆热力性质差异和太阳辐射的季节变化而产生的以一年为周期的大型海陆风环流。冬季，大陆比海洋冷，大陆上为冷高压，近地面空气自大陆吹向海洋；夏季，大陆比海洋暖，大陆上为热低压，近地面空气自海洋吹向大陆。18世纪上半叶，Hadley对季风模型进行了补充和修正。他指出，按照Halley的理论，南亚地区阿拉伯海至印度的季风应该是夏季吹南风，冬季吹北风，但实际观测到的是夏季吹西南风，冬季吹东北风。这是因为夏季当气流从南半球跨越赤道进入北半球时，由于地球的自转效应，气流会受到一个向右的惯性力作用，这个力就是地转偏向力。由于地转偏向力的作用，气流在向北的运动过程中向右偏，因此形成了西南风。

20世纪50年代以来，在有了较多的高空气象观测资料后，有人指出并不是所有具有海陆差异的地区都有季风，还有其他一些物理因子在季风形成中起作用。例如，大地形（如青藏高原）的热力和动力作用和南半球越赤道而来的气流均对夏季风的活动有很大影响。

二、季风的特征

世界上季风明显的地区主要有南亚、东亚、非洲中部、北美东南部、南美巴西东部以及澳大利亚北部，其中以印度季风和东亚季风最著名。有季风的地区都可出现雨季和旱季等季风气候。夏季时，吹向大陆的风将湿润的海洋空气输进内陆，往往在那里被迫上升成云致雨，形成雨季；冬季时，风自大陆吹向海洋，空气干燥，伴以下沉运动，天气晴好，形成旱季。

亚洲地区是世界上最著名的季风区，其季风特征主要表现为有两支主要的季风

---

① https://en.wikipedia.org/wiki/Monsoon.

环流,即冬季盛行西北季风和夏季盛行西南季风,并且它们的转换具有爆发性的突变过程,中间的过渡期很短。一般而言,每年11月至翌年3月为冬季风时期,6月~9月为夏季风时期,4月~5月和10月为夏、冬季风转换的过渡时期。但不同地区的季节差异有所不同,因而季风的划分也不完全一致。

现代人们对季风的认识有了进步,至少有三点是公认的:

(1)季风是大范围地区的盛行风向随季节改变的现象,这里强调"大范围"是因为小范围风向受地形影响很大。

(2)随着风向变换,控制气团的性质也产生转变,例如,冬季风来时人们往往会感到空气寒冷干燥,夏季风来时空气温暖潮湿。

(3)随着盛行风向的变换,将带来明显的天气气候变化。

三、季风的变化

季风形成的主要原因是海陆间热力环流的季节变化。夏季,大陆的增温要比海洋剧烈,陆地上气压随高度的变化要慢于海洋上空,所以在一定的高度上看,海洋上的气压高于陆地上的气压,空气会从海洋流向大陆,形成了与高空方向相反的气流,构成了夏季的季风环流。冬季,大陆迅速冷却,海洋上温度比陆地要高些,因此大陆为高压,海洋上为低压,低层气流由大陆流向海洋,高层气流由海洋流向大陆,形成冬季的季风环流。

冬季,在北半球盛行北风或东北风,尤其是亚洲东部沿岸,北向季风从中纬度地区一直延伸到赤道地区,这种季风起源于西伯利亚冷高压,它在向南爆发的过程中,在东亚及南亚产生很强的北风和东北风。

夏季,在北半球盛行西南和东南季风,尤以印度洋和南亚地区最显著。西南季风大部分源自南印度洋,在非洲东海岸跨过赤道到达南亚和东亚地区,甚至到达我国华中地区和日本;另一部分东南风主要源自西北太平洋,以南风或东南风的形式影响我国东部沿海。

夏季风一般经历爆发、活跃、中断和撤退四个阶段。东亚的季风爆发最早,从5月上旬开始,从东南向西北推进,到7月下旬趋于稳定,通常在9月中旬开始回撤,路径与推进时相反,在偏北气流的作用下从西北向东南节节败退。

研究表明,气候变化会对季风变化产生重要的影响。Ding等(2015)回顾了从1978年至1979年开展季风试验(Monsoon Experiments,简称MONEX)以来近30年取得的重要进展,他们的研究指出,季风的降水、强度和时间变化与多种影响因素和驱动力的变化、以及气候变化的影响密切相关,这些影响因素包括陆地与海洋的热容量对比、陆地的覆盖面积、大气含水量和大气气溶胶负荷等。这些因素的变化在不同程度上受到气候变化的影响,从而进一步导致全球和区域季风系统作为大气-陆地-海洋耦合系统的响应而发生变化。气候变化对季风的最大影响是大气湿度的增加与大气变暖的反馈作用有关,导致季风总降雨量的增加,甚至导致季风环流强度的减弱。图3.2

为人类活动影响季风降雨的主要方式示意图,表明气候变化影响下的各种影响因素会导致季风降水的增加和季风环流的减弱。气候变暖会增加水汽从海洋输送到陆地,因为温暖的空气中含有更多的水汽而增加更多降雨的可能性。与增暖有关的大尺度环流变化对季风环流的强度和范围有影响,利用陆地的变化和大气气溶胶负荷也可改变大气和陆地吸收太阳的辐射量,因而有可能减小陆地与海洋之间的温差。

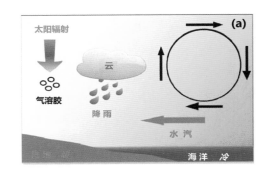

(a)现在,(b)未来

图3.2 人类活动影响季风降雨的主要方式示意图

[改绘自Ding等(2015)的Fig.5,原图出自IPCC AR5(2013)]

四、季风与海陆风的联系与区别

季风是由于大陆和海洋在一年之中增温和冷却程度不同,在大陆和海洋之间发生的大范围的、风向随季节改变而有规律变化的风。季风分为夏季风和冬季风。

海陆风是由于海陆热力性质差异在海岸附近形成的有日变化的风。在基本气流微弱时,白天风从海上吹向陆地,夜晚风从陆地吹向海洋。前者称为海风,后者称为陆风,合称为海陆风。

季风与海陆风既有联系也有区别,它们之间的关系可总结如下。

1. 两者的联系

(1) 从风向看。两种类型风的风向都会在一定时间范围内发生有规律的变化,而且方向相反。

(2) 从成因看。两种类型风都是热力因素引起的,季风和海陆风都是陆地与水体之间的热力性质差异导致。

2. 两者的区别

(1) 空间尺度差异。季风往往是大范围的大气环流现象,而海陆风一般是小范围的热力环流表现。

(2) 时间尺度差异。季风的周期为一年,海陆风的周期为一天。

(3) 风力强弱差异。季风风向稳定、强度大,而海陆风则在大范围主导风向较弱的情况下才会出现。

第五节　海陆风环流的数值研究

在20世纪50年代前，为了求解方便，往往使用线性化的运动方程组，主要是在运动方程中略去了平流项。任何令人满意的海风理论都必须考虑速度和温度分布之间的反馈作用，这是因为海风产生以后，冷空气侵入陆地并导致温度变化。从下面简单分析可以看到非线性过程的重要性：

在海陆风环流中，水平速度特征值为$u*$=6 m/s，从海陆风开始至最强的时间，即特征时间$T*$=6 h，水平方向的特征长度$L*$=10 km，因而在运动方程中的时间变化项的量级为：

$$O\left(\frac{\partial u}{\partial t}\right) \sim \frac{u^*}{T^*} = \frac{1}{3\,600}(\mathrm{m/s^2})$$

而非线性项为：

$$O\left(u\frac{\partial u}{\partial x}\right) \sim \frac{u^{*2}}{L^*} = \frac{1}{278}(\mathrm{m/s^2})$$

由此可见非线性项要比时间变化项大一个量级。在粗略的近似下，可将$\partial u/\partial t$略去，把问题看作定常的，但不能略去非线性项，如果略去，就掩盖了海陆风问题的本质。

随着计算机和数值计算方法新技术的不断革新，出现了用数值方法去求解非线性海陆风环流的数值模式。

以下是根据Fisher（1961）的研究开展的关于海陆风环流的数值研究。

一、基本方程

设有无限长的海岸线，取x轴与海岸线垂直，且指向内陆为正，y轴与海岸线平行，且沿海岸线方向的气象变量没有变化。于是运动方程可写成：

$$\frac{\mathrm{d}u}{\mathrm{d}t} = -\frac{1}{\rho}\frac{\partial p}{\partial x} + fv + \frac{1}{\rho}\frac{\partial}{\partial z}\left(K_m\frac{\partial u}{\partial z}\right) \tag{3.1a}$$

$$\frac{\mathrm{d}v}{\mathrm{d}t} = -\frac{1}{\rho}\frac{\partial p}{\partial y} - fu + \frac{1}{\rho}\frac{\partial}{\partial z}\left(K_m\frac{\partial v}{\partial z}\right) \tag{3.1b}$$

$$\frac{\mathrm{d}w}{\mathrm{d}t} = -\frac{1}{\rho}\frac{\partial p}{\partial z} - g \tag{3.1c}$$

式中，K_m为动量涡动扩散系数，连续方程为：

$$-\frac{1}{\rho}\frac{\mathrm{d}\rho}{\mathrm{d}t} = \frac{\partial u}{\partial x} + \frac{\partial v}{\partial y} + \frac{\partial w}{\partial z} \tag{3.1d}$$

略去连续方程中的可压缩项,得到:

$$\frac{\partial u}{\partial x}+\frac{\partial v}{\partial y}+\frac{\partial w}{\partial z}=0 \tag{3.2}$$

由于 $\frac{\partial v}{\partial y}=0$,则必定存在一个流函数 ψ 满足:

$$u=-\frac{\partial \psi}{\partial z},\ w=\frac{\partial \psi}{\partial x} \tag{3.3}$$

令 $\eta=\frac{\partial u}{\partial z}-\frac{\partial w}{\partial x}$,则从式(3.1a)和式(3.1c)可得二维海陆风环流涡度方程:

$$\frac{\partial \eta}{\partial t}=-\vec{V}\cdot\nabla\eta+f\frac{\partial v}{\partial z}+\frac{\partial \alpha}{\partial x}\frac{\partial p}{\partial z}-\frac{\partial \alpha}{\partial z}\frac{\partial p}{\partial x}+\frac{\partial}{\partial z}\left[\alpha\frac{\partial}{\partial z}\left(K_m\frac{\partial u}{\partial z}\right)\right] \tag{3.4}$$

式中, $\alpha=\frac{1}{\rho}$,将力管项改写为用温度表示的形式:

$$\frac{\partial \alpha}{\partial x}\frac{\partial p}{\partial z}-\frac{\partial \alpha}{\partial z}\frac{\partial p}{\partial x}=\frac{R}{p}\left[\frac{\partial T}{\partial x}\frac{\partial p}{\partial z}-\frac{\partial T}{\partial z}\frac{\partial p}{\partial x}\right] \tag{3.5}$$

尺度分析得知: $\frac{\partial T}{\partial z}\frac{\partial p}{\partial x}$ 比 $\frac{\partial T}{\partial x}\frac{\partial p}{\partial z}$ 至少小一个量级,在式(3.5)中可以略去。再利用式

(3.1c)将 $\frac{\partial p}{\partial z}$ 消去,即得:

$$\frac{R}{p}\frac{\partial T}{\partial x}\frac{\partial p}{\partial z}=-\frac{R}{p}\frac{\partial T}{\partial x}\left(\rho g+\rho\frac{dw}{dt}\right)\sim-\frac{R}{T}\frac{\partial T}{\partial x}g \tag{3.6}$$

又因为:

$$\frac{g}{T}\frac{\partial T}{\partial x}=\frac{g}{\theta}\frac{\partial \theta}{\partial x}+\frac{Rg}{C_p p}\left(\frac{\partial p}{\partial x}\right)$$

上式右边第一项量级为 $10^{-6}/s^2$,第二项量级为 $10^{-7}/s^2$,因而可近似地写成:

$$\frac{g}{T}\frac{\partial T}{\partial x}\sim\frac{g}{\theta}\frac{\partial \theta}{\partial x} \tag{3.7}$$

将式(3.7)代入式(3.4),再用 ψ 来表示,则海陆风环流方程为:

$$\frac{\partial}{\partial t}\nabla^2\psi=-\vec{V}\cdot\nabla(\nabla^2\psi)-f\frac{\partial v}{\partial z}+\frac{g}{\theta}\frac{\partial \theta}{\partial x}-\frac{\partial^2}{\partial z^2}\left(\alpha*K_m\frac{\partial u}{\partial z}\right) \tag{3.8}$$

这里以平均比容 $\alpha*$ 代替比容 α。式中出现了 v、ψ、θ 三个变量,v 可由式(3.1b)来决定,而 θ 可由热扩散方程来决定,即

$$\frac{\partial \theta}{\partial t}=-\vec{V}\cdot\nabla\theta+\frac{\partial}{\partial z}\left(K_H\frac{\partial \theta}{\partial z}\right) \tag{3.9}$$

式中,K_H 是涡动热扩散系数,这样式(3.1b)、式(3.8)和式(3.9)便构成了闭合方程组。

二、求解条件

在求解时取下列近似式$K_H=\alpha * K_m$, $K_m=K$, 初始条件为$t=0$, $\psi=0$, $\nabla\psi=0$。K随高度变化及内陆地区温度随时间变化是给定的曲线, $z=0$时的海上温度保持不变, 且$\nabla T=0$, 边界条件为:

$$\left.\begin{array}{l} z=0, \; u, \; v, \; w=0 \\ z=H, \; u, \; v=0 \\ x=\pm l, \; u, \; v, \; w=0 \end{array}\right\}$$

位温随高度的变化也是给定的。

三、计算结果

图3.3表示7时开始后6 h~10 h海风环流中的u, v, w, θ分布, 从中可见海风环流的一般情况。计算出的最强海风出现在200 m~400 m高度, 最大海风风速为7 m/s。垂直速度和由科氏力作用产生平行于海岸的风速位置、大小以及温度分布, 均与实况一致。

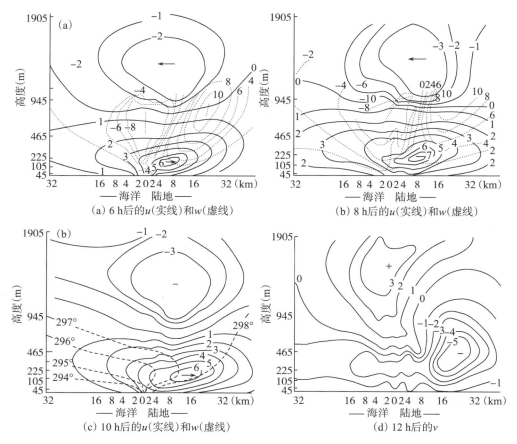

图3.3 理论上的海风垂直剖面（改绘自Fisher, 1961）

在Fisher研究海陆风环流的同期，Estoque（1961，1962）也以数值方法求解非线性方程，对垂直于海岸线的垂直平面中的海陆风进行了数值试验，研究了在有天气尺度风和无天气尺度风两种情况下平直海岸线的海陆风环流，即讨论了盛行风对海陆风环流的影响，发现离岸风加强了海陆风环流。这些研究结果，与以前的线性理论结果相比，表明非线性理论研究的结果更为接近实际，而且讨论了海陆风现象的详细特征。

需要指出的是，在1976年以前的非线性理论研究中都未考虑山脉对海陆风的影响。至此之后，才开始使用数值方法讨论山脉对海陆风环流的影响。结果发现，山脉在热力上起了加强海陆风环流的作用，而在动力机制上抑制了海陆风。

参考文献

1. https：//baike.baidu.com/item/海陆风/1675501?fr=aladdin.

2. http：//www.baike.com/wiki/海陆风.

3. https：//en.wikipedia.org/wiki/Sea_breeze#Land_breeze.

4. Ding Y H, Liu Y J, Song Y F, et al. From MONEX to the global monsoon：A review of monsoon system research [J]. Advances in Atmospheric Sciences, 2015, 32：10–31.

5. Fisher E L. A theoretical study of the sea breeze [J]. Journal of Meteorology, 1961, 18：216–233.

6. Kozo T L. A mathematical model of sea breeze along the Alaskan Beaufort Sea coast：Part Ⅱ [J]. Journal of Applied Meteorology, 1982, 21：906–924.

7. Kraus H, Hacker J M, Hartmann J. An observational aircraft-based study of sea-breeze frontogenesis [J]. Boundary-Layer Meteorology, 1990, 53：223–265.

8. Banta R M, Olivier L D, Levinson D H. Evolution of the Monterey bay sea-breeze layer as observed by pulsed Doppler Lidar [J]. Journal of the Atmospheric Sciences, 1993, 50：3959–3982.

9. Kingsmill D E. Convection initiation associated with a sea-breeze front, a gust front, and their collision [J]. Monthly Weather Review, 1995, 123：2913–2933.

10. Jeffreys H. On the dynamics of wind [J]. Quarterly Journal of the Royal Meteorological Society, 1922, 48：29–46.

思考题

1. 什么是海陆风环流?

2. 海陆风环流的日变化有什么特征?

3. 季风与海陆风有什么联系和区别?

4. 利用数值模式模拟海陆风是否要考虑山脉对海陆风环流的影响? 为什么?

气象风云人物之五

威尔豪·维萨拉（Vilho Väisälä），生于1889年9月28日，卒于1969年8月12日，是芬兰裔气象学家和国际著名的维萨拉（Väisälä）公司的创始人，他长期担任维萨拉公司的总经理，为该公司的发展倾注了毕生的心血。他是一位气象仪器的天才发明家，并且是该领域内深受尊敬的科学家。

芬兰气象学家威尔豪·维萨拉（Vilho Väisälä）的照片（引自 https://en.wikipedia.org/wiki/Vilho.Väisälä）

威尔豪·维萨拉（Vilho Väisälä）于1912年在赫尔辛基大学数学系获得硕士学位，1918年获得"赫尔辛基大学优秀毕业生"称号，1919年获得博士学位。他的博士论文涉及数学领域的第一类椭圆积分。从1912年～1919年，他开始受聘为研究助理和磁学研究人员，在芬兰各地从事磁测量。1916年他被任命为Ilmala风筝站的负责人，1919年被任命为高空气象部门主任。他对研究大气所用的风筝方法作了很多改善，此外他还制作了许多其他设备，比如听诊器和风速计。他一生都保留着这个兴趣，他写了100多篇科学论文，并且拥有十多项发明专利。

早在1931年，他就开始对芬兰无线电探空仪进行规划和建设。他的基本想法就是将可变电容原理用于无线电探空仪传感器。Väisälä无线电探空仪的历史上第一次飞行是于1931年12月30日进行的，这种新型无线电探空仪于1935年提交给国际气象界，在1936年该仪器已经被认为适用于常规气象观测。该无线电探空仪具有结构简单、性能可靠、价格适中的特点，从使用和生产角度上来看效果最佳。Väisälä无线电探空仪自然引起高度关注，不久芬兰无线电探空仪获得所有斯堪的纳维亚国家的认可。由V. 维萨拉创办的工厂开始生产这种仪器。1936年7月30日，第一台无线电探空仪交付给美国麻省理工学院（MIT）。

维萨拉公司的历史可以追溯20世纪30年代，他是维萨拉公司的创始人，也是一位气象仪器的天才发明家，是该领域内深受尊敬的科学家。他在维萨拉公司员工中被称作"教授"，他为维萨拉公司运营设定了基本准则。这些准则包括创造力、注重品质、敬业、以专业技能为自豪、坚信自己的能力等，维萨拉公司从小规模开始生产，就确立了自己在很多气象测量领域的领先地位。到目前为止，维萨拉公司拥有员工1400多名，98%的产品销往140多个国家和地区。先进的技术、敏锐的研究和开发，使得维萨拉公司业务在专业领域享有极高的盛誉，目前仍然是维萨拉公司誉满全球的原因所在。

他不仅具有渊博的高空气象学理论知识，并且在构建高品质科学测量装置方面有丰富的经验。他的名字不仅在芬兰，而且在国际领域方面都与高空气象仪器技术的发展密不可分。包含他名字的布伦特–维萨拉频率（Brunt-Väisälä Frequency），也被称为浮力频率（Buoyancy Frequency），指在稳定的温度层结中，流体质点受到扰动后在垂直方向上移动，重力和浮力的共同作用使其回到平衡位置，并由于惯性而产生振荡的频率。

1985年，世界气象组织设立了Vilho Väisälä奖，用于奖励和促进气象科学研究，内容涉及气象观测方法和仪器等。该奖旨在表彰优秀的研究论文，包括现金、奖章以及证书等。2004年，世界气象组织执行理事会决定设立第二项维萨拉奖，该奖重点奖励在发展中国家以及经济转型国家中的气象仪器的研发工作。同时，世界气象组织执行理事会通过授予Vilho Väisälä新人奖准则。这两项奖与世界气象组织TECO/METEOREX会议一起举行，每两年授奖一次，奖金为10000美元。

参考文献

1. https://en.wikipedia.org/wiki/Vilho_Väisälä.
2. http://www.dgekong.com/newsview.asp?id=79.

第四章　热带气旋

热带气旋(Tropical Cyclone)是发生在热带、副热带洋面上的强烈的有组织对流和暖中心结构的非锋面气旋性涡旋。它是热带天气系统中的重要成员,也是一种强灾害性天气系统,发展强烈的热带气旋会给所经之地带来狂风、暴雨,并伴有巨浪和风暴潮。热带气旋不仅影响热带地区,还常常侵入中纬度地区,其影响范围大,会严重威胁船舶航行安全。因此从事各种海上活动必须充分了解和掌握热带气旋的发生发展及活动规律,以避免和减少热带气旋造成的损失。

毫无疑问,热带气旋是海洋气象学的重要研究内容之一。但在浩如烟海的关于热带气旋的研究文献中如何取舍材料并非易事。本章我们只介绍关于热带气旋的基本知识,主要内容参考了陈登俊主编的《航海气象学与海洋学》。

第一节　热带气旋的定义和发生源地

一、热带气旋的强度等级、编号和名称

(一)热带气旋的强度和范围

热带气旋的强度可以用中心气压值和中心附近最大风速范围来表示,中心气压值越低表示热带气旋越强,强烈发展的热带气旋中心气压可低于950 hPa,历史记录到的热带气旋最低气压值为870 hPa。发展成熟的热带气旋,其中心附近最大风速范围一般可达30 m/s~60 m/s,有时甚至超过100 m/s,并带有阵性,阵风通常比平均风速大30%~50%。

若已知热带气旋中心的气压值P（单位为hPa），可根据以下公式：

$$V_{max} = K\sqrt{1000 - P} \tag{4.1}$$

来估计热带气旋中心附近的最大风速范围。式中，V_{max}为热带气旋中心附近的最大风速范围，单位为m/s；K为系数，范围为5.3～7.0，通常取5.7。

热带气旋的空间范围通常以气旋系统最外围近似圆形的闭合等压线的直径来表示，一般为600 km～1000 km，最大直径可达2000 km，最小直径只有100 km甚至更小。

（二）热带气旋的强度分级

1989年世界气象组织规定，以热带气旋中心附近10分钟平均最大风力范围作为热带气旋强度分级的标准，各等级标准及名称如表4.1所示。

表4.1　热带气旋强度的分级标准

名称	代号	中心附近最大风力范围	风速
热带低压	TD（Tropical Depression）	6级～7级	10.8 m/s～17.1m/s
热带风暴	TS（Tropical Storm）	8级～9级	17.2 m/s～24.4m/s
强热带风暴	STS（Severe Tropical Storm）	10级～11级	24.5 m/s～32.6m/s
台风	T(Typhoon)	≥12级	≥32.7 m/s

目前，世界各国和有关国际组织对于热带气旋分级标准和名称并不相同，表4.2列出了世界上几个主要国家和国际组织关于热带气旋的分类等级标准。其中，中国国家气象局关于热带气旋的等级划分采用的是2006年6月15日实施的中国国家标准，其中中心附近最大平均风速是指热带气旋底层中心附近2分钟平均的最大风速范围。

表4.2　世界各主要国家和国际组织关于热带气旋的分级标准

国家、地区气象机构	热带气旋等级名称	中心附近最大风速范围	风力
中国国家气象局（NMC）	热带低压TD（Tropical Depression）	10.8 m/s～17.1m/s	6级～7级
	热带风暴TS（Tropical Storm）	17.2 m/s～24.4 m/s	8级～9级
	强热带风暴STS（Severe Tropical Storm）	24.5 m/s～32.6 m/s	10级～11级
	台风TY（Typhoon）	32.7 m/s～41.4 m/s	12级～13级
	强台风STY（Severe Typhoon）	41.5 m/s～50.9 m/s	14级～15级
	超强台风 Super TY（Super Typhoon）	≥51.0 m/s	≥16级

续表

国家、地区气象机构	热带气旋等级名称	中心附近最大风速范围	风力
日本气象厅（JMA）	热带低压TD（Tropical Depression）	22 kn ~ 33 kn	6级 ~ 7级
	热带风暴TS（Tropical Storm）	34 kn ~ 47 kn	8级 ~ 9级
	强热带风暴STS（Severe Tropical Storm）	48 kn ~ 63 kn	10级 ~ 11级
	台风T（Typhoon，强度"强"）	64 kn ~ 80 kn	12级 ~ 13级
	台风T（Typhoon，强度"非常强"）	81 kn ~ 102 kn	14级 ~ 15级
	台风T（Typhoon，强度"猛烈"）	≥103 kn	≥16级
美国国家大气与海洋管理局（NOAA）	热带低压TD（Tropical Depression）	≤33 kn	6级 ~ 7级
	热带风暴TS（Tropical Storm）	34 kn ~ 63 kn	8级 ~ 11级
	一级飓风（Category 1，简写CAT.1）	64 kn ~ 82 kn	12级 ~ 13级
	二级飓风（CAT.2）	83 kn ~ 95 kn	14级 ~ 15级
	三级飓风（CAT.3）	96 kn ~ 113 kn	16级 ~ 17级
	四级飓风（CAT.4）	114 kn ~ 135 kn	
	五级飓风（CAT.5）	>135 kn	
印度气象局（IMD）	低气压（Depression）	17 kn ~ 27 kn	5级 ~ 6级
	深低压（Deep Depression）	28 kn ~ 33 kn	7级
	气旋性风暴（Cyclonic Storm）	34 kn ~ 47 kn	8级 ~ 9级
	强气旋性风暴（Severe Cyclonic Storm）	48 kn ~ 63 kn	10级 ~ 11级
	强气旋性风暴伴有飓风核心（Severe Cyclonic Storm with Hurricane Storm）	≥64 kn	≥12级
法国留尼汪岛（La Reunion）气象局	热带低压	≤33 kn	6级 ~ 7级
	热带风暴	34 kn ~ 47 kn	8级 ~ 9级
	强烈热带风暴	48 kn ~ 63 kn	10级 ~ 11级
	热带气旋	64 kn ~ 87 kn	12级 ~ 14级
	强热带气旋	≥88 kn	≥15级

国家、地区气象机构	热带气旋等级名称	中心附近最大风速范围	风力
澳大利亚政府气象局（BOM）	热带低压（TD）	≤33 kn	6级～7级
	一级旋风（Cyclone，CAT.1）	34 kn～47 kn	8级～9级
	二级旋风（CAT.2）	48 kn～63 kn	10级～11级
	三级旋风（CAT.3）	64 kn～86 kn	12级～13级
	四级旋风（CAT.4）	87 kn～107 kn	14级～16级
	五级旋风（CAT.5）	≥108 kn	≥17级

注：1 kn =1海里/小时≈0.5144 m/s

另外，不同地区习惯上对热带气旋有不同的称呼。西北太平洋沿岸的中国、韩国、日本、越南等，习惯上称风力达到12级及以上的热带气旋为"台风"（Typhoon）。而北大西洋、东北太平洋、南太平洋在140°W以西等地区则习惯称为"飓风"（Hurricane）。北印度洋和南印度洋地区惯用"气旋性风暴"称呼风力达到8级及以上的热带气旋。

（三）热带气旋的编号和命名

国际上通常对达到热带风暴等级及以上的热带气旋进行编号。中国中央气象台对发生在180°以西、赤道以北的西北太平洋和南海海面上出现的中心附近最大平均风力达到8级及以上的热带气旋，每年从1月1日起按其出现的先后顺序进行数字编号；近海的热带气旋，当其云系结构和环流清晰时，只要获得中心附近的最大平均风力为7级的报告即应编号。如果在同一天内上述海域中有两个或两个以上热带气旋生成，则按"先西后东"的顺序编号。如果在同一天内同一经度上有多个热带气旋产生，则按"先北后南"的原则分别编号。编号用四个数码，前两个数码表示年份，后两个数码表示出现的先后次序，如"0815"，表示2008年第15号热带气旋。从2000年1月1日起，在对上述西北太平洋和南海地区达到热带风暴等级及以上的热带气旋编号的同时也进行统一命名。

在北大西洋及东北太平洋地区，热带气旋命名表有6列，每列由男性和女性的名字依英文字母顺序排列，交替作为热带气旋的名字。每个台风季节首个热带气旋名字的性别也会每年交替。在大西洋，"Q""U""X""Y"和"Z"不会被用作名字的起始字母；在东北太平洋，"Q"和"U"不会被用作名字的起始字母。这样，在每个命名表中，大西洋会有21个名字，而东北太平洋则会有24个名字。若当年大西洋生成的热带风暴超过21个，或东北太平洋生成的热带风暴超过24个，命名表中的一列名字会被用尽，则之后生成的热带风暴会以希腊文字母命名，2005年大西洋飓风季节首次出现这个情况。因此，用于北大西洋及东北太平洋地区的热带气旋命名表中的每列名称每6

年循环使用一次。在北太平洋中部,热带气旋的命名表由位于美国夏威夷的中太平洋飓风中心负责制订,命名表由四列组成,都为夏威夷语名字。与大西洋、东北太平洋和西北太平洋不同的是,北太平洋中部的风暴命名表不会每年变更。

在南太平洋及东南印度洋,澳大利亚气象局为澳洲西部、北部及东部各制订一个热带气旋命名表,依英文字母顺序排列,交替使用男性和女性的名字。斐济和巴布亚新几内亚也为该区提供名字。在西南印度洋,世界气象组织西南印度洋热带气旋委员会(Tropical Cyclone Committee for the South-West Indian Ocean)为西南印度洋的热带气旋制订命名表。当热带气旋在55° E以西达到"中等热带风暴"的强度,位于马达加斯加的热带气旋警告中心就会为该系统命名。当热带气旋在55° E~90° E之间达到"中等热带风暴"的强度,位于毛里求斯的热带气旋警告中心就会为该系统命名。

当热带气旋在某地区造成严重破坏时,该地区可要求将其除名。然后受影响的地区会提出一个同性别的新的名字作替补,一般会选择与被除名的热带气旋相同语言的名字。

二、热带气旋警报

受热带气旋影响的国家,会以不同的形式发布热带气旋警报。例如,中国气象局对中央气象台及省、地级气象台都规定了相应的热带气旋预报警报区域及预报警报职责。在西北太平洋和南海地区,一旦有热带风暴生成,中央气象台就对其编号并进行每天4次的定位及未来24小时、48小时的位置和强度预报。当热带气旋进入132° E以西、15° N以北的警报发布区后,上述的定位和预报则每天增加到8次,对可能登陆我国的热带气旋则增加到每天24次。当热带气旋即将在72小时内影响到中国责任海区时,中央气象台就通过电台、电视台等新闻媒体发布热带气旋最新消息。当热带气旋在未来48小时内有可能在我国登陆或严重影响我国近海时,就发布热带气旋警报。当热带气旋在24小时内将登陆我国时,就发布热带气旋紧急警报。

三、热带气旋发生的源地和季节

(一)全球概况

世界气象组织(WMO)对1968年至1989/1990年资料的统计结果表明:全球每年平均约有83个热带气旋发生,其中约半数能达到台风或飓风强度。热带气旋主要发生在南北两个半球5° ~20° 纬度带的海洋上,其中在10° ~20° 之间发生的约占65%,在20° 以外的较高纬度发生的约占总数的13%,主要出现在西北太平洋和西北大西洋。发生在5° 以内赤道附近的热带气旋极少。而且,热带气旋相对集中出现在西北太平洋、东北太平洋、北大西洋、孟加拉湾、阿拉伯海、南印度洋东部和西部、西南太平洋这8个特定区域,这些区域又被称为热带气旋的源地。每个区域热带气旋所占比例见表4.3,表中括号内数字表示达到台风或飓风等级的热带气旋数及占全球总数的百分比。

表4.3　全球各海域热带气旋（中心附近最大风力范围≥8级）平均分布情况

（1968年～1989/1990年）

序号	源地名称	覆盖范围	年平均发生数	占全球总数的百分比
1	西北太平洋	180°以西，包括南中国海	25.7（16.0）	30.7%（35.6%）
2	东北太平洋	北美地区到180°	16.5（8.9）	19.7%(19.8%)
3	北大西洋	北大西洋、加勒比海、墨西哥湾	9.7（5.4）	11.6%（12.0%）
4	北印度洋1	孟加拉湾	4.1（2.1）	4.9%（4.7%）
5	北印度洋2	阿拉伯海	1.3（0.4）	1.6%（0.9%）
6	西南印度洋	南印度洋180°以西	10.4（4.4）	12.4%（9.8%）
7	西南太平洋	南半球142°E～120°W	9.0（4.3）	10.8%（9.6%）
8	东南印度洋	南半球100°E～142°E之间	6.9（3.4）	8.3%（7.6%）
	全球范围		83.7（44.9）	100%

由表4.3可见，北半球热带气旋的数目多于南半球，大洋西部多于东部；北半球总数约占全球总数的2/3，北太平洋最多，占全球总数的1/2以上。在热带气旋的8个发生源地中，西北太平洋发生数最多，其次是东北太平洋。而东南太平洋至今未发现热带气旋发生，南大西洋和赤道两侧5°纬度范围内则只有个别的热带气旋发生。

长期观测结果表明，热带气旋一年四季均可能发生，但高频期集中在夏季。在北半球除孟加拉湾和阿拉伯海外，热带气旋出现最多的月是7月～10月，在南半球出现最多的月是1月～3月。各发生源地的具体情况为：西北太平洋海域全年各月均有热带气旋发生，盛行期为7月～11月，8月底、9月初出现极大值。东北太平洋海域，5月中旬至11月底为热带气旋发生季节，8月底、9月初出现峰值。北大西洋海域，6月～11月为飓风季节，9月上、中旬出现极大值。孟加拉湾、阿拉伯海热带气旋在10月～11月最多，5月～6月其次，7月、8月几乎无热带气旋发生。南印度洋东部海域、南印度洋西部海域，热带气旋一般发生在11月～次年5月，其中1月中旬、2月中旬至3月初出现高峰。西南太平洋海域，热带气旋发生期在10月底、11月初至次年6月初，2月底、3月初达到高峰。

（二）西北太平洋上热带气旋概况

西北太平洋上出现热带气旋的数目约占全球总数的1/3，且强度最强，其中平均每年有26个达热带风暴级别及以上。7月～11月是热带风暴盛行季节，我国称为台风季节，期间热带风暴发生数占全年的68%，1月～3月最少，仅占4%。

从2°N至37°N，105°E至180°范围内的西北太平洋上都有热带风暴生成，但相对发生高频区主要集中在菲律宾群岛以东至加罗林群岛西部岛国帕劳的北部洋面（10°N～14°N，128°E～134°E），关岛附近至加罗林群岛中部洋面（8°N～12°N，

136°E~152°E），南海中北部偏东海域。

我国濒临西北太平洋，受热带气旋影响严重。据统计年均有20.2个热带气旋进入离海岸线300 km以内的沿海海域，其中南海发生频率最大，约占60.4%。在我国登陆的风力达8级以上的热带气旋年均为8个，主要集中在广东和海南，其次是台湾、福建和浙江，上海和长江以北沿海省份极少。在华南沿海最多，约占58.1%，其次是华东沿海约占37.3%。登陆时间主要集中在7月~9月，约占登陆热带气旋总数的76.4%，尤以8月、9月最多，1月~4月几乎没有热带气旋在我国登陆，但仍有热带气旋在南海海域活动。在历史上的1998年，登陆我国的热带气旋数最多达12个，最少为3个。

第二节 热带气旋的形成条件和强度变化

一、热带气旋形成的必要条件

热带洋面上发生的热带扰动，只有少部分在特定的海域和季节能发展成热带风暴等级及以上的热带气旋，这说明强热带气旋的形成是受一定条件限制的。目前国内外气象学者们比较一致地认为，热带风暴等级及以上的热带气旋的形成须有以下四个必要条件。

（一）广阔的温暖的洋面，洋面水温高于26.5℃，且暖水层水深不少于50 m

广阔的高温洋面不断向低层大气输送热量和水汽，使低层大气的层结稳定度大大降低，这种不稳定的暖湿空气一旦得到初始扰动的外力抬升，其中的水汽便凝结，释放的大量凝结潜热会促使扰动对流发展，使空气块湿绝热上升，造成从地面到十几千米高度的温度都比四周空气暖，从而保证台风"暖心"（warm core）结构的形成，并使暖心结构和垂直环流得以维持。观测资料表明，26℃~27℃的海温是热带气旋形成的第一临界温度，低于这一临界温度，热带气旋不可能发生，29℃~30℃是第二临界温度，达到这一临界值的海域，热带气旋发生、发展的概率最大。南大西洋和东南太平洋海水温度较低，这可能是该海域几乎没有热带气旋形成的原因之一。

（二）低层初始扰动的存在

热带气旋发展成为台风，需要大气低层有持续不断的质量、动量和水汽的输入，低层初始扰动的存在提供了动力条件。若大气低层初始扰动区域有较强的辐合气流，同时在300 hPa或200 hPa高空有较强的辐散气流（北半球辐散气流顺时针方向旋转，南半球逆时针方向旋转），且高空辐散气流超过低层辐合气流，则造成对流活动不断发生，有利于积云对流的加热的不断积累，致使暖心形成和地面气压不断降低。这种初始扰动多源于热带辐合带和东风波，热带辐合带中的涡旋发展成的台风约占总数的85%，东风波发展起来的约占15%。

（三）地转参数大于一定数值

地球自转偏向力有利于气旋性涡旋的产生，只有在足够大的地转偏向力作用下，低层的辐合气流才能由径向风速转变为切向风速，逐渐形成北半球沿逆时针方向、南半球沿顺时针方向旋转的涡旋，并随着低层大气辐合的加强，气旋性旋转的风力迅速增加而达到台风的强度。在初始风速很小的情况下，地转偏向力大小取决于地转参数 $f=2\omega\sin\varphi$ 的大小。在赤道上地转参数为零，赤道两侧5°以内的地区地转参数非常小，所以这些地区即使有热带扰动存在，也无法形成强的大气涡旋。只有在离赤道5°以外的地区，热带扰动才有可能加强发展成为台风。

（四）对流层风速垂直切变要小

对流层风速垂直切变的大小反映对流层中风随高度的变化情况。对流层风速垂直切变小，说明风速随高度变化不大，对于同一个空气柱而言通风不良，水汽凝结释放的潜热不易流散，可始终加热同一个有限范围的空气柱，利于形成台风的暖心结构，从而促使台风形成。如果对流层中风速垂直切变大，则通风良好，潜热会迅速向外流散，暖心结构难以形成，则热带扰动不易发展成为台风。例如在孟加拉湾和阿拉伯海，盛夏低空盛行强西南季风，高层有强东风存在，风的垂直切变较大，因而那里的台风发生数很少；但在春秋两季，风速垂直切变小，台风发生数相应增多。南大西洋和东南太平洋热带气旋极少，对流层风速垂直切变大可能也是原因之一。

二、热带气旋的生命史

热带气旋的生命史是指热带气旋自发生、发展到最后消亡的全过程。对于中心附近最大风力范围≥12级的强热带气旋（台风）来说，其生命史通常可分为四个阶段。

（一）形成期（初生阶段）

由最初形成低压环流到气旋中心附近最大风力范围达到6级（或中心气压达到1000 hPa）的阶段。在该阶段，热带扰动中积雨云增多，地面气压缓慢下降，风力开始增强。

（二）发展期（加深阶段）

积雨云不断增多，中心部分气温不断升高，地面气压不断下降，风力不断增强，直到中心气压达到最低值，近中心区域最大风速范围达到最大值。

（三）成熟期（成熟阶段）

中心强度不再加强，中心气压不再降低，风速不再增大，但大风和降雨区范围逐渐扩大，直到大风范围达到最大。

（四）衰亡期（消亡阶段）

台风登陆减弱填塞或进入中高纬度而转变成温带气旋。

一般而言，热带气旋的生命周期为3天~8天，最长可达20天以上，最短仅1天。夏秋两季热带气旋的生命周期较长，冬春两季则较短。

三、热带气旋的强度变化

引起热带气旋强度变化的原因很多,主要可以归结为以下几点。

(一) 海温的影响

海温的影响决定于水汽的来源和热力不稳定度的维持,形成和发展于低纬度温暖的洋面上的热带气旋,一旦移向中高纬度冷的海面时往往减弱消亡。热带气旋在同一海面上滞留过久,会翻起海平面30 m以下温度较低的海水,使表面水温下降,热带气旋也会减弱。但当热带气旋移到暖洋面上时,热带气旋往往会增强。

(二) 大尺度环境流场的影响

大尺度环境流场的影响包括低空辐合、高空辐散流出、风的垂直切变大小、冷空气作用等情况。研究发现,若高空槽强烈发展,当热带气旋位于槽前急流轴的南侧(北半球)时,由于该处高空风的水平分布构成反气旋式切变,高空辐散气流超过低层辐合气流,因而热带气旋会明显加强。但当热带气旋移到急流轴的北侧时,因高空风的水平分布构成气旋式切变,高空辐散气流减弱,则热带气旋减弱。当热带气旋移至中高纬度地区后,一般有冷空气入侵,则其不再是单一的暖气团,会逐渐演变成冷暖锋,由热带气旋变性为温带气旋,以后逐渐减弱消失。但需注意的是,极少数热带气旋在变成温带气旋后,由于大气斜压作用会使其重新获得能量而再度强烈发展。遇上强烈垂直风切变,对流组织受破坏时,热带气旋也会减弱消亡。

(三) 地形的影响

地形的影响主要是指陆地和大面积岛屿对台风的影响。热带气旋登陆后,水汽来源被切断,能量供应枯竭,而地面摩擦消耗不断增大,会使得台风迅速减弱,直至最后消亡。部分热带气旋登陆后又转向出海,在海洋上其强度可能会再度得到加强。

第三节　热带气旋的结构和风浪分布特征

一、热带气旋的空间结构

成熟的热带气旋,在海上的内部气象要素,如气压、气温、风和云等常环绕热带气旋中心呈近似于圆的对称分布。由于热带气旋涡旋的直径一般在600 km~1000 km,垂直高度可伸展到对流层上部,个别可达平流层下部(15 km~20 km),其垂直尺度与水平尺度的比值约为1:50,因此可把热带气旋近似看作对称性的扁圆柱状的气旋性涡旋。

通常根据热带气旋区内低空风速的分布特征,可将热带气旋分为外圈、中圈和内圈三个区域(图4.1)。

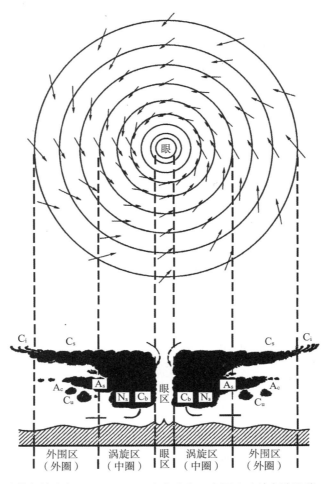

图4.1　热带气旋中气压、风、云、降水分布示意图（改绘自陈登俊，2009）

（一）外圈

外圈又称外围区，热带气旋的风力由边缘向内增大，一般在8级以下，呈阵性。当接近热带气旋低压环流外缘时，气压开始缓慢下降，风速逐渐增大。高空往往会出现辐辏状卷云、卷层云和日月晕环，夜间星光闪烁，大气能见度良好。当风力增大到5级~6级时即进入外圈。

进入外圈后，气温升高，湿度增大，天气闷热。气压继续下降，离气旋中心越近，气压下降越快，水平气压梯度越大，风速增大越快。云层逐渐增厚，大气能见度越来越差，出现高层云、高积云，低空有被称为"飞云"或"猪头云"的塔状层积云和浓积云随风向前疾驶。出现高层云时，开始下雨，并逐渐增大。

（二）中圈

中圈又称涡旋区，风力一般在8级以上。进入涡旋区，风力向热带气旋中心急速增大，并在热带气旋眼壁处达到最大值，最大风速范围一般可达60 m/s~70 m/s，有时甚至超过100 m/s,气旋中心附近围绕眼区的最大风速范围带,宽度可达10 km~20 km,与环绕眼区的云墙区相重合,是热带气旋破坏力最猛烈、最集中的区域。

在涡旋区内,进入8级~9级风圈后气压急剧下降,天空往往会被浓厚灰暗且不规则的雨层云所遮蔽,开始降大暴雨。雨层云和外圈的多种云系组成的螺旋云带旋向热带气旋的眼壁。进入10级~12级风圈后,即进入热带气旋云墙区,那里水平气压梯度迅速增大,气压几乎直线下降,甚至每小时可下降10 hPa~30 hPa。例如1956年8月1日强台风经过浙江石浦时,该站记录到的气压随时间的变化曲线呈漏斗状分布(图4.2),图中A、B两处时间仅相差1小时,气压差竟达29.5 hPa。

在10级~12级风圈内,大气的对流上升运动强烈,产生浓厚乌黑高大的积雨云,这些积雨云常组合成宽几十千米、高度达8 km~9 km的环状垂直云墙,成为热带气旋的眼壁,云墙下倾盆大雨,大气能见度恶劣,是热带气旋中最大降水所在之处。热带气旋的暴雨强度是各类暴雨系统中最强的,一次热带气旋过程可能造成300 mm~400 mm的特大暴雨,有的甚至超过1000 mm。

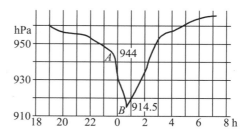

横轴为时间,单位:北京时;纵轴为气压,单位:hPa
图4.2　1956年8月1日18时~2日7时热带气旋过境浙江石浦时气压随时间变化曲线(改绘自陈登俊,2009)

（三）内圈

内圈又被称为热带气旋眼区,直径一般为30 km~40 km,最大的可达200 km,小的只有10 km,多呈圆形,也有呈椭圆形或不规则形状的。在热带气旋发展初期,眼区形状一般不规则,范围也较大。而当热带气旋强烈发展时,眼区范围逐渐缩小成圆形,并呈轴对称分布。

进入眼区后气压降到最低,不再明显下降。风速向中心迅速减小,微风甚至静风,暴雨会停止,低云基本消散,天空开朗,有时可见蓝天,夜间可能星光灿烂。

由于热带气旋的空间结构具有圆对称性,当从热带气旋眼区穿出去时,往往会观测到气压开始急剧上升,风力迅速增大,风向和进入眼区前相反,暴雨又起,即遭遇到了眼区后部涡旋区的恶劣天气,但在时间上要短一些。以后再是眼区后部外围区天气,天气状况的演变顺序与前部外围区相反,当气压上升到接近月平均气压后开始稳定,风速减小,降水停止,热带气旋的天气过程基本结束。

值得注意的是,热带气旋中最大风速范围的分布开始时比较对称,以后在各个象限并不对称,通常在靠近副热带高压一侧的水平气压梯度较大,风速较大,大风范围也大。暴雨的分布一般也是不对称的,在北半球暴雨中心常位于热带气旋路径的右侧,在右前方雨量最大、范围也最广,只有少数偏左方。

表4.4和表4.5分别是西北太平洋热带气旋最盛期的风力和气压距平值与热带气旋中心距离的统计平均值,其中气压距平值是指船舶测得的海平面气压值经过日变

化订正后与当时当地的平均气压值之差。表4.4和表4.5清楚地显示了热带气旋中低层风力和气压的水平分布特点。

表4.4　热带气旋风力分布范围统计表

半径（n mile）	风力（级）	半径（n mile）	风力（级）
35	12	145	8
50	11	180	7
75	10	220	6
110	9	250	5

表4.5　气压距平值与热带气旋中心距离关系统计表

气压距平值（hPa）	热带气旋中心与船的距离（n mile）
<5.3	500 ~ 120
5.3 ~ 10.7	120 ~ 60
10.7 ~ 20.0	60 ~ 30
>20.0	<30

表4.6即为气压日变化订正表。

表4.6　气压日变化订正表（hPa）

时间	观测值经订正后加以下数据						观测值经订正后减以下数值					
	01	02	03	04	05	06	07	08	09	10	11	12
纬度	13	14	15	16	17	18	19	20	21	22	23	24
5°	0.0	0.8	1.3	1.4	1.3	0.8	0.0	0.8	1.3	1.4	1.3	0.8
20°	0.0	0.8	1.3	1.3	1.3	0.8	0.0	0.8	1.3	1.3	1.3	0.8
25°	0.0	0.8	1.1	1.2	1.1	0.8	0.0	0.8	1.1	1.2	1.1	0.8
30°	0.0	0.5	0.9	1.1	0.9	0.5	0.0	0.5	0.9	1.1	0.9	0.5
35°	0.0	0.5	0.7	0.9	0.7	0.5	0.0	0.5	0.7	0.9	0.7	0.5
40°	0.0	0.4	0.7	0.8	0.7	0.4	0.0	0.4	0.7	0.8	0.7	0.4

二、热带气旋引起的海浪和风暴潮

与热带气旋伴随的大风和极低的中心气压，会使海面产生巨大的风浪和涌浪。风浪波高的大小与风速大小、风时成正比，所以越接近热带气旋中心，风浪越高。一般8级风力可产生5 m以上的巨浪，12级以上的风可以产生十几米的波高。观测统计表明，北半球热带气旋移向的右后象限中风浪较高，且风浪最高中心出现在距热带气旋中心40 km~90 km的右后侧。这是由于热带气旋前进方向的右半圆风速大于左半圆风速，同时在热带气旋中心的右后方，波浪传播方向与气旋中心移动方向以及所吹的风向接近一致，使这部分区域的风浪受风作用时间比其他区域长。

在热带气旋的眼区内，由于气压极低，会引起海面上升，再加上眼区周围的风向短时间内急转，使得新发展的风浪和已有的风浪方向相差很大，甚至完全相反，这些不同方向的波互相叠加，形成具有驻波性质的波幅很大的陡峭波，俗称"三角浪"或"金字塔浪"，这种类型的浪一般在大洋中出现。"三角浪"在原地附近上下跳动，使船舶操纵困难，往往会对船舶航行安全造成极大威胁，因此航行船舶应注意避免进入眼区。

当波高巨大的风浪离开热带气旋向远处传播时，波高逐渐减小，波顶变圆，周期变长，形成涌浪，其传播方向如图4.3所示。这些涌浪以热带气旋中心移速的2~3倍速度向外传播，距离可达1000 km~2000 km，所以往往在热带气旋中心到达前2~3天就可以观测到涌浪。我国黄海和东海沿岸观测到的热带气旋涌浪的波高一般在3 m以下，周期为10 s左右。

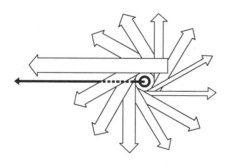

黑色箭矢方向表示热带气旋的移动方向，空心箭矢方向表示涌浪的移动方向，
箭矢宽度表示相对高度
图4.3 热带气旋中涌浪的传播方向示意图（改绘自陈登俊，2009）

热带气旋来临时，由于气压降低会引起沿海地区水位上升，特别是热带气旋在沿海登陆时，加上暴雨和向岸风的影响，若再遇天文大潮可引起海面水位异常上涨，这种现象称为热带气旋风暴潮。出现风暴潮时，常使港湾内海水壅积，有时会冲毁海堤引起海水倒灌，淹没码头和陆地，造成巨大灾害。如1992年8月28日至9月1日，受第16号强热带风暴和天文大潮的共同影响，我国东部沿海发生了自1949年以来影响范围最广、损失非常严重的一次风暴潮灾害，受灾人口达2000多万，死亡194人，毁坏海堤1170 km，受灾农田193.3万公顷，成灾33.3万公顷，直接经济损失达90多亿元人民币。

第四节　热带气旋的移动

一、热带气旋移动的一般规律

历史资料分析表明,每个热带气旋的具体移动路径存在差别,但世界大洋上热带气旋的主要常规移动路径还是具有一定的规律性。在北半球大部分热带气旋走西行、西北行或顺时针抛物线转向型的移动路径。在南半球,则走西行、西南行或逆时针抛物线转向型的移动路径。

在西北太平洋,热带气旋的常规移动路径大致有三条(图4.4)。

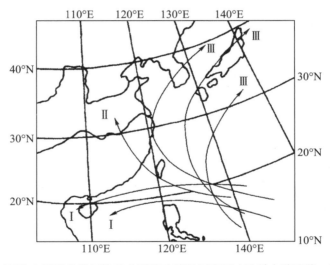

图4.4　西北太平洋热带气旋的典型移动路径示意图(改绘自陈登俊,2009)

(一)西行路径

热带气旋经过菲律宾或巴林塘海峡、巴士海峡进入南海,西行到海南岛或越南登陆,有时进入南海西行一段时间后会突然北抬到广东省登陆。走该路径的热带气旋约占西北太平洋热带气旋总数的19%。自初春至夏秋,西行路径的纬度逐渐北抬,从夏秋至冬季,该移动路径的平均纬度又向南撤。走此路径的热带气旋对中国华南沿海地区、南海和越南影响最大。

(二)西北(登陆)路径

热带气旋从菲律宾以东向西北偏西方向移动,先在中国台湾岛登陆,以后穿过台湾海峡再在福建省登陆,或者向西北方向经琉球群岛在江浙一带登陆,最后在中国大陆上消失。走此类路径的热带气旋约占西北太平洋热带气旋总数的27%。走此路径的热带气旋对中国华东地区影响最大,对我国内陆也有不同程度的影响。

（三）转向（抛物线）型路径

热带气旋从菲律宾以东或中国台湾以东海面或日本以南洋面向西北移动,再转向北上,然后转向东北方,该路径呈抛物线状。这条路径若转向点靠近我国大陆时,则对我国东部沿海地区影响最大。

西北太平洋热带气旋的移动路径存在明显的季节变化。11月至次年5月,热带气旋在16° N以南西行进入南海中南部或在越南南部登陆,或是在130° E以东的海上转向北上。6月和10月,热带气旋西行路径位置偏北,主要在15° N~20° N之间;转向型路径的转向点渐向西移到125° E附近。在7月~9月台风季节,登陆路径多在此期间出现,同时转向路径的转向点明显偏西、偏北。除常规路径外,热带气旋还可能走成如停滞、打转、蛇行、突然折向、回旋、摆动等异常路径,这些异常路径基本出现在热带气旋转向前。

热带气旋的平均移动速度为20 km/h~30 km/h。对于转向热带气旋而言,转向后移速要比转向前快一些,有时可达80 km/h以上,转向时移速最慢。就发展阶段而言,加强阶段时移速慢,减弱阶段时移速要快一些。就纬度而言,热带气旋在低纬度的移速往往慢于在高纬度的移速。热带气旋路径异常时,常常移速会减慢,甚至停滞。

二、影响热带气旋移动的力

热带气旋的移动是受各种力共同作用的结果,这些力主要有水平气压梯度力、水平地转偏向力和热带气旋内力,下面对各力进行逐一分析。

（一）水平气压梯度力

相对于东风带、西风带和副热带高压等行星尺度的天气系统而言,热带气旋是一个较小的涡旋,可以看作一个点涡。由于环境流场的气压水平分布不均匀,就会有一个水平气压梯度力（$\vec{G}$）作用在热带气旋整体上。在东风带中,水平气压梯度力指向赤道,在西风带中,指向极地（图4.5）。水平气压梯度越大,水平气压梯度力就越大。

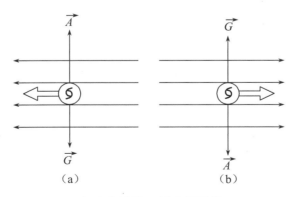

（a）东风带，（b）西风带

图4.5 北半球热带气旋在东、西风带受力示意图（改绘自陈登俊，2009）

（二）水平地转偏向力

热带气旋整体（视作点涡）向前移动时，会受到水平地转偏向力（$\vec{A}$）的作用，$\vec{A}$的方向和热带气旋移动方向垂直，北半球指向其右方，南半球指向左方。研究表明，把热带气旋看作点涡，在完全没有其他力作用的情况下，当它以一定初速度移动时，在地转偏向力的作用下，其轨迹在北半球将是一个近似的顺时针惯性圆。纬度越低，初始速度越大，惯性圆就越大。

（三）内力

内力是热带气旋内部流场结构在地球自转作用下产生的。热带气旋内空气质点作气旋式辐合运动，将风速分解为切向风速$\vec{V_0}$和径向风速$\vec{V_r}$两部分。以北半球为例，在图4.6a中，设圆周上各点的切向风速大小相等，因B点和D点所处的纬度相同，故所受的地转偏向力大小相等、方向相反，互相抵消。同理在热带气旋中的东半圆和西半圆同纬度各点所受的东西方向的地转偏向力大小相等、方向相反，即热带气旋所受的东西向水平地转偏向力总和为零。在A点和C点，由于A点纬度高于C点纬度，则A点的地转偏向力大于C点的地转偏向力，即北半圆的质点所受向北偏向力的总和大于南半圆的质点所受向南的偏向力总和。因此，就整个热带气旋来说，将受到一个净余的向北的内力。同理在图4.6b中，对于向热带气旋中心辐合的气流，将产生一个净余的向西的内力。作用在热带气旋上的总内力应为上述两内力的合力，合力方向指向西北（南半球指向西南），用$\vec{N}$表示。热带气旋范围越大，强度越强，产生的内力就越大。

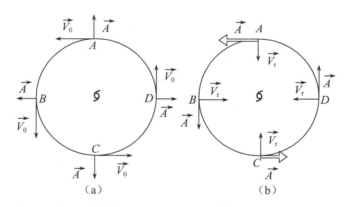

图4.6　北半球热带气旋内力示意图（改绘自陈登俊，2009）

（四）力的平衡

通常情况下，热带气旋受到的水平气压梯度力、水平地转偏向力和内力处于平衡状态，即$\vec{G}+\vec{A}+\vec{N}=\vec{0}$。

当热带气旋内力很小时，可视$\vec{G}$与$\vec{A}$达到平衡，此时热带气旋将沿背景流场的地转风方向移动，在东风带中，基本上往偏西方向移动；在西风带中，基本上向偏东方向移动，如图4.5所示。由此可见，热带气旋的移动受背景气流的引导。实际工作中常取

500 hPa的气流作为引导气流。

当热带气旋的内力不可忽略时，热带气旋移向与背景流场的引导气流方向有一交角，内力越大，交角越大。处于东风带的热带气旋，其移向偏向高压一侧，北半球偏于引导气流方向的右边，南半球偏于左边，移速小于引导气流，见图4.7a；处于西风带的热带气旋，其移向偏向低压一侧，北半球偏于引导气流左边，南半球偏于右边，移速大于引导气流，见图4.7b。

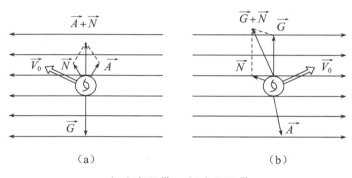

（a）东风带，（b）西风带

图4.7　北半球热带气旋移向与基本气流的偏差关系示意图（改绘自陈登俊，2009）

当热带气旋处于均匀的环境气压场（$\vec{G}=\vec{0}$）中，又无大的内力（热带气旋较弱），或水平气压梯度力与内力相抵消时，在水平地转偏向力的作用下热带气旋将近似地作惯性圆运动，走成北半球顺时针打转，或原地打转，或蛇行等异常路径。

综上所述，当外力强而稳定时，热带气旋一般沿常规路径移动。如果外力作用弱，内力相对较强，或外力变化快而复杂时，热带气旋则易出现复杂的异常路径。

三、影响热带气旋移动的主要天气系统

如上所述，热带气旋所受外力是由背景气压场的分布决定的，热带气旋的移动主要受环境流场的基本气流引导。在大气环境场中，副热带高压是影响热带气旋移动的最直接、最主要的天气系统。此外，西风带系统、热带和赤道天气系统以及多个热带气旋的同时存在也往往能直接或间接地影响热带气旋的移动。以下简要介绍副热带高压、西风带槽脊的变化以及双台风对西北太平洋热带气旋移动路径的影响。

（一）副热带高压的影响

由于副热带高压强大而深厚，且位置又与热带气旋最靠近，因此热带气旋的移动主要受500 hPa（或700 hPa）副热带高压外围基本气流的引导，尤其在热带气旋转向前，副热带高压的作用更突出，现简单分析如下。

当副热带高压呈东西带状分布，且强度较强、形状稳定时，位于副热带高压南侧的热带气旋受偏东气流引导，将向偏西方向移动，且西行路径比较稳定，如图4.8a所示。副热带高压加强西伸越显著，热带气旋西移路径越稳定，不易转向。若副热带高

压脊的位置虽然西伸较多，但强度反而有减弱趋势时，位于副热带高压南侧较强的热带气旋则可使副热带高压分裂为二，而热带气旋则会从副热带高压分裂处北上。

当副热带高压在热带气旋东侧有脊线往南延伸，则热带气旋在西进过程中将有较大的偏北成分，如图4.8b所示。特别是副热带高压脊线有自东西向转为南北向的趋势时，热带气旋往往会很快转成向北移动。

当副热带高压减弱东撤，处于副热带高压南侧的热带气旋往往会转向北上。当热带气旋到达副热带高压脊线北侧时，将在副热带高压与西风带系统共同作用下向东或东北方向移动，如图4.8c所示。如果副热带高压西伸脊线位置偏东，热带气旋将在海上转向。若副热带高压西伸脊线位置偏西靠近我国时，热带气旋则可能登陆我国以后再转向出海。

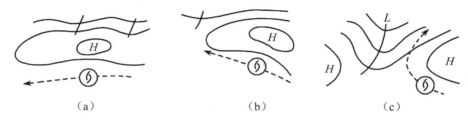

（a）　　　　　　　　（b）　　　　　　　　（c）

图4.8　副热带高压与热带气旋移动路径关系示意图（改绘自陈登俊，2009）

当中国大陆副热带高压与西北太平洋副热带高压有打通趋势时，副热带高压常加强西伸，而已到达副热带高压西南侧的热带气旋往往会继续西移。

（二）西风带长波槽脊的影响

西风带强大长波槽脊的演变，对热带气旋的移动也有相当大的影响。当西风带的环流和副热带环流型稳定少变时，热带气旋移动一般较稳定，走正常路径。当西风带长波系统出现急剧调整时，也会导致副热带高压发生突变，从而使热带气旋的移动路径发生改变，甚至出现异常。如当东亚地区出现长波槽时，若在其上游不到一个波长的范围内，有一个正在发展中的长波槽东移，则原先的东亚槽将迅速减弱消失，对热带气旋转向不起作用，但发展槽前方的长波脊与副热带高压叠加，使西北太平洋副热带高压脊加强西伸，这时热带气旋将在副热带高压南侧增强的偏东风气流引导下，向西或西北方向移动，或在我国登陆。

当西风带长波系统没有发生急剧调整，东亚长波槽维持甚至不断发展，在东移过程中槽底伸展到35°N以南时，会迫使太平洋副热带高压减弱东退，位于副热带高压西南端的热带气旋将向西北方向移动，并在长波槽前很快转向北上，以后受槽前西南气流引导向东北方向移动，如图4.8c所示。统计表明，当槽底与热带气旋中心相距小于18个经度时，有利于热带气旋北上。

此外，当西风带高空阻塞高压强大稳定时，若副热带高压减弱东退，则已转向进入西风带中的热带气旋将改向西移动，形成异常的西折移动路径。

（三）"双台风"效应

在一定范围内同时存在两个热带气旋的现象，被称为"双台风"现象，在西北太平洋夏秋季节较常见到。当两个热带气旋相距很近，中心距离在20个纬距内时，两者之间就会出现明显的相互作用。若两个热带气旋有强弱差别，则较弱者往往会围绕着较强者的外围环流作旋转移动，在北半球为逆时针旋转，南半球则是顺时针旋转，直到两者距离大到相互作用消失，或者两者合并为止。如果两个热带气旋的强弱差不多，则两个热带气旋将围绕它们中心连线的"质量中心点"作逆时针方向旋转，并互相趋近，使彼此的移动路径相互受到影响，出现停滞、摆动或打转等异常现象，直到有其他天气系统影响，或其中之一减弱为止。西北太平洋上有时还会同时出现三个或三个以上的热带气旋，被称为"多台风"现象，当其中任意两个热带气旋相距过近时，它们之间的相互作用会使其移动路径出现异常。

第五节　南海的热带气旋

一、南海热带气旋概况

南海热带气旋包括南海地区发生的热带气旋和从西太平洋菲律宾以东洋面西移进入南海的热带气旋。达到热带风暴强度的南海热带气旋平均每年有9.3个，约占西北太平洋热带气旋总数的1/3，相当于北大西洋出现的总数。其中在南海地区发生发展的平均有5个（1949年~2003年的资料），占总数的一半左右，其余则是从菲律宾以东洋面西移进入南海的。

南海热带气旋8月~9月最多，7月出现一个相对低值，1月~4月则极少有热带气旋发生。大多数南海热带气旋发生在10°N以北，主要出现在南海中北部（12°N~20°N，112°E~120°E）。北部湾和我国大陆南部沿海海面，以及10°N以南的南海南部，只有极少数热带低压发生，且不易发展达到热带风暴强度。

影响南海的热带风暴约有一半在华南沿海一带登陆，登陆的时间大多集中在7月~9月。

二、南海热带气旋的特征

与西北太平洋热带气旋比较，强度大的南海热带气旋数目较少，总体而言，其水平范围小，垂直伸展高度较低，强度较弱。它的半径一般为300 km~500 km，最小的不到100 km；伸展高度6 km~8 km，最高达10 km左右。统计分析表明，南海热带气旋中心气压一般为980 hPa~990 hPa，最低值为960 hPa，很少低于950 hPa。中心附近最大风速范围在50 m/s以下。

南海热带气旋的云系分布很不对称。一般情况下, 热带气旋移向的右前方云区最广, 云层最厚, 云顶高度最高, 雨量最大。而热带气旋的左后方云区较狭窄, 云层较薄, 雨量较小。

南海热带气旋眼大小不一, 形状多变, 其中一般都有云, 但云层较薄, 云壁结构松散, 很少或没有降水。

须注意南海热带气旋中有两种特殊情况。第一种是被俗称为"豆台风"(Midget Typhoon)的小而强的热带气旋, 其发生、发展迅速, 强度大, 移动快, 破坏力大, 生命史短暂, 在地面天气图上往往只能绘出一条闭合等压线, 甚至有时只看到涡旋环流而分析不出闭合等压线, 6级大风范围不超过50 km~100 km, 但近中心风力可能很大, 气压自记曲线往往呈"漏斗"状分布。因此航行在南海海域的船舶应特别小心该类热带气旋。第二种叫"空心台风", 它的外围风力比中心附近风力(4级~5级)大, 气压自记曲线呈"脸盆"状分布, 发展较前者慢, 破坏力也较前者小。这类热带气旋一般出现在秋冬季节南海海面, 热带气旋本身较弱, 但由于它的北半圆受到冷锋影响, 外围风力甚至可达10级~11级, 更需倍加小心。

三、南海热带气旋的移动路径

由于南海热带气旋范围较小, 强度较弱, 其移动路径受周围天气系统的影响较大。当高空天气形势稳定, 西北太平洋副热带高压形状、位置少变时, 南海热带气旋走常规移动路径。当高空环流较弱或受"双台风"影响时, 移动路径出现异常。

南海热带气旋的常见移动路径大致可分为以下四种: 正抛物线型、倒抛物线型、西移型和打转后北上型, 图4.9为前三种移动路径的示意图。正抛物线型移动路径多

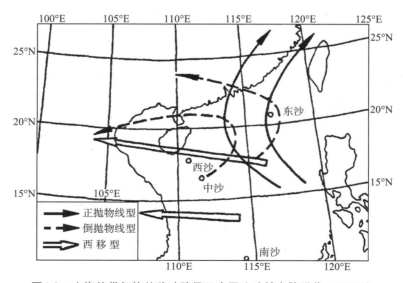

图4.9 南海热带气旋的移动路径示意图(改绘自陈登俊, 2009)

发生在5月~6月,倒抛物线型移动路径多发生在7月~8月,西移型移动路径多发生在6月~12月,6月~9月西移型移动路径偏北,10月~12月偏南。

南海热带气旋的异常移动路径中,较多的是"双台风"和突然折向问题。"双台风"现象一般发生在7月~9月。当南海热带气旋生成的同时,西太平洋上或南海东部也有热带气旋出现,习惯上称前者为"西台风",后者为"东台风"。一般来说,当东西两个台风距离小于20个纬距时,两个台风之间的相互作用就比较明显,导致台风移动路径复杂多变。南海热带气旋移动路径的突然折向是指北上热带气旋的突然西折。盛夏季节发生的西折主要是由海上副热带高压和大陆副热带高压的强度、位置变化造成的。而入秋以来9月下旬到11月的突然西折路径则与冷空气活动有关。秋季冷空气南下到华南和南海北部时,使南海低层流场转为东或东北风,北上热带气旋受此偏东气流引导将折向西行。因此,入秋后进入南海或在南海生成的热带气旋在其向西北方向移动的过程中,要注意北方冷空气的动向及其强度变化,尤其在中、低层引导气流不一致时,需重点考虑低层气流的引导作用。

第六节　热带气旋与ENSO的关系

大量的研究表明,ENSO对热带气旋的活动有重要影响。本节我们只讨论ENSO对西北太平洋及我国近海热带气旋的活动的影响。

一、西北太平洋上热带气旋活动与ENSO的相关关系

Chan(1985)较早地研究了西北太平洋(100°E~180°)上热带气旋的活动与ENSO的相关关系。他利用1948年~1982年联合台风预警中心(Joint Typhoon Warning Center)发布的6小时间隔的热带气旋最佳路径(best-track)位置资料,对热带气旋两个时间序列资料进行了分析,分别是月台风(TY,最大可持续风速>33m/s)个数和月热带风暴(TS,最大可持续风速>17 m/s)个数。他把以上两个时间序列与南方涛动指数(Southern Oscillation Index,简称SOI)求相关关系,其中SOI的定义是复活节(Easter)岛(27.2°S,109.4°W)与达尔文(Darwin)岛(12.4°S,130.9°E)之间的平均海平面气压差,从1948年~1982年,SOI指数共有420个月的资料。以上三个时间序列都分别减去了各自的月平均值。由于所关心的振荡周期是3年左右的周期,因此小于12个月的频率都用低频滤波器滤掉。他对每一个时间序列进行了谱分析,交叉谱分析的结果表明,协平方(coherence square)的数值在90%、95%、99%的置信度水平上分别是0.61、0.67和0.77。

图4.10为西北太平洋上1948年~1982年达到热带风暴强度和达到台风及以上强度

的热带气旋的年平均个数的分布，可以看出，年代际变化的特征非常明显，热带气旋的个数在20世纪60年代最多，而在20世纪50年代较少。Chan（1985）认为，20世纪50年代热带气旋的个数较少，其部分原因可能是与在人造卫星发射前的50年代探测热带气旋的能力较弱有关。他还利用谱分析方法分别计算了SOI序列和TY序列的周期，发现SOI序列有两个显著的周期，一个周期在36.6个月~42.7个月之间，另一个周期在23.3个月~25.6个月之间。TY序列的能量谱分析表明该序列也有两个显著的周期，一个周期是36.6个月，另一个周期在21.3个月~23.3个月之间。SOI序列与TY序列的交叉谱分析表明，第一主周期是36.6个月，第二周期是25.6个月。计算协平方表明，36.6个月主周期的置信度在99%的水平上，25.6个月周期的置信度在95%的水平上。因此可以肯定地说，就以上两个周期而言，SOI序列与TY序列是显著相关的。位相差分析表明，在36.6个月的周期上，SOI序列超前TY序列大约110°或11.2个月。

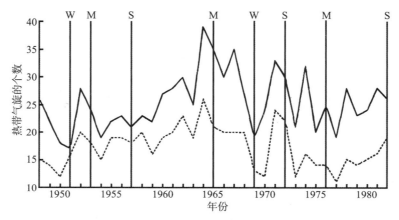

实线，热带风暴：最大可持续风速>17 m/s；虚线，台风：最大可持续风速> 33 m/s。图中符号W、M和S分别表示弱、中等、强El Niño年

图4.10　1948年~1982年西北太平洋上的年平均热带气旋个数随时间分布图（改绘自Chan，1985）

二、强ENSO事件对西北太平洋上热带风暴活动的影响

Wang和Chan（2002）研究了强ENSO事件如何影响西北太平洋上热带风暴的活动。他们分析了Joint Typhoon Warning Center发布的1965年~1999年共35年的关于热带气旋位置和强度的best-track资料（www.npmoc.navy.mil/jtwc.html）。之所以选择从1965年开始，是因为从这一年开始可以用人造卫星来监视天气，因此不会有热带气旋被遗漏掉。只有达到热带风暴（TS）强度（最大可持续风速≥17m/s）的热带气旋才能达到入选的标准。他们计算了不同的Niño区域的海表面温度异常（Sea Surface Temperature Anomalies，简称为SSTA），由于TS活动与太平洋SST之间的关系依赖于SSTA的位置，他们还分别尝试计算了三个不同Niño区域的指数：Niño 3区（5° S~5° N，90° W~150° W），Niño 3.4区（5° S~5° N，120° W~170° W），Niño 4区

（5° S～5° N, 150° W～160° E）的SSTA。结果表明，Niño 3.4区域的SSTA与所有的TS活动的相关性都比较好，这是因为有组织的对流活动依赖于整体的SST和SST梯度，而不是SST异常。赤道中太平洋海域的SST梯度是以上三个Niño区域当中的最大者，这里的背景SST也高于赤道东太平洋的SST，因此热带对流在Niño 3.4区域也比Niño 3区域的SST变化更敏感，Niño 3.4区域的SSTA也比Niño 4区域的SSTA更好，因为Niño 4区域的SST变化及背景SST梯度都比Niño 3.4区域的要弱，因此他们利用Niño 3.4区域的SSTA来划分El Niño和La Niña的强度。

虽然热带风暴可在全年的任何时间发生，但一般而言，2月发生的频率最小，1月～3月是热带风暴发生频率最小的时期。考虑到热带风暴的季节性变化，分析的注意力主要集中在以下三个时期：前期（early season, 4月～6月），鼎盛期（peak season, 7月～9月），后期（later season, 10月～12月）。分析发现，即便在同一年，赤道太平洋SSTA的振幅和符号在不同时期也都有变化。图4.11表明，多年的前期的SSTA与其鼎盛期和后期的SSTA都有显著的不同。在El Niño的发展年（如1965年，1968年，1972年，1976年，1982年，1986年和1997年），前期的SST会接近正常值，而在后期SST的异常通常可达到极值。而在El Niño成熟阶段后的一些年（如1970年，1983年，1992年，1995年和1998年），前期的SSTA通常是正值，但在后期变成负值，因此根据El Niño年或La Niña年来划分后期的TS活动是没有意义的。通常，鼎盛期和后期的SSTA有相同的符号，但在后期其振幅会相当大。

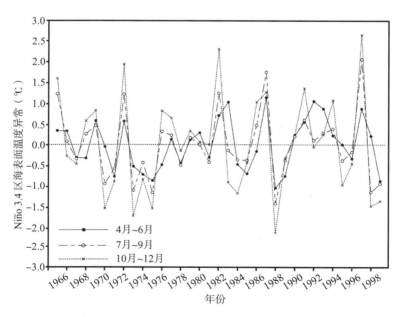

图4.11 Niño 3.4区域海表面温度异常值的时间序列分布图（改绘自Wang和Chan，2002）

Wang和Chan（2002）根据不同时期的Niño 3.4区域平均SSTA，划分成5个不同的类型：强暖型（strong warm, SSTA >1σ, σ表示标准方差），中暖型（moderate warm, 0.4σ < SSTA≤1σ），正常型（normal，−0.4σ≤SSTA ≤0.4σ），中冷型（moderate cold，−1σ≤SSTA<−0.4σ），强冷型（strong cold，SSTA <−1σ），划分结果见表4.7。

表4.7　基于Niño 3.4区域的平均SSTA方差划分的5个类型（Wang和Chan，2002）

	前期（4月~6月）	鼎盛期（7月~9月）	后期（10月~12月）	盛后期（7月~12月）
强暖型（SSTA>1σ）	1982，1983，1987，1992，1993，1997	1965，1972，1982，1987，1997	1965，1972，1982，1987，1991，1997	1965，1972，1982，1987，1997
中暖型（0.4σ<SSTA≤1σ）	1965，1966，1969，1972，1980，1991	1969，1986，1991，1994	1968，1969，1976，1977，1986，1994	1968，1969，1976，1977，1986，1991，1994
正常型（−0.4σ≤SSTA≤0.4σ）	1970，1977，1979，1986，1990，1994，1995，1998	1966，1968，1976，1977，1979，1980，1983，1990，1992，1993，1996	1966，1967，1978，1979，1980，1981，1985，1989，1990，1992，1993，1996	1966，1978，1979，1980，1981，1989，1990，1992，1993，1996
中冷型（−1σ≤SSTA<−0.4σ）	1967，1968，1973，1976，1978，1981，1984，1996	1967，1971，1974，1978，1981，1984，1985，1989，1995	1971，1974，1983，1984，1995	1967，1971，1974，1983，1984，1985，1995
强冷型（SSTA<−1σ）	1971，1974，1975，1985，1988，1989，1999	1970，1973，1975，1988，1998，1999	1970，1973，1975，1988，1998，1999	1970，1973，1975，1988，1998，1999
标准区分	0.62	0.82	1.20	1.00

Wang和Chan（2002）进一步分析指出，强厄尔尼诺和拉尼娜事件对西北太平洋热带风暴的活动有重要影响。虽然在厄尔尼诺年的夏季和秋季，整个西北太平洋形成的热带风暴总数的逐年变化并不显著，但很明显热带风暴在东南象限（0°~17° N，140° E~180°）的形成频率增加，而在西北象限（17° N~30° N，120° E~140° E）减小。每年的7月~9月，热带风暴形成的平均位置向低纬偏移了6个纬度，而在强暖年的10月~12月热带风暴形成的平均位置比强冷年向东偏移了18个经度。在厄尔尼诺（拉尼娜）年结束后的初期（1月~7月），整个西北太平洋热带风暴的生成受到抑制（增强）。

在强暖（冷）年，热带风暴的平均寿命约为7（4）天，热带风暴发生的平均天数为159（84）天。在强暖年的秋季，热带风暴（移动路径可向北抬到35°N）的数量是强冷年的2.5倍以上，这意味着厄尔尼诺大大提高了向极地的热量-水汽输送，并通过改变热带风暴的形成和移动路径来影响高纬度地区。

在东南象限增强的热带风暴可归因于厄尔尼诺诱导的赤道西风所产生的低层切变涡度的增加，而在西北象限受到抑制的热带风暴可归因于东亚大槽加深和西北太平洋副热带高压加强所诱发的上层辐合，两者都源于厄尔尼诺强迫。7月～12月西北太平洋热带风暴活动可使用前期冬春季的Niño 3.4区域海表面温度异常来预报，而3月～7月的热带风暴活动可使用前期的10月～12月的Niño 3.4区域的海表面温度异常来预报。前者的物理基础是ENSO演化对年周期的位相锁定，而后者则在于由ENSO强迫激发的、由局地大气-海洋相互作用所维持的菲律宾海风异常的持续性。

三、我国近海迅速加强的热带气旋地理分布

朱晓金和陈联寿（2011）根据1949年～2006年共58年的西北太平洋热带气旋资料，对我国近海迅速加强的热带气旋地理分布、起源位置、时间和强度变化规律进行了统计，分析了近海迅速增强热带气旋发生频数与ENSO的关系。他们把热带气旋中心附近最大风速范围在12小时内风速增加值≥10 m/s定义为我国近海突然加强的热带气旋。他们还把在西北太平洋生成的热带气旋根据其起源位置划分为以下两个海区：南海海区和南海以东海区。南海海区范围是指10°N以北至22°N以南，105°E以东至120°E以西。而120°E以东的西北太平洋海区称为南海以东西北太平洋海区。我国近海是指以（37°N，126°E）、（35°N，124°E）、（30°N，126°E）、（21°N，122°E）、（16°N，110°E）和（16°N，108°E）之间的连线至我国大陆之间的海域。凡在此海域生成或移入此海域的热带气旋即为近海热带气旋。研究发现，1949年～2006年的58年中，共有795个近海热带气旋，年平均不到14个，而在近海范围发生强度迅速加强的热带气旋共有100个，年平均不到2个。近海迅速加强的热带气旋大多数发生在南海海域（占总数的2/3）。除登陆台风入海重新加强的热带气旋以外，极少有在30°N以北的近海热带气旋发生突然加强过程，仅有一个7416号强热带风暴登陆前在黄海近海海域强度突然增加。

进一步分析得知，有67个热带气旋在南海近海海域迅速增加，其中30个生成于南海海区的热带气旋在南海近海海域发生强度迅速加强，而余下的37个是在南海以东西北太平洋海域生成后移入南海近海海域发生的。在南海近海海域发生突然加强过程且级别在台风及以下的热带气旋大多数（55%）是起源于南海海区的热带气旋，而台风以上级别的在南海近海海域发生突然加强过程的热带气旋大多数（80%）是起源于南海以东西北太平洋海域的热带气旋移入南海后发生的，即在所有南海近海海域发生突然加强过程的热带气旋里，起源于南海海域的热带气旋大多数级别要低于起源于南海以东西北太平洋海域的热带气旋。

在其他近海海域(台湾海峡、巴士海峡、中国台湾东部、东海、黄海)发生强度迅速加强的热带气旋有33个。除去14个登陆后重新入海在这些近海海域发生强度突然增加的热带气旋外,只有19个热带气旋是在登陆前在这些近海海域发生强度迅速增加。尽管大多数的近海突然加强热带气旋发生在南海海区,但其中超强台风(共8个)大多数(62.5%)是发生在南海以东近海海域,其中巴士海峡2个,中国台湾东部海域2个,中国台湾北部海域(即东海南部)1个。

四、中国近海迅速加强的热带气旋与ENSO的关系

以往的研究表明,ENSO事件对热带气旋发生频数影响的基本规律是在El Niño年西北太平洋生成(或登陆)热带气旋频数较常年偏少,而La Niña年则明显偏多。朱晓金和陈联寿(2011)通过对1949年~2006年的58年中所有近海热带气旋发生频数进行分析,试图揭示ENSO事件对近海迅速加强热带气旋发生频数的影响规律。

根据SST及南方涛动指数,可以知道从1949年~2006年的58年中,有21个El Niño年,即1951年,1957年,1958年,1963年,1965年,1969年,1972年,1976年,1982年,1983年,1987年,1991年,1992年,1997年,1998年,2001年,2002年,2003年,2004年,2005年和2006年。22个La Niña年,即1949年,1950年,1954年,1955年,1956年,1961年,

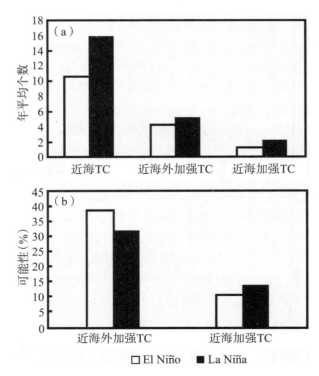

图4.12　(a)La Niña年和El Niño年近海TC、近海外加强TC和近海加强TC的年平均个数, (b)近海外加强TC和近海加强TC发生的可能性分布(改绘自朱晓金和陈联寿,2011)

120

1962年，1964年，1967年，1968年，1970年，1971年，1973年，1974年，1975年，1978年，1985年，1988年，1989年，1995年，1996年和1999年。在21个El Niño年，只有24个近海热带气旋在近海有迅速加强的过程。而在22个La Niña年，有49个热带气旋在近海迅速加强，且发生近海迅速加强的热带气旋个数较多年（1973年有6个，1989年有5个）都是La Niña年。年平均分布图（图4.12a）表明，不论是近海热带气旋的年平均个数，还是在近海外突然增强的热带气旋年平均个数，或在近海内突然增强的热带气旋的年平均个数，都是El Niño年偏少，而La Niña年偏多，这与ENSO事件影响热带气旋发生频数的基本规律一致。

分析可能性分布图（图4.12b）可以发现，尽管在近海外加强的热带气旋的年平均个数在La Niña年偏多，但它发生的可能性（即占近海热带气旋的百分比）在El Niño年（39%）大于在La Niña年（32%），而在近海加强的热带气旋发生的可能性在La Niña年（14%）高于在El Niño年发生的可能性（10.7 %）。因此在La Niña年会有更多的热带气旋在近海强度迅速加强，但在El Niño年会有更多的热带气旋在近海范围以东加强。造成这一现象的可能原因是，在La Niña年西太平洋海温异常偏高，且位置有所偏西，即暖海温区比较靠近我国近海范围，进而有利于热带气旋在近海范围内强度迅速加强。而在El Niño年则相反，西北太平洋海温异常偏低，暖海温区偏东，远离我国近海范围，不利于热带气旋在近海范围内强度的迅速加强，而是有利于热带气旋在近海以东范围内强度的增加。

参考文献

1. 陈登俊. 航海气象学与海洋学［M］. 北京：人民交通出版社，2009：300.

2. 朱晓金，陈联寿. 我国近海热带气旋迅速加强活动特征及其与ENSO的关系［J］. 北京大学学报（自然科学版），2011，47（1）：52–58.

3. Chan J C L. Tropical cyclone activity in the Northwest Pacific in relation to the El Niño/Southern Oscillation phenomenon［J］. Monthly Weather Review, 1985, 113：599–606.

4. Wang B, Chan J C L. How strong ENSO events affect tropical storm activity over the Western North Pacific［J］. Journal of Climate, 2002, 15：1643–1658.

思考题

1. 世界各国是怎样划分热带气旋等级的？
2. 热带气旋形成的必要条件是什么？
3. 热带气旋的生命史分为几个阶段？
4. 根据热带气旋低空风速的大小通常可把热带气旋分成几个圈？
5. 影响热带气旋移动的力有几个？试分别论述其特点。
6. 南海热带气旋的移动路径分为几种？具有什么特点？
7. ENSO与中国南海的热带气旋有什么影响？

气象风云人物之六

中国现代气象学主要奠基人之一叶笃正
（Tu-Cheng Yeh）先生

叶笃正（Tu-Cheng Yeh, 1916年2月21日~2013年10月16日），又名叶平斋，出生于天津，祖籍安徽省安庆市，气象学家，中国现代气象学的主要奠基人之一、中国大气物理学创始人、全球气候变化研究的开拓者。叶笃正1940年毕业于西南联合大学，1943年在浙江大学获硕士学位，1948年11月在美国芝加哥大学获博士学位。1980年任中国科学院大气物理研究所所长，并当选中国科学院学部委员（院士）。1981年~1985年，任中国科学院副院长。1979年~1987年，任中国气象学会理事长。2006年获2005年度国家最高科学技术奖。叶笃正早期从事大气环流和长波动力学研究，提出大气长波能量频散理论。20世纪50年代，提出青藏高原在夏季是热源的见解，由此开拓了大地形热力作用研究和青藏高原气象学的概念。提出北半球大气环流季节性突变并引发一系列研究。20世纪60年代对大气风场和气压场的适应理论做出重要贡献。20世纪70年代后期，从事地-气关系和全球变化研究，并在国际上占有一席之地。

1945年年初，叶笃正被国民政府选送去美国留学。他只身一人从重庆乘飞机到印度，又乘船途经印度洋与澳大利亚，在海上漂流了近一个多月到达美国，进入芝加哥大学学习，师从世界著名气象学家罗斯贝。当时在芝加哥，他既无心于风光旖旎的密歇根湖泛舟，亦无心去高耸入云的希尔斯大楼游览，而是终日投身到紧张的学习之中。

1948年，叶笃正在芝加哥大学研究生院获得博士学位后留校。其间发表重要论文10多篇，其博士学位论文《关于大气能量频散传播》(*On Energy Dispersion in the Atmosphere*)提出了大气运动的"长波能量频散理论"，被誉为动力气象学的三大经典理论之一，叶笃正则成为以罗斯贝为代表的"芝加哥学派"的主要成员之一。

1949年，叶笃正在美国《气象学杂志》(*Journal of Meteorology*)上发表了他的第一篇学术论文《大气中的能量频散》，被认为是动力气象学领域的经典著作。同年中华人民共和国成立，身在异乡的叶笃正当时义无反顾地做出了回国的选择。他对导师罗斯贝说："我觉得新中国是有希望的，我想为自己的国家做点事。"

1950年10月，在罗斯贝的帮助下，叶笃正与妻子冯慧辗转回到了中国。回国后叶笃正被任命为中国科学院地球物理研究所北京工作站主任，在北京西直门内北魏胡同一座破旧的房子里开始了艰苦的研究工作。1957年，叶笃正和同事开创性地研究了东亚环流的季节变化，在国际气象学界引起极大关注。1958年起，叶笃正任中国科学技术大学地球物理系大气物理专业主任。从1966年起，叶笃正先后任中国科学院大气物理研究所研究员、所长、名誉所长，中国科学院副院长、特邀顾问。

1978年10月，叶笃正先生出任中国科学院大气物理研究所所长。在"文革"刚刚结束、科研工作百废待兴的境况下，叶笃正提出了关于大气物理研究所发展的战略设想，为中国科学院大气物理研究所后来的发展奠定了良好基础。

"八五"期间，叶笃正作为气象学界首席代表，担负起国家重点科研项目之一的"中国未来20年~50年生存环境变化趋势的预测研究"。1980年11月，叶笃正当选为中国科学院地学部学部委员，后被选为常委。1981年~1985年，叶笃正任中国科学院副院长。1979年~1987年，叶笃正任中国气象学会理事长。1987年，国际科学联盟理事会任命叶笃正为国际地圈生物圈计划特别委员会委员。1995年，叶笃正把自己获得的"何梁何利基金科学技术成就奖"的100万元奖金捐给了中国科学院大气物理所，用于奖励在大气科学研究领域有杰出贡献的青年学者。2005年，叶笃正获得国家最高科学技术奖。2013年10月16日18时35分，叶笃正院士因病在中国北京逝世，享年98岁。

叶笃正院士杰出的科研成就主要表现在以下几个方面。

一、开创青藏高原气象学

叶笃正首先发现围绕青藏高原的南支急流、北支急流及它们汇合成为北半球最强大的急流，严重地影响着东亚天气和气候。他与外国的气候学家Flohn各自指出了青藏高原在夏季是大气的一个巨大热源，叶笃正还首先指出青藏高原冬季是冷源；他同时还深入地研究了夏季青藏高原热源及其对东亚大气环流的影响。由于他的研究工作，国际上才接受了大地形热力作用的概念，为青藏高原气象学的建立奠定了科学基础。

二、创立大气长波能量频散理论

叶笃正提出了大气平面Rossby波的能量频散理论，从理论上证明了西风环流中的能量可按远大于风速的群速度向下游（或上游）传播，为现代大气长波的预报提供了理论基础。同时，也对阻塞高压天气系统的生成、维持和移动给出一种动力学解释。这个理论在31年后才由B. Hoskins的"大圆理论"所推广，成为对遥相关和遥响应的理论解释。

三、创立东亚大气环流和季节突变理论

叶笃正和陶诗言等发现东亚和北美环流在过渡季节（6月和10月）有急剧变化的现象，这一发现对中国天气预报有重要意义。他们还发现阻塞形势的建立和崩溃常伴随着大范围大气环流形势的强烈转变，它的长期维持则带来大范围气候反常现象，从而证明了阻塞高压在持续异常天气预报中的重要性。这些发现和理论成为研究东亚气象学问题的重要文献，奠定了中国天气预报的重要基础。外国的学者在10多年后，由于1976年冬季北美出现极其寒冷的天气，才开始提出各种系统理论，并形成了一个重要的研究方向。

四、创立大气运动的适应尺度理论

大气环流中究竟是气压场还是风场为主导是学术界长期争论的问题，也是天气预报的关键问题之一。叶笃正等通过一系列研究工作建立了大气运动适应尺度理论：对不同空间尺度的运动都存在着特征尺度，当实际运动的空间尺度大于这个特征尺度时，气压场起主导作用；当运动的空间尺度小于特征尺度时，风场起主导作用；对中小尺度的大气运动，同样存在适应问题。这个独创的理论完善了大气运动各分量的相互作用过程的物理解释，在天气预报业务上有重要的应用。

五、开拓全球变化科学新领域

20世纪70年代末至80年代，叶笃正积极组织并领导中国开始气候变化的研究。他积极参加全球变化科学组织（IGBP）的创立，发挥了重要作用，并贡献了一系列科学思想，如气候和植被过渡带的敏感性、全球变化中大气化学的作用和"有序人类活动"适应全球变化等。他通过模拟计算后指出，大范围的灌溉对气候和水文的影响时间可长达3个月至6个月，证明了人类活动对气候影响的可能性。

六、对中国现代气象业务事业发展的卓越贡献

叶笃正的理论研究成果对提高气象业务水平起到重要作用，有些至今仍在发挥

作用，如大气长波能量频散理论在业务天气预报中俗称为"上游效应"；阻塞高压形成和维持的理论，一直是气象业务上对持续异常天气预报的重要理论基础；青藏高原气象学理论，在中国气象业务中不仅是天气预报的重要基础之一，更是气候预报的主要基础；大气运动的风场和气压场的适应的尺度理论至今仍是天气分析和预报的主要理论基础之一。此外，他积极参与和指导中国气象业务系统建设，为中国气象局的气象中心、气候中心和信息中心的建立做出了实质性贡献。

参考文献

1. 胡永云《我所知道的芝加哥学派》，http://www.atmos.pku.edu.cn/kxzb/350.htm.

2. https://baike.baidu.com/item/叶笃正/440972.

第五章 海上爆发性气旋

观测发现，一些中纬度温带气旋能够在短时间内快速发展，即在十几小时甚至数十小时内其中心气压迅速降低，强度迅速增强。20世纪70年代，Jalu（1973）和Böttger等（1975）分别在对热带风暴（飓风）进行个例分析时就发现了"快速旋生"（rapid cyclogensis）现象。Rice（1979）称1979年对法斯特耐特（Fastnet）帆船赛造成人员伤亡的气旋为"气象炸弹"（meteorological bomb）。Sanders和Gyakum（1980）把这类气旋称为"爆发性气旋"（explosive extratropical cyclone），并给出了明确的定义：气旋中心海平面气压值（标准化到60° N）在24小时内下降24 hPa以上，即气旋中心气压加深率大于1 hPa/h的快速发展的气旋。

爆发性气旋，在日语中被称为"爆弹低气圧"（读作bakudan teikiatsu），具有极大的破坏力，往往对海上航行和生产安全造成极大威胁。其水平尺度为2000 km~3000 km，生命周期为2天~5天，具有短时间内中心气压迅速降低、气旋强度迅速增大的特点，其风速在极短的时间内可达到30 m/s以上（Schneider，1990），常常会伴随着大风、强降水等恶劣天气，且因其生命周期短、多形成于中高纬度洋面上而难以预报，被认为是最危险的天气系统之一。

爆发性气旋是中纬度地区冬半年除寒潮以外影响范围最大、危害程度最严重的天气系统，往往会给人民的生命和财产带来巨大的危害（Lamb，1991；Fink 等，2009；Liberato等，2011；Liberato 等，2013）。如2013年11月24日夜间，在我国山东半岛东部的海面上，一次爆发性气旋过程造成2艘船舶沉没，26名船员全部遇难或失踪。

1978年，在大西洋上有两艘大型船舶受爆发性气旋的袭击而沉没。1980年12月27日~1981年1月3日，仅在一周左右的时间里，受爆发性气旋的影响，西北太平洋相继发生了7 次海难事故。由于海上观测资料比陆地少，对爆发性气旋的研究时间相对其他天气系统来说都要晚，对于其生成和发展的机制也没有统一的结论。

过去的观测表明，爆发性气旋移至海上后，气旋生（cyclogenesis）过程发展更加迅速，在卫星云图上往往呈现出组织紧密的螺旋云团，并常常伴随有锋面系统。爆发性气旋的发展常伴有气旋族的生成与合并，此外天气尺度锋面系统也会伴随爆发性气旋的成熟而形成。受爆发性气旋和锋面过程的共同作用，被影响海域时常发生严重的海难事故。

大量的研究表明，西北太平洋海域（120°E~180°，30°N~60°N），包括渤海、黄海、东海、日本海及日本以东洋面、鄂霍茨克海是爆发性气旋的频繁发生地（Long和Hanson，1986；李长青和丁一汇，1989；仪清菊和丁一汇，1993；黄立文等，1999；Lim和Simmonds，2002；Yoshida和Asuma，2004；Zhang等，2017）。

随着我国经济的快速发展，西北太平洋越来越成为我国远洋运输必经的重要战略要地，爆发性气旋对西北太平洋沿岸生产、生活和航海运输的影响与日俱增。1979年~1989年，西北太平洋近海发生的爆发性温带气旋平均每年至多1例（仪清菊和丁一汇，1993；秦曾灏等，2002）。但初步统计表明，自2000年以来，西北太平洋海上爆发性气旋的发生频率有增加的趋势，出现地点也不断向大陆沿岸靠近。因此开展对西北太平洋上爆发性气旋发展机理全面而深入的研究，不仅对于保障海上活动的安全具有重要意义，而且对于加深对海上气旋系统运动规律的认识，减少和防止自然灾害，具有重要的学术价值。

第一节　爆发性气旋的定义和分类

早在20世纪40年代至50年代，挪威卑尔根学派（Bergen School of Meteorology）的一些气象学家就开始非正式地称一些在海上发展起来的风暴（storms that grew over the sea）为"炸弹"（bombs），因为这些风暴在海上往往会以在陆地上非常罕见的凶猛程度迅速发展。到了20世纪70年代，美国麻省理工学院的Fred Sanders教授，在20世纪50年代卑尔根学派著名大师Tor Bergeron建立的工作基础上开始使用术语"爆发性气旋生"（explosive cyclogenesis）和"气象炸弹"（meteorological bombs）。1980年，Fred Sanders与其同事John Gyakum在国际著名学术刊物《每月天气评论》（*Monthly Weather Review*）上发表了一篇具有划时代意义的文章Synoptic-Dynamic Climatology of the "Bomb"，他们正式把"气象炸弹"定义为"在24小时之内中心气压降低至少为 $24 \sin 60° / \sin\varphi$（$\varphi$表示纬度）hPa"的"温带气旋"（extratropical cyclone）。

一、定义

当气旋的发展速度达到24小时降压24 hPa或12小时降压12 hPa时，就定义为爆发性气旋（explosive cyclone），该定义经历了以下过程。

（一）Bergeron的定义

气旋的爆发性概念最早由Bergeron（1954）提出，他在研究热带飓风时将飓风24小时内中心气压加深率大于1 hPa/h的现象定义为爆发性发展现象。Bergeron只描述了气旋的爆发现象，但没有明确给出爆发性气旋的定义。这种定义法的缺点是没有考虑不同气旋中心所处地理位置纬度的差异，不同纬度气旋的爆发程度缺乏统一的衡量标准。

（二）Sanders和Gyakum的定义

Sanders和Gyakum（1980）首次明确给出了爆发性气旋的定义，考虑到气旋中心所处地理位置纬度的差异，Sanders和Gyakum（1980）提出了"地转等价率"（geostrophically equivalent rate）的概念，他们把爆发性气旋定义为：气旋中心的海平面气压值在24小时内的变化率乘以sin 60° /sinφ后，即气旋中心气压加深率大于1 hPa/h则称该气旋为爆发性气旋。需要说明的是，取60° N是因为挪威的卑尔根市（Bergen）的纬度约为60° N。爆发性气旋中心气压加深率R表示为：

$$R = \left[\frac{P_{t-12} - P_{t+12}}{24}\right] \times \left[\frac{\sin 60°}{\sin \varphi}\right] \tag{5.1}$$

式中，P为气旋中心的海平面气压，φ为气旋中心的纬度，下标$t-12$和$t+12$分别表示12小时前和12小时后的变量。这种定义法考虑了气旋中心所处纬度的差异。由于考虑了"地转等价率"的影响，因此在高纬度地区24小时内气压差要比低纬度地区大一些才能被称为爆发性气旋，如在地球的两极，气旋中心气压24小时下降28 hPa以上，而在25°N/S，气旋中心气压24小时内下降12 hPa以上就可被定义为爆发性气旋。

（三）Yoshida和Asuma的定义

由于受资料时间分辨率的限制，过去一些学者在爆发性气旋的定义中多采用24小时降压时间间隔。随着资料时间分辨率的提高，一些学者对Sanders和Gyakum（1980）的爆发性气旋定义中的降压时间间隔进行了修正。

Yoshida和Asuma（2004）采用了12小时降压时间间隔，但仍将气旋中心所处的纬度调整到60° N，12小时降压时间间隔能够刻画一些时间周期短、发展迅速的气旋，其中心气压加深率R为：

$$R = \left[\frac{P_{t-6} - P_{t+6}}{12}\right] \times \left[\frac{\sin 60°}{\sin \dfrac{\varphi_{t-6} + \varphi_{t-6}}{2}}\right] \tag{5.2}$$

式中，P为气旋中心的海平面气压，φ为气旋中心的纬度，下标$t-6$和$t+6$分别表示6小时前和6小时后的变量。

（四）本书的定义

本书中我们使用的是6小时间隔的FNL（Final Analysis）格点资料，所以为了更细致地刻画出爆发性气旋的时间变化，选择采用12小时降压时间间隔来定义爆发性气旋，但将气旋中心所处的纬度调整到45° N，这是因为Zhang等（2017）对2000年~2015

年北太平洋的爆发性气旋进行了统计,分析发现761个气旋个例的平均纬度为42.7° N,因此采用45° N是合适的。

气旋的中心气压加深率R为:

$$R=\left[\frac{P_{t-6}-P_{t+6}}{12}\right]\times\left[\frac{\sin45°}{\sin\dfrac{\varphi_{t-6}+\varphi_{t-6}}{2}}\right] \tag{5.3}$$

式中,P为气旋中心的海平面气压,φ为气旋中心的纬度,下标$t-6$和$t+6$分别表示6小时前和6小时后的变量。

因此在本书中,我们把爆发性气旋定义为:气旋中心气压降低率大于或等于1 hPa/h(定义为1个Bergeron)的气旋称为爆发性气旋。另外生命周期小于12小时的气旋或者在大陆上发生发展的气旋在本书中不予考虑。

图5.1为2011年1月15日18 UTC位于北太平洋上36° N, 148° E附近的一个处于发展阶段的爆发性气旋,其中心气压值为990 hPa,正在向东北方向移动。12小时后(16日06 UTC),其中心位于38° N, 156° E附近(图5.2),中心气压值为972 hPa,继续向东北方向移动。24小时后(16日18 UTC),该气旋位于42° N, 163° E附近(图5.3),中心气压值为942 hPa,后继续向东北偏北方向移动,并仍在加深。

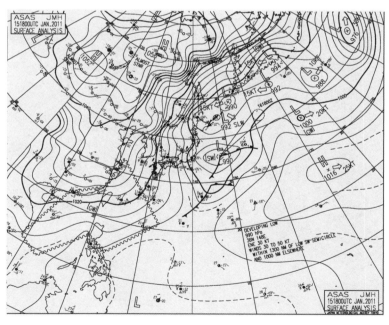

图5.1　2011年1月15日18 UTC日本气象厅天气图

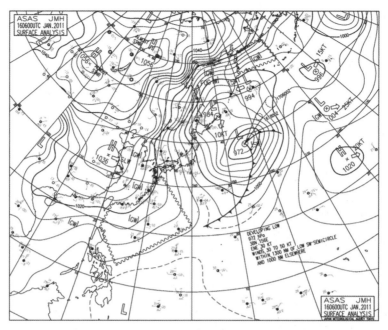

图5.2　2011年1月16日06 UTC日本气象厅天气图

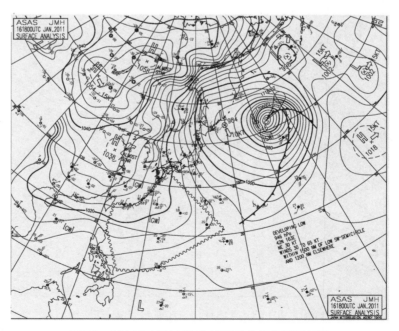

图5.3　2011年1月16日18 UTC日本气象厅天气图

二、分类

对爆发性气旋的研究发现, 不同区域、不同强度的爆发性气旋的移动路径、生命史等特征及其爆发机制有明显差异, 为了对爆发性气旋开展更加深入的研究, 有学者开始在强度和区域方面对其进行分类。

(一) 强度分类

Sanders(1986)在对1981年1月~1984年11月发生在北大西洋中西部爆发性气旋的研究中, 首次依据爆发性气旋中心气压最大加深率的大小在强度上将其划分为三类, 分别为"强炸弹"(strong bomb, >1.8 Bergerons), "中等炸弹"(moderate bomb, 1.3~1.8 Bergerons)和"弱炸弹"(weak bomb, 1.0~1.2 Bergerons)。

Wang和Rogers(2001)对1985年1月~1996年3月发生在北半球(15° N~90° N)的爆发性气旋进行了统计, 依据爆发性气旋中心气压最大加深率的大小, 在强度上将其划分为三类, 分别为"强爆发性气旋"(strong, ≥1.80 Bergerons), "中等强度爆发性气旋"(moderate, 1.40~1.79 Bergerons)和"弱爆发性气旋"(weak, 1.00~1.39 Bergerons)。Wang和Rogers(2001)与Sander(1986)的分类标准稍有不同, 主要是在弱和中等强度爆发性气旋的分界上稍有差别, 但他们均没有给出弱、中、强爆发性气旋强度界限的划分依据。统计结果显示, 随着爆发性气旋强度的增大, 其发生频率呈现出减少的趋势。

(二) 区域分布

Wang和Rogers(2001)分析了北大西洋爆发性气旋最大加深位置(在最大加

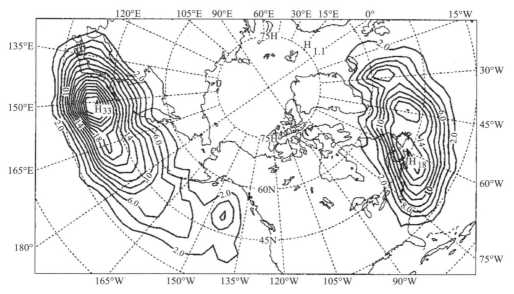

图5.4 1976年~1982年所有24小时爆发性气旋最大加深时的位置 (引自Wang和Rogers, 2001)

深率时刻气旋中心的位置）的空间分布特征（图5.4），发现有3个爆发性气旋高发生频率中心，因此在空间区域上可把爆发性气旋划分为三类，分别为NWA（Northwest Atlantic）、NCA（North-Central Atlantic）和NEA（Extreme Northeast Atlantic）类爆发性气旋。Yoshida和Asuma（2004）根据爆发性气旋生成和爆发地点的位置，将西北太平洋爆发性气旋在空间区域上也划分成三类，第一类是生成于大陆、在鄂霍次克海或日本海发展的爆发性气旋（Okhotsk-Japan Sea Type, 简称OJ型）；第二类是生成于大陆、在太平洋发展的爆发性气旋（Pacific Ocean-Land Type, 简称PO-L型）；第三类是生成于太平洋、在太平洋发展的爆发性气旋（Pacific Ocean-Ocean Type, 简称PO-O型）。Wang和Rogers（2001）依据爆发性气旋最大加深位置的空间分布，对北大西洋的爆发性气旋进行了分类，而Yoshida和Asuma（2004）则根据爆发性气旋生成和爆发点的位置，对西北太平洋区域的爆发性气旋进行了分类。虽然他们的分类依据有一定差异，但都将最大加深位置作为分类的重要依据。

第二节　爆发性气旋的卫星云图特征

常美桂和王衍明（1989）利用1979年1月~1987年7月的日本历史天气图，对位于110° E~170° W, 20° N~70° N范围内的爆发性气旋进行了统计分析，发现气旋的爆发性发展主要发生在冬半年的大洋上，集中在日本东南海域，且有明显的季节性。他们还利用位于140° E赤道上空的日本静止卫星云图，对1971年1月~1980年10月、1983年1月~1985年12月、1986年10月~1987年5月等时期的170个爆发性气旋发展过程的云团特征进行了分析，发现在西北太平洋上气旋在爆发性发展时的云团特征大体可分为四类：南北逗点云系迭加类（A类）、气旋锢囚性发展类（B类）、斜压叶状云系类（C类）和东西云系迭加类（D类）。各类云团出现的次数和所占百分比如表5.1所示。

表5.1　爆发性气旋的四类云团特征出现次数与百分比（引自常美桂和王衍明，1989）

云团类别	A	B	C	D
出现次数	65	60	28	17
百分比（%）	38	35	17	10

A类：南北逗点云系迭加类。是由南北两个逗点云系迭加发展而成的。在地面天气图上表现为南北两个中心靠得很近的气旋，称之为"双中心"气旋，多出现在日本列岛附近，往往是一个气旋中心经日本海向东或东北移动，另一个气旋中心沿日本的本州南岸向东北移动，当两气旋中心合并时，气旋的加深率相当大。在西北太平洋上加深率最大的气旋多属此类，且所占百分比约为38%。

B类：气旋锢囚性发展类。其并不经历一般的发展过程，而是从初生期直接进入锢囚阶段。在卫星云图上是斜压云带与北支逗点云系（或槽前弧状云系）迭加而快速发展起来的，所占百分比约为35%。

C类：是斜压叶状云系。其特征是在靠近极地一侧边界光滑呈S型，南边界呈褴褛状，云系后部有V形缺口。与之配合的高空急流从尾部穿入，尾部偏南部分与锋面相联系，所占百分比约为17%。

D类：东西云系迭加类。东、西两个云系大体位于同一纬度带上，东边的云系移动缓慢而西面的云系移动迅速，当东西两个云系相遇合并时形成强气旋，这类云系出现次数最少，所占百分比约为10%。

气旋的爆发性发展除C类外都是由两云系迭加后快速发展起来的。由于云系的迭加是突变的开始，因此是预报气旋快速发展的着眼点。

第三节　爆发性气旋的时空分布特征

爆发性气旋常常发生在北半球中高纬度的洋面上，这种气旋在短时间内强烈发展，中心气压迅速下降达到强台风的风力。从水平尺度看，这类气旋可以分为两类：天气尺度的和次天气尺度，这两类气旋在适当条件下都可经历爆发性发展。天气尺度的爆发性气旋也被称为"气象炸弹"，次天气尺度气旋主要是中尺度气旋和极地低压。本节我们主要讨论天气尺度的爆发性气旋。对主要发生在北太平洋和北大西洋冷锋后的极地冷空气团中的极地低压以后介绍。

一、区域分布特征

Sanders和Gyakum（1980）对1977年~1979年冷季北半球爆发性气旋的气候学特征进行了分析，结果表明爆发性气旋多发生在大洋上，且频发于太平洋和大西洋的西北部。Roebber（1984）、Rogers和Bosart（1986）的统计分析也发现西北太平洋和西北大西洋为爆发性气旋的频繁发生地。Lim和Simmonds（2002）研究指出，西北太平洋是全球爆发性气旋发生最密集的区域。

Wang和Rogers（2001）把北大西洋爆发性气旋按区域划分为三类，分别为NWA（Northwest Atlantic）、NCA（North-Central Atlantic）和NEA（Extreme Northeast Atlantic）类爆发性气旋。Yoshida和Asuma（2004）也把西北太平洋爆发性气旋按区域划分成三类，第一类是生成于大陆、在鄂霍次克海或日本海发展的爆发性气旋（Okhotsk-Japan Sea Type，简称OJ型）；第二类是生成于大陆、在太平洋发展的爆发性气旋（Pacific Ocean-Land Type，简称PO-L型）；第三类是生成于太平洋、在太平洋发展的爆发性气旋（Pacific Ocean-Ocean type，简称PO-O型）。Wang和Rogers（2001）

依据爆发性气旋最大加深位置的空间分布，对北大西洋的爆发性气旋进行分类，而Yoshida和Asuma（2004）则是根据爆发性气旋生成和爆发地点位置对西北太平洋区域的爆发性气旋进行分类。虽然他们的分类依据存在一定的差异，但都将最大加深点位置作为分类的重要依据。

李长青和丁一汇（1989）对1984年8月至1985年8月发生在西北太平洋上的爆发性气旋进行了统计分析，发现大部分气旋爆发集中发生在35°N~55°N、140°E~165°E的海域。Chen等（1992）对东亚地区的爆发性气旋进行了统计分析，指出东亚地区有两个爆发性气旋的主要生成地，一是亚洲大陆山区下游，二是东中国海和日本海。前者与山区气旋生成相关，后者则与靠近亚洲大陆东部沿海的气旋生成有关。Yoshida和Asuma（2004）分析认为，西北太平洋地区爆发性气旋的爆发区域主要集中在20°N~60°N、120°E~180°的洋面上。由于前人所使用的资料和研究区域的不同，导致所得出的西北太平洋爆发性气旋的空间分布特征存在一定的差异，但都指出西北太平洋是爆发性气旋频繁发生的海域。

二、季节变化特征

研究发现爆发性气旋主要在冷季发生（Sanders和Gyakum，1980；Carleton，1981；Physick，1981；Roebber，1984；Gyakum等，1989；Chen等，1992；Yoshida和Asuma，2004），冷季爆发性气旋爆发频率远大于暖季（Roebber，1984；Chen等，1992）。Chen等（1992）对东亚地区1958年至1987年发生的爆发性气旋进行统计，共发现363例爆发性气旋，只有13例爆发性气旋发生在暖季，其余爆发性气旋均发生在冷季。冷季为爆发性气旋频繁发生的季节，同时也发现爆发性气旋的发生频率在冷季存在明显的季节变化特征。

Sanders和Gyakum（1980）发现北半球冷季发生的爆发性气旋其频率峰值处在1月，平均每3天就会发生2例爆发性气旋，且11月、12月和2月均有较多的爆发性气旋生成，而9月、10月、3月和4月发生个例较少。Chen等（1992）对东亚地区爆发性气旋发生频率的季节变化特征进行了分析，发现其发生频率存在两个峰值，分别在1月和3月，爆发性气旋主要发生在12月至3月，其他月发生个例较少。Yoshida和Asuma（2004）分析了西北太平洋三类爆发性气旋发生频率的季节变化特征，结果表明各类爆发性气旋的季节变化特征存在明显的差异，OJ型爆发性气旋发生频率峰值分布在11月，多发生于晚秋；PO-L型爆发性气旋发生频率峰值分布在12月和2月，多发生于早冬和晚冬；PO-O型爆发性气旋发生频率峰值分布在1月，多发生在仲冬。同样由于所使用的资料和研究区域的不同，前人统计的爆发性气旋的季节变化特征存在一定的差异，但均表明爆发性气旋多发生在冷季，且存在明显的季节变化特征。

Kouroutzoglou等（2011）发现由于研究者所使用资料的精度不同，会导致爆发性气旋的特征，如气旋中心气压加深率、中心最低气压等有显著差异，对爆发性气旋的识别也明显不同，利用高精度资料识别的爆发性气旋数量是低精度资料的4倍多。因此需要利用高时间和空间分辨率的资料,对发生的爆发性气旋进行全面统计,以深入研究爆发性气旋的气候学特征。

第四节 爆发性气旋的数值模拟

近年来,各种中尺度大气模式迅速发展,已经能对各种中尺度大气现象做出较好的模拟。Anthes(1983)使用一个原始方程模式对1978年发生在大西洋上著名的爆发性气旋Queen Elizabeth Ⅱ(简称QE Ⅱ)进行了模拟,他指出,对流层低层的斜压不稳定是造成这个气旋爆发性发展的主要机制。同时在对该爆发性气旋进行数值模拟研究的过程中应注意以下3个方面:① 模式必须有足够的垂直分层,700 hPa以下至少要有4层;② 模式对对流层低层的风、稳定度、水汽含量和海表温度是敏感的,所以模式初始场的这些物理量值必须要求精准;③ 在模式模拟过程中要不断改进大气行星边界层和潜热释放,这对模拟过程很重要。

Kuo(1988)用PSU/NCAR(Pennsylvania State University/National Center for Atmospheric Research)开发的MM4中尺度模式对9个爆发性气旋进行了14个数值试验,目的是找出影响爆发性气旋短期预报的决定性因子。研究发现,气旋的强度和结构的模拟结果对降水参数化方案很敏感。海表面能量通量对24小时快速发展的气旋有一定的影响。改变模式的物理参数或水平方向、垂直方向格距对这些气旋的影响很小,但是气旋基本特性有很大的区别。有一些气旋是受动力因素驱动,而另外一些气旋则是受非绝热加热的影响。他同时指出,有很多气旋对模式初始场很敏感,这类气旋相对难以预报。他把影响爆发性气旋短期预报的因子按大小进行了排序,依次为:① 初始场;② 水平格距;③ 降水参数化方案;④ 侧边界条件。他还指出,海表面能量通量和垂直方向格距对该9个爆发性气旋的模拟的影响非常小。

徐祥德等(1996)着眼于海洋温带爆发性气旋发展热力结构的影响效应问题,采用MM4中尺度数值模式,对不同垂直加热率对爆发性气旋的影响作了讨论。数值试验采用不同的积云对流参数化方案,通过改变加热极值层及其潜热、感热通量和水汽湍流垂直系数的大小对发生在1979年的2个个例进行敏感性试验。结果表明,温带气旋的发展对于垂直加热廓线分布具有突出的敏感性。若将其垂直加热廓线改变,则有可能导致海洋气旋的爆发性发展。海洋气旋上空与潜热释放相关的加热廓线抛物线顶点(即最大加热层)位置高度是诱发气旋爆发性发展的关键因子,而潜热释放总量即加热程度是次要因子。海洋气旋最大加热层位置高度偏低有利于气旋爆发性发展。揭示了垂直加热廓线特征在海洋气旋发展诸影响因子中的关键作用以及潜热释放分布与海洋气旋动力、热力结构形成的机理。

黄立文等(1999)利用MM4模式对西北太平洋5个温带气旋的爆发性发展进行了一系列数值模拟和敏感性试验,并对重要的物理过程进行了分析和诊断。采用相同物理过程及边界条件的控制试验成功地模拟出了主要的爆发性气旋加深率,为海洋爆发性气旋的业务数值预报提供了可能。通过敏感性试验获得了湿物理过程、能量频散、SST和海面能通量、日本岛地形及初、边值条件等影响气旋加深率的定量认识。分析表明水的微物理过程,特别是网格尺度的水汽凝结、未饱和层的云滴和雨滴蒸发是气旋爆发性发展中最重要的物理过程。在200 hPa~300 hPa层的云滴蒸发效应可能是形成相应层气旋中心非绝热冷却峰值的主要原因。由内在热力学-动力学过程所决定的潜热释放比对流参数化任意规定的加热分布更接近实际,并能产生更好的模拟结果。试验还表明,模式对于不同的侧边界和不同的模拟初始时刻都很敏感,但日本岛地形对海洋爆发性气旋的发展和移动的影响不显著,5个个例数值试验的相似结果揭示了上述海洋爆发性气旋发展的共性。

WRF(Weather Research Forecast)是新一代中尺度预报模式和同化系统,到目前为止已经比较成熟。赵洪等(2007)利用MM5模式和WRF模式,对2007年3月3日~4日发生在中国渤黄海海域的强冷空气和黄海气旋发生过程的数值预报结果进行了比较分析。该过程产生的大风引发了我国渤黄海沿岸部分地区38年不遇的特大温带风暴潮。分析结果表明,WRF模式和MM5模式都成功地预报了这次强冷空气和黄海气旋共同作用产生的大风过程,与MM5模式对比,WRF模式更好地预报了引起这次大风过程的主要天气系统的位置和移动路径。

总体而言,由于受观测资料的限制,前人对南半球爆发性气旋的研究为数不多且不够详尽,针对南半球爆发性气旋个例的研究尤其是数值模拟的研究还比较少,对于其快速发展的机制尚缺乏完善的理论。

第五节　西北太平洋上爆发性气旋

李长青和丁一汇(1989)对1984年8月至1985年8月西北太平洋地区26个爆发性气旋形成的大尺度条件进行了统计分析,结果表明海洋上空大气层结的不稳定、高空急流出口区北侧的动力辐散、冬季副热带高压位置偏北时其西侧的强暖平流以及中低层的强斜压区等都是气旋迅速发展的有利因素。

他们使用的主要资料是欧洲中期天气预报中心(European Centre for Medium-Range Weather Forecasts, 简称ECMWF)的客观分析资料,研究时段从1983年1月6日~9日,研究区域是95° E~170° W, 15° N~75° N,该资料为2.5° ×2.5° 经纬度网格资料,在1000 hPa , 850 hPa , 700 hPa , 500 hPa, 300 hPa, 200 hPa, 100 hPa的7个等压面上有数据。地面资料取自国家海洋局西北太平洋海表气象要素船舶报资料和中国地面气象要素月报，另外还利用了一天两个时次的国家海洋局北太平洋天气图。他们对1984年8月至1985年8月西北太平洋地区26个爆发性气旋形成的大尺度条件进行了统计分析，发现这些气旋主要集中发生在35°N～55°N，140°E～165°E的海域，且大部分气旋是由陆地弱气旋入海经历爆发性增强而形成的。爆发性气旋的发生频率在冬季最大，在夏季6月至9月期间为零，研究结果与Sanders和Gyakum（1980）的统计结果相一致。26个爆发性气旋形成的大尺度天气学条件可概述如下：

（1）有利的大气斜压环境。来自欧亚大陆上的冷空气不断向东南爆发，高空表现为短波槽的东移，槽后冷空气随之移动，低空表现为蒙古高压向东南推进，而海上有副热带高压存在，其西侧有强的暖平流。因而在欧亚大陆沿岸及海上形成了明显的中低层斜压区，气旋易在该区域内维持并爆发性发展。

（2）适当的水汽条件。由于海上副热带高压的存在，其西侧常有强的暖湿空气输送，在26个气旋个例中大都有低空急流相伴随，低空急流的平均强度在20 m/s左右。

（3）高空急流出口区北侧有强的辐散环境。大部分气旋发生在急流出口的北侧，此外高空急流的配合与强风暴发生时的情况很类似。

（4）大气层结位势不稳定。冷锋通过暖下垫面形成大气层结位势不稳定区，气旋在该区易于爆发增强。有时可产生类似CISK（Conditional Instability of the Second Kind）的现象，进而爆发性发展，产生了所谓的"气象炸弹"。

（5）有利的大地形影响。冷空气常在东亚大陆的大兴安岭西侧堆积，随后不断向东南爆发，从而造成东亚沿岸强的大气斜压区，这与北美地形的影响情况类似。

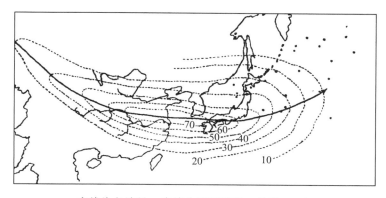

实线为急流轴，虚线为等风速线，单位：m/s

图5.5　1984年8月至1985年8月西北太平洋上爆发性气旋的空间分布（黑点）及其在相应时刻200 hPa高度上急流平均位置的关系图（改绘自李长青和丁一汇，1989）

根据以上大尺度环境条件的分析，李长青和丁一汇（1989）还选择了1983年1月6日～9日一个具有代表性的爆发性气旋个例进行了详细的研究。该爆发性气旋的形成和发展过程大体可分为三个阶段：1月6日～7日是初始阶段，弱小涡旋位于渤海上空过境冷锋和北部冷锋之间地带。1月8日是爆发期，涡旋向东北方向移动，同时北部冷锋从其西北侧侵入,气旋爆发性增强,在24小时内降压达33.9 hPa。爆发前后气旋附近都有大风区存在,爆发期大风区的范围及强度较大,最大风速值在20 m/s以上。1月9日是成熟期,气旋中心气压稳定并开始升高,该气旋发生在200 hPa急流出口区北侧,该区存在明显的高空辐散场,最大辐散值为6.1×10^{-5} s^{-1}。

初期气旋位于高空辐合区,高空500 hPa短波槽东移为"气象炸弹"的形成带来了冷空气,而比正常情况偏北的海上副热带高压西侧的暖平流带来了暖空气,从而形成这一地区强的大气斜压带,气旋中心位于斜压带内。同时副热带高压西北侧700 hPa 或850 hPa中的空气非常潮湿,且与南风区重合,有利于水汽的向北输送,为气旋爆发性增强提供了充沛的水汽条件。计算结果表明有位势不稳定区存在于气旋的东侧和东北侧中低层,为气旋的发展提供了对流发展条件。

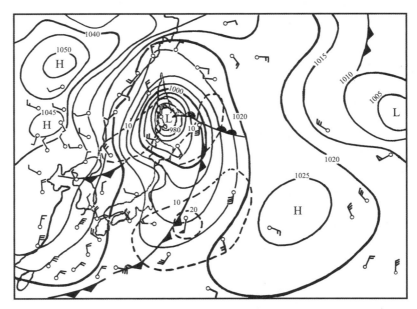

虚线为等风速线,单位:m/s

图5.6　1983年1月8日20时(北京时间)的地面天气图(改绘自李长青和丁一汇,1989)

第六节　海上爆发性气旋发展的物理机制

一、大气斜压强迫作用

多数爆发性气旋具有基本的斜压结构特征, 对斜压强迫的响应可能是由于静力稳定度较小的缘故。爆发性气旋发生的高频区也是主要的斜压区, 因而斜压过程可能是一般低压系统连续存在和发展的前提条件。

Anthes等 (1983) 对1978年发生在大西洋上著名的爆发性气旋Queen Elizabeth Ⅱ进行了诊断分析, 指出对流层低层的大气斜压性是导致其爆发性发展的最主要因子。Roebber (1984)、Rogers和Bosart (1986)、仪清菊和丁一汇 (1992) 均发现大气斜压性对爆发性气旋的迅速发展起主要作用。赵其庚等 (1994) 对西北太平洋上一个强爆发性气旋的发展过程进行了诊断分析, 指出斜压不稳定在气旋的生成和爆发性加深过程中起重要作用。黄立文等 (1999) 利用广义Zwack-Okossi发展方程对2个发生在西北太平洋地区的温带爆发性气旋进行诊断分析, 发现当温度平流、积云对流和加热等反映大气斜压性的热力强迫共同作用使地转相对涡度迅速增长时, 气旋便会出现中心气压迅速降低的现象。Kouroutzoglou等 (2013) 分析了多个影响气旋发展的因子, 指出在爆发性旋生期间强的大气斜压性起了决定作用。大量研究表明, 大气的斜压性可能是促使爆发性气旋迅速发展的一个重要影响因子。

二、潜热释放的作用

有些学者 (Gyakum, 1983; Kuo等, 1991) 认为潜热释放在爆发性气旋发展的初期起到了重要作用。Chen等 (1987) 的数值试验表明, 潜热释放与由此增强的大尺度斜压不稳定的相互作用是爆发性气旋迅速发展的主要原因。丁一汇和朱彤 (1993) 认为强烈的潜热释放导致气旋式环流加速, 从而引发气旋中心气压的迅速降低。周毅等 (1998) 通过位涡反演分析发现, 气旋爆发阶段凝结潜热释放对低层气旋式环流的增强有重要影响。多位学者 (Kuo等, 1990; Bosart等, 1995; Gyakum和Danielson, 2000) 研究认为, 气旋爆发性发展的海域SST略有升高, 使得感热通量和潜热释放增加, 为气旋的爆发性发展提供了重要能量, 促进了气旋的爆发性发展。

三、正涡度平流的作用

王劲松等 (1999) 利用MM4模式和Zwack-Okossi方程, 对1981年12月20日至21日发生在西北太平洋的一个爆发性气旋进行了数值试验和诊断分析, 发现该气旋的爆发性发展主要由正涡度平流和非地转场激发,其中正涡度平流对气旋发展贡献最大。Yoshida和Asuma（2004）认为亚洲大陆上空的冷气团为爆发性气旋的发展提供了有利的气候条件,而大气大尺度的环流条件,如正涡度平流、温度平流和湿度平流等是影响气旋爆发性加深的主要因素。大量分析指出,北太平洋爆发性气旋多发生于高空急流出口区的北侧(李长青和丁一汇,1989；Wash等,1988),其北侧的正涡度平流场为爆发性气旋的迅速发展提供了高层动力强迫。中高层强的正涡度平流是促使爆发性气旋迅速发展的又一重要因素。

四、位涡的作用

多位学者（Bosart和Lin,1984；Uccellini等,1985；Zehnder和Keyser,1991；Reader和Moore,1995；吕筱英和孙淑清,1996）认为平流层大值位涡（PV）空气的下伸是气旋爆发性加深的一个重要条件,初生气旋逐渐向强位涡区移近并形成上下大值位涡区相连接的形势,使得气旋迅速发展。寿绍文和李耀辉（2001）、吴海英和寿绍文（2002）认为具有较高湿位涡的高层冷空气在沿着等熵面快速下降过程中绝对涡度增加,会导致气旋性涡旋发展加强。尹尽勇等（2011）认为高层大值位涡下传激发了气旋性环流,造成了地面气旋的爆发性发展。还有观点认为高低层位涡耦合有利于气旋的迅速发展,Cordeira等（2011）发现温带气旋的爆发性加深是气旋低层的位涡异常与对流层高层位涡扰动耦合引发的。赵兵科等（2008）认为通过垂直平流使高低层大值位涡耦合在一起,从而使气旋迅速发展。

五、对流层顶折叠效应

多位学者（Bleck等,1974；Uccellini等,1985,1987；Hoskins等,1985；Lupo等,1992）认为以气旋上空动力对流层顶折叠（dynamic tropopause folding）和高空急流动量下传为主的上层强迫对气旋的爆发性发展起到重要作用。张永刚等（2000）应用位势涡度和E-P通量对发生于西北太平洋地区的2个爆发性气旋和1个非爆发性气旋进行了诊断分析,结果显示爆发性气旋的发展主要是由对流层顶折叠产生的动量下传所引起的,当对流层顶涡旋移动至低空气旋上空时,垂直耦合打通导致气旋的爆发性加深。

六、动力强迫作用

Uccellini等（1979）指出在高空急流出口区的北侧非地转风产生的质量调整,使其下方减压,有利于该区域下方气旋的发展。吕梅等（1998）认为高空急流核的东传及高空动量的下传加强了低层气旋性涡度切变,使得气旋在中低层得以爆发性加深。Rivière等（2010）运用Météo-France Operational模式对1999年12月24日~26日的冬季风暴Lothar进行敏感性试验,发现该气旋的突然爆发阶段发生在地面气旋穿越高空急流区的时段,说明高空急流动力强迫对其迅速发展具有重要促进作用。黄彬等（2011）研究发现，气旋的强烈发展与高空急流的相对位置变化及突然增强密切相关。大量统计分析也表明，爆发性气旋多发生在高空急流出口区的北侧，高空急流的动力强迫对爆发性气旋的发展贡献较大。

七、SST及SST梯度的作用

爆发性气旋多发生在海上，且频发于大西洋和太平洋西北部的暖洋流区域，较暖的洋面向大气输送较大的感热和潜热，为爆发性气旋的迅速发展提供了有利的海洋背景场。因此多位学者认为SST或SST梯度对气旋的爆发性发展有一定影响，但起重要作用还是决定性作用意见不统一。Sanders和Gyakum（1980）研究发现，海上爆发性气旋发生地的SST范围比较大，但是优先发生在强SST梯度附近。Hanson等（1985）和Sanders（1987）发现气旋的爆发性发展与气旋穿越强SST梯度区在统计上有较显著的相关性。Ueda等（2011）分析发现SST在爆发性气旋迅速发展的过程中，对垂直运动和降雨有重要影响。Liberato等（2013）在分析强风暴Xynthia时发现，该风暴的水汽源地主要来自一个SST异常高的海域，证实了亚热带海域SST对风暴Xynthia的爆发性发展有显著贡献。

八、多因子综合作用

多名学者认为影响气旋爆发性加深的因子不是单一的，而是多个因子综合作用的结果。Rausch等（1996）认为爆发性气旋的发展是对流层中高层的涡度平流、暖平流、非绝热加热、低层静力稳定度、SST梯度、地面涡度和能量通量等因子联合作用的结果。仪清菊和丁一汇（1996）对黄渤海区的爆发性气旋进行了诊断分析，认为温度平流、涡度平流、沿岸锋生和高空急流的动力作用对气旋爆发性加深有重要贡献。谢甲子等（2009）认为气旋的爆发性加深是高低空急流的耦合作用、涡度平流和凝结潜热等因子共同作用的结果。Nesterov（2010）统计分析了东北大西洋1986年至1999年的爆发性气旋，认为爆发性旋生与大气和海洋的多个因素有关，如北大西洋涛动指数、东大西洋涛动指数、气温、海温、显热和潜热通量等。

参考文献

1. 常美桂，王衍明. 西北太平洋爆发性气旋的气候特征和卫星云图分析 [J]. 中国海洋大学学报, 1989, 19（4）: 36-41.

2. 丁一汇. 高等天气学（第1版）[M]. 北京: 气象出版社, 1991: 792.

3. 丁一汇，朱彤. 陆地气旋爆发性加深的动力学分析和数值试验 [J]. 中国科学（B辑）, 1993, 23（11）: 1226-1232.

4. 黄彬，陈涛，康志明，等. 诱发渤海风暴潮的黄河气旋动力学诊断和机制分析 [J]. 高原气象, 2011, 30（4）: 901-912.

5. 黄立文, 秦曾灏, 吴秀恒, 等. 海洋温带气旋爆发性发展数值试验[J]. 气象学报, 1999, 57: 410–428.

6. 李长青, 丁一汇. 西北太平洋爆发性气旋的诊断分析[J]. 气象学报, 1989, 47 (2): 180–190.

7. 吕梅, 周毅, 陆汉城. 气旋快速发展的机制分析[J]. 气象科学, 1998, 18(4): 348–354.

8. 吕筱英, 孙淑清. 气旋爆发性加深过程的动力特征及能量学研究[J]. 大气科学, 1996, 20(1): 90–100.

9. 齐桂英. 爆发性温带气旋的定义标准初探[J]. 海洋学报, 1993, 15(3): 133–139.

10. 秦曾灏, 李永平, 黄立文. 中国近海和西太平洋温带气旋的气候学研究[J]. 海洋学报, 2002, 24(增刊): 105–111.

11. 寿绍文, 李耀辉. 暴雨中尺度气旋发展的等熵面位涡分析[J]. 气象学报, 2001, 59(6): 560–568.

12. 王劲松, 丁治英, 何金海, 等. 用Zwack-Okossi方程对一次爆发性气旋的诊断分析[J]. 南京气象学院学报, 1999, 22(2): 180–188.

13. 吴海英, 寿绍文. 位涡扰动与气旋的发展[J]. 南京气象学院学报, 2002, 25 (4): 509–517.

14. 谢甲子, 寇正, 王勇. 西北太平洋地区一次爆发性气旋的诊断分析[J]. 暴雨灾害, 2009, 28(3): 251–276.

15. 仪清菊, 丁一汇. 黄渤海气旋暴发性发展的个例分析[J]. 应用气象学报, 1996, 7(4): 483–490.

16. 尹尽勇, 曹越男, 赵伟, 等. 一次黄渤海入海气旋强烈发展的诊断分析[J]. 气象, 2011, 37(12): 1526–1533.

17. 赵兵科, 吴国雄, 姚秀萍. 2003年夏季梅雨期一次强气旋发展的位涡诊断分析[J]. 大气科学, 2008, 32(6): 1241–1255.

18. 赵其庚, 仪清菊, 丁一汇. 一个温带海洋气旋爆发性发展的动力学分析[J]. 海洋学报, 1994, 16(1): 30–37.

19. 周毅, 寇正, 王云锋. 气旋快速发展过程中潜热释放重要性的位涡反演诊断[J]. 气象科学, 1998, 18(4): 355–360.

20. Allen J T, Pezza A B, Black M T. Explosive cyclogenesis: A global climatology comparing multiple reanalyses[J]. Journal of Climate, 2010, 23: 6468–6484.

21. Anthes R A, Kuo Y H, Gyakum J R. Numerical simulations of a case of explosive marine cyclogenesis[J]. Monthly Weather Review, 1983, 111: 1174–1188.

22. Bergeron T. Reviews of modern meteorology-12: The problem of tropical hurricanes[J]. Quarterly Journal of the Royal Meteorological Society, 1954, 80:

131-164.

23. Bleck R. Short-range prediction in isentropic coordinates with filtered and unfiltered numerical models [J]. Monthly Weather Review, 1974, 102: 813-829.

24. Böttger H, Eckardt M, Katergiannakis U. Forecasting extratropical storms with hurricane intensity using satellite information [J]. Journal of Applied Meteorology, 1975, 14: 1259-1265.

25. Bosart L F, Lin S C. A diagnostic analysis of the Presidents' Day storm of February 1979 [J]. Monthly Weather Review, 1984, 112: 2148-2177.

26. Bosart L F, Lackmann G M. Postlandfall tropical cyclone reintensification in a weakly baroclinic environment: A case study of Hurricane David (September 1979) [J]. Monthly Weather Review, 1995, 123: 3268-3291.

27. Bullock T A, Gyakum J R. A diagnostic study of cyclogenesis in the western North Pacific Ocean [J]. Monthly Weather Review, 1993, 121: 65-75.

28. Cammas J P, Ramond D. Analysis and diagnosis of the composite of ageostrophic circulations in jet-front systems [J]. Monthly Weather Review, 1989, 117: 2447-2462.

29. Carleton A M. Monthly variability of satellite-derived cyclonic activity for the Southern Hemisphere winter [J]. Journal of Climatology 1981, 1: 21-38.

30. Chen S J, Kuo Y H, Zhang P Z, et al. Climatology of explosive cyclones off the East Asian coast [J]. Monthly Weather Review, 1992, 120: 3029-3035.

31. Cordeira J M, Bosart L F. Cyclone interactions and evolutions during the "Perfect Storms" of late October and early November 1991 [J]. Monthly Weather Review, 2011, 139: 1683-1707.

32. Davis C A, Emanuel K A. Observational evidence for the influence of surface heat fluxes on rapid maritime cyclogenesis [J]. Monthly Weather Review, 1988, 116: 2649-2659.

33. Fink A H, Brücher T, Ermert V, et al. The European storm Kyrill in January 2007: synoptic evolution, meteorological impacts and some considerations with respect to climate change [J]. Natural Hazards and Earth System Sciences, 2009, 9: 405-423.

34. Gyakum J R. On the evolution of the QE II storm. I: Synoptic aspects [J]. Monthly Weather Review, 1983, 111: 1137-1155.

35. Gyakum J R, Anderson J R, Grumm R H, et al. North Pacific cold-season surface cyclone activity: 1975.1983 [J]. Monthly Weather Review, 1989, 117: 1141-1155.

36. Gyakum J R, Roebber P J, Bullock T A. The role of antecedent surface vorticity development as a conditioning process in explosive cyclone intensification [J]. Monthly Weather Review, 1992, 120: 1465-1489.

37. Gyakum J R, Danielson R E. Analysis of meteorological precursors to ordinary and explosive cyclogenesis in the Western North Pacific [J]. Monthly Weather Review, 2000, 128: 851–863.

38. Hanson H P, Long B. Climatology of cyclogenesis over the East China Sea [J]. Monthly Weather Review, 1985, 113: 697–707.

39. Hoskins B J, McIntyre M E, Robertson A W. On the use and significance of isentropic potential vorticity maps [J]. Quarterly Journal of the Royal Meteorological Society, 1985, 111: 877–946.

40. Iizuka S, Shiota M, Kawamura R, et al. Influence of the monsoon variability and sea surface temperature front on the explosive cyclone activity in the vicinity of Japan during northern winter [J]. SOLA, 2013, 9: 1–4.

41. Iwao K, Inatsu M, Kimoto M. Recent changes in explosively developing extratropical cyclones over the winter Northwestern Pacific [J]. Journal of Climate, 2012, 25: 7282–7296.

42. Kouroutzoglou J, Flocas H A, Hatzaki M, et al. On the dynamics of Mediterranean explosive cyclogenesis [J]. Helmis C G & Nastos P T (eds) Advances in Meteorology, Climatology and Atmospheric Physics. Springer Atmospheric Sciences. Berlin, Heidelberg: Springer, 2013: 563–570.

43. Kuo Y H, Low-Nam S. Prediction of nine explosive cyclones over the western Atlantic Ocean with a regional model [J]. Monthly Weather Review, 1990, 118: 3–25.

44. Kuo Y H, Reed R J, Low-Nam S. Effects of surface energy fluxes during the early development and rapid intensification stages of seven explosive cyclones in the Western Atlantic [J]. Monthly Weather Review, 1991, 119: 457–476,

45. Kuwano-Yoshida A, Asuma Y. Numerical study of explosively developing extratropical cyclones in the Northwestern Pacific region [J]. Monthly Weather Review, 2008, 136: 712–740.

46. Kuwano-Yoshida A, Enomoto T. Predictability of explosive cyclogenesis over the Northwestern Pacific region using ensemble reanalysis [J]. Monthly Weather Review, 2013, 141: 3769–3785.

47. Lamb H H. Historic Storms of the North Sea, British Isles and Northwest Europe [M]. London: Cambridge University Press. 1991: 204.

48. Liberato M L, Pinto J G, Trigo I F, et al. Klaus-an exceptional winter storm over northern Iberia and southern France [J]. Weather, 2011, 66: 330–334.

49. Liberato M L R, Pinto J G, Trigo R M, et al. Explosive development of winter storm Xynthia over the subtropical North Atlantic Ocean [J]. Natural Hazards and Earth System Sciences, 2013, 13: 2239–2251.

50. Lim E P, Simmonds I. Explosive cyclone development in the Southern Hemisphere and a comparison with Northern Hemisphere events [J]. Monthly Weather Review, 2002, 130: 2188–2209.

51. Lupo A R, Smith P J, Zwack P. A diagnosis of the explosive development of two extratropical cyclones [J]. Monthly Weather Review, 1992, 120: 1490–1523.

52. Manobianco J. Explosive east coast cyclogenesis over the west-central North Atlantic Ocean: A composite study derived from ECMWF operational analyses [J]. Monthly Weather Review, 1989, 117: 2365–2383.

53. Nakamura H. Horizontal divergence associated with zonally isolated jet steams [J]. Journal of the Atmospheric Sciences, 1993, 50: 2310–2313.

54. Nesterov E S. Explosive cyclogenesis in the northeastern part of the Atlantic Ocean [J]. Russian Meteorology and Hydrology, 2010, 35: 680–686.

55. Physick W L. Winter depression tracks and climatological jet streams in the Southern Hemisphere during the FGGE year [J]. Quarterly Journal of the Royal Meteorological Society, 1981, 107: 883–898.

56. Rausch R L, Smith P J. A diagnosis of a model-simulated explosively developing extratropical cyclone [J]. Monthly Weather Review, 1996, 124: 875–904.

57. Reader M C, Moore G K. Stratosphere-troposphere interactions associated with a case of explosive cyclogenesis in the Labrador Sea [J]. Tellus A, 1995, 47: 849–863.

58. Rivière G, Arbogast P, Maynard K, et al. The essential ingredients leading to the explosive growth stage of the European wind storm Lothar of Christmas 1999 [J]. Quarterly Journal of the Royal Meteorological Society, 2010, 136: 638–652.

59. Roebber P J. Statistical analysis and updated climatology of explosive cyclones [J]. Monthly Weather Review, 1984, 112: 1577–1589.

60. Rogers E, Bosart L F. An investigation of explosively deepening oceanic cyclones [J]. Monthly Weather Review, 1986, 114: 702–718.

61. Sanders F. Explosive cyclogenesis in the west-central North Atlantic Ocean, 1981–84. Part Ⅰ: Composite structure and mean behavior [J]. Monthly Weather Review, 1986, 114: 1781–1794.

62. Sanders F. Skill of NMC operational dynamical models in prediction of explosive cyclogenesis [J]. Weather and Forecasting, 1987, 2: 322–336.

63. Sanders F, Gyakum J R. Synoptic-dynamic climatology of the "bomb" [J]. Monthly Weather Review, 1980, 108: 1589–1606.

64. Schneider R S. Large-amplitude mesoscale wave disturbances within the intense midwest extratropical cyclone of 15 December 1987 [J]. Weather and Forecasting, 1990, 5: 533–558.

65. Uccellini L W, Johnson D R. The coupling of upper and lower tropospheric jet streaks and implications for the development of severe convective storms [J]. Monthly Weather Review, 1979, 107: 682–703.

66. Uccellini L W, Keyser D, Brill K F, et al. The President's Day cyclone of 18–19 February 1979: Influence of upstream trough amplification and associated tropopause folding on rapid cyclogenesis [J]. Monthly Weather Review, 1985, 113: 962–988.

67. Uccellini L W, Kocin P J. The interaction of jet streak circulations during heavy snow events along the east coast of United States [J]. Weather and Forecasting, 1987, 2: 289–308.

68. Ueda A, Yamamoto M, Hirose N. Meteorological influences of SST anomaly over the East Asian marginal sea on subpolar and polar regions: A case of an extratropical cyclone on 5–8 November 2006 [J]. Polar Science, 2011, 5: 1–10.

69. Wang C C, Rogers J C. A composite study of explosive cyclogenesis in different sectors of the North Atlantic. Part I: Cyclone structure and evolution [J]. Monthly Weather Review, 2001, 129: 1481–1499.

70. Wash C H, Peak J E, Calland W E, et al. Diagnostic study of explosive cyclogenesis during FGGE [J]. Monthly Weather Review, 1988, 116: 431–451.

71. Wash C H, Hale R A, Dobos P H, et al. Study of explosive and nonexplosive cyclogenesis during FGGE [J]. Monthly Weather Review, 1992, 120: 40–51.

72. Yoshida A, Asuma Y. Structures and environment of explosively developing extratropical cyclones in the northwestern Pacific region [J]. Monthly Weather Review, 2004, 132: 1121–1142.

73. Yoshiike S, Kawamura R. Influence of wintertime large-scale circulation on the explosively developing cyclones over the Western North Pacific and their downstream effects [J]. Journal of Geophysical Research, 2009, 114: D13110.

74. Zehnder J A, Keyser D. The influence of interior gradients of potential vorticity on rapid cyclogenesis [J]. Tellus A, 1991, 43: 198–212.

75. Zhang S, Fu G, Lu C, et al. Characteristics of explosive cyclones over the Northern Pacific [J]. Journal of Applied Meteorology and Climatology, 2017, 56: 3187–3210.

思考题

1. 什么是爆发性气旋? 其定义是否有改进的可能性? 若有可能, 如何改进?
2. 爆发性气旋按照其强度可分为几类?
3. 爆发性气旋的区域分布特征是什么?
4. 影响爆发性气旋发展的因素有哪些?
5. 利用区域大气模式来模拟爆发性气旋时要考虑哪些因素?

气象风云人物之七

哈拉尔德·尤尔利克·斯韦尔德鲁普（Harald Ulrik Sverdrup, 1888年11月15日~1957年8月21日），世界著名的海洋学家和气象学家，现代海洋科学的奠基人。1888年11月15日生于挪威的松达尔，1957年8月21日卒于奥斯陆。1914年毕业于克里斯蒂安尼亚大学（今奥斯陆大学），1917年在Vilhelm Bjerknes指导下获得博士学位。他在海洋科学和气象科学的多个领域做出了一些重要的理论贡献。他起初曾在卑尔根和莱比锡工作，从1918年到1925年他担任罗尔德·阿蒙森（Roald Amundsen）组织的北极探险的科学主任。他参与了对海底深度、潮流和潮高的测量，正确地描述了东西伯利亚海的广阔的陆架地区的潮汐作为庞加莱波的传播。从这次漫长的探险远征到西伯利亚北部的大陆探险归来，他成为挪威卑尔根大学的气象学教授。

哈拉尔德·尤尔利克·斯韦尔德鲁普
（Harald Ulrik Sverdrup）肖像

1936年，哈拉尔德·尤尔利克·斯韦尔德鲁普成为美国加利福尼亚斯克里普斯（Scripps）海洋研究所的主任，本来只干3年，但第二次世界大战的爆发，使得他担任这个职务直到1948年。他利用从1938年到1941年先后33次海洋调查船E. W. Scripps的海上调查成果，制作完成了详细的加利福尼亚沿岸海洋数据集。他还提出了一个简单的海洋环流理论，即风应力旋度与科氏参数的纬向梯度之间的涡度平衡理论，也就是著名的斯韦尔德鲁普平衡（Sverdrup Balance）理论。这一理论很好地解释了远离西边界大陆边缘的风生大洋涡旋（wind-driven ocean gyres）。离开Scripps海洋研究所后，他回到家乡成为挪威极地研究所所长，继续对海洋学、海洋生物学和极地研究做出贡献。在生物海洋学领域，他发表在1953年的"临界深度假说"（critical depth hypothesis）是解释"浮游植物春天的花朵"（phytoplankton spring blooms）一个重要的里程碑。

他在第二次世界大战期间研究水声问题，在海浪预报和海流图的绘制等方面取得辉煌的成果，与W.H.蒙克（Munk）共同提出了海浪预报方法。他历任挪威卑尔根地球物理研究所教授、美国华盛顿卡内基研究所研究人员、加利福尼亚大学海洋学教授和斯克里普斯海洋研究所所长。1948年回奥斯陆组建挪威极地研究所，任所长。1949年兼任奥斯陆大学地球物理学教授。还曾任国际物理海洋学协会（IAPO；现改名为国际海洋物理科学协会，IAPSO）主席、国际极地气象学会（ICPM）主席、国际海洋考察理事会（ICES）主席等职。他发表论文200多篇，涉及海流推算的密度计算法、海水蒸发、涌升流、波浪和海流等方面的研究。著有《气象学家的海洋学》《海洋》（与M.W.约翰森、R.H.弗莱明合著）。《海洋》巨著在海洋科学发展史上起了划时代的作用。他还培养出蒙克、R.雷维尔等海洋学家。

他于1917年~1925年两次参加莫德号北冰洋漂流探险调查，在地球物理特别是海洋气象观测方面取得重要成果，出版了主要由他执笔的5卷探险报告。1931年参加"鹦鹉螺"号北冰洋潜水探险，任科学考察学术主任。他的许多著作包括与Martin W. Johnson和Richard H. Fleming合著的巨著《海洋：物理、化学和生物学》（*The Oceans Their Physics Chemistry and General Biology*）于1942年出版，1970年再版，是在其后40多年里世界各国海洋学的基础教科书。他是美国科学院和挪威科学院的院士，以他的名字命名的计量单位Sverdrup（SV）是物理海洋学中每秒一百万立方米流量的缩写。另外美国气象学会以他的名字命名了Sverdrup金奖（Sverdrup Gold Medal Award）。

1984年本科毕业于原山东海洋学院海洋水文专业的美国Scrippts海洋研究所的谢尚平教授（Shang-Ping Xie）荣获美国气象学会颁发的2016年度Sverdrup金奖。

参考文献

1. http：//baike.sogou.com/v83317850.htm.

2. https：//en.wikipedia.org/wiki/Harald_Sverdrup_（Oceanographer）.

第六章　日本海极地低压

极地低压（polar low）是形成于极地冷气团中、在冬季高纬度海洋上，如阿拉斯加湾（135°W~160°W，50°N~60°N）、巴伦支海（20°E~50°E，65°N~75°N）、拉布拉多海（50°W~60°W，55°N~65°N）、挪威海（5°W~10°E，60°N~70°N）、日本海（35°N~45°N，130°E~140°E）上强烈发展的中尺度气旋。极地低压的水平尺度是几百千米的量级，生命周期从几个小时到几天不等。在卫星云图上，极地低压通常呈现出"螺旋状"或"逗号状"云系特征，在成熟阶段甚至有明显的"眼"状结构。由于"极地低压"在外观上与"热带气旋"有很多相似之处，因此一些学者（如Nordeng和Rasmussen，1992）认为，极地低压可被看作"高纬度海洋上的热带气旋"。由于极地低压通常会伴随狂风、暴雪和巨浪，因此被认为是最危险的天气系统之一。开展极地低压的研究非常重要，然而由于其水平尺度小、生命周期短、发生在广阔的海洋上，目前对极地低压的预报有很大的挑战性。

本章主要依据Fu（2001）对日本海极地低压的研究，先给出极地低压的定义，然后回顾过去几十年极地低压研究的历史，介绍取得的主要成果。由于日本海是发生极地低压海域当中距离中国最近的海域，因此将重点介绍日本海极地低压的研究成果。

第一节　极地低压的定义

"极地低压"首次是在挪威海被发现和命名的（Harley，1960），很自然，较早的关于极地低压的研究主要集中在挪威海的极地低压。在过去的若干年里，虽然在不同的高纬度海洋上各种情况下的极地低压研究都有报道，然而非常明确地给出极地低压的定义并不是一个简单的事情（Rasmussen, 1985），部分原因是极地低压并不只在特定的地理区域内形成，而是发生在冬季冷空气爆发时不同的海洋上，每个低压在其结构和环境条件方面都有不同的特性，因此很难用一个特定的定义来归纳所有类型的低压。Carleton（1991; p125）指出："对极地低压这个术语，不同的研究者使用的非常不同，但研究者现在越来越认可的是，它们是指可能的范围广泛的极地大气涡旋。"不同学者给出了不同的极地低压定义，如日本学者Ninomiya（1989）认为："极地低压是形成于极锋北侧的极地气流中、在其形成和成熟阶段具有200 km～700 km直径的'螺旋状'或'逗号状'云系的中α尺度的低压系统。" Heinemann和Claud（1997）对极地低压的定义是："极地低压是在大气极锋的向极一侧所有中α尺度和中β尺度的气旋式涡旋的总称，它应该是指水平尺度达到1000 km、近地面风速超过15 m/s的海上强烈的中尺度气旋。"

尽管有学者（如Wakahara, 1989）提出，这些低压应该根据它们的尺度大小、云团特征、发生地点、移动路径和大尺度环境进行严格的分类，但也有学者（Fu, 1999）认为，在人们关于这些低压的知识还比较贫乏的阶段，简单分类可能更有助于理解这些低压的本质。本书采用的极地低压的定义如下：

极地低压是在大气极锋的向极一侧形成、在冬季高纬度海洋上发展的强烈的中尺度气旋，其水平尺度一般不超过1000 km，通常在卫星云图上呈现 "螺旋状"或"逗号状"云系特点。

第二节　极地低压研究历史回顾

迄今为止，极地低压的研究已有50多年的历史。早期，极地低压的研究面临很多挑战，因为极地低压的生命周期相对较短，且通常发生在冬季高纬度海洋上，那里观测站稀少，难以覆盖整个海区，收集极地低压的观测资料是一件十分困难的事。

1983年1月，由于在挪威大陆架上石油开采活动的增多，世界上第一个被称为"极地低压计划"（Polar Lows Project）的项目开始实施。该项目的主要目标是增加关于极地低压的知识，提高对极地低压预报的可能性。为了实现这些目标，该项目划分为气候研究、个例研究、数值模拟、极地低压和海浪预报等几个子项目。项目的气象研究部分主要由挪威气象研究所（Norwegian Meteorological Institute）承担，海浪预报研究部分由挪威的海洋公司和挪威技术研究所（Norwegian Institute of Technology）的科学和工业研究基金会（Foundation of Scientific and Industrial Research）负责。此外来自挪威、丹麦、英国和美国的科学家以不同的方式参加了该项目。从1983年至1985年的三年间，特别是在靠近挪威的海区，通过该项目的实施获得了关于极地低压发生、强度、动力学等多方面的重要知识。1986年5月20日至23日，在挪威奥斯陆附近的桑德霍尔登（Sundvolden）召开了关于极地低压的第一次国际学术会议，70位科学家参加本次会议，标志着极地低压项目的圆满结束（Rasmussen和Lystad，1987）。

过去数年中，气象界对极地低压日益增长的兴趣使得对这种天气系统的研究在不断增加，特别是挪威、丹麦和美国的几个研究小组已经完成了该领域的一些研究工作，并发表了一系列论文。为更好地描述和理解极地低压做出了重要贡献，欧洲的国际学术期刊*Tellus*发表了关于极地低压的两期专辑，第一期有7篇论文于1985年10月发表在*Tellus*第37A卷第5期上，第二期有11篇论文先于1986年5月在奥斯陆附近桑德霍尔登（Sundvolden）举办的国际会议上报告，再于1987年8月发表在《大地》（*Tellus*）第39A卷第4期上。这些论文覆盖范围广泛，不仅涉及观测研究，而且还有理论研究。

也有一些学者指出，在冬季南半球海洋上极地低压经常随着纬度的增加而出现（Carleton，1991；p132）。卫星资料显示，在南半球的宽广海洋上，有"逗号状"云团特征的极地低压往往占主导地位，而"螺旋状"极地低压一般较少观测到。不同于它们在北半球的同类，在南半球，这些低压从卫星云图上看是顺时针旋转的。

一、主要成果综述

过去几十年，极地低压的研究增加了人们对这一中尺度天气系统的认识，这里对极地低压研究的主要成果做一概述。

（一）观测特征

由于极地低压经常发生在高纬度的海洋上，那里缺乏可利用的观测资料，因此卫星观测对增加人们关于极地低压的知识发挥了重要作用。

以前的一些研究表明，在卫星云图上一个紧密的"螺旋状"云团结构往往标志着极地低压。Nordeng和Rasmussen（1992）研究指出，在卫星云图上一些极地低压与成熟的热带气旋有惊人的相似之处，包括超过30 m/s最大表面风速、周围为深厚的积云所包围的清晰"眼"状结构、发生在海上并伴有深对流特征等。另一个有趣的问题是，在某些极地低压个例研究中还发现了"暖心"结构，即靠近极地低压的中心附近空气温度是最高的（Rasmussen，1985；Shapiro等，1987；Douglas等，1991；Businger和Baik，1991；Forsythe，1996）。然而只有某些特定类型的极地低压，借助于高分辨率观测资料才能发现其"暖心"结构。

（二）观测资料

由于科技的不断进步，用于研究极地低压的资料不再限于传统资料，许多新资料被投入使用。利用卫星收集更多的定量观测资料已成为可能，而通常极地低压发生的海域缺乏传统资料，故卫星云图被认为是非常有用的工具。一些学者利用以下资料来研究极地低压。

（1）Moore等（1996）使用来自美国国家海洋和大气管理局（NOAA）和国防气象卫星计划（DMSP）极轨卫星家族的卫星云图和探空资料来研究极地低压的演变过程和结构。

（2）Moore等（1996）使用TOVS（TIROS-N Operational Vertical Sounder，业务用垂直探空仪）资料，TOVS仪器由三个单元组成：① HIRS（High Resolution Infrared Sounder）高分辨率红外探空仪，它是一个20通道被动式辐射计，星下点的水平分辨率约为40 km，是在晴空或多云条件下探空信息的主要来源。② MSU（Microwave Sounder Unit）微波探空仪，它是一个4通道被动式微波辐射计，星下点的水平分辨率约为120 km，是用来甄别与HIRS辐射造成的云污染问题的。③ SSU（Stratospheric Sounder Unit）平流层探空仪资料。

（3）Moore等（1996）使用来自搭载在Nimbus-7平台上的TOMS（Total Ozone Mapping Spectrometer）的臭氧总柱资料，它是一个采用后向散射紫外线辐射以减少臭氧总柱的扫描光谱仪，其星下点的水平分辨率约为50 km。

（4）Forsythe（1996）使用来自AVHRR（Advanced Very High Resolution Radiometer）的红外遥感图像，它有5个通道，其中2个可见光、3个红外通道，成像辐射计在星下点的水平分辨率约为1.1 km。

（5）Moore等（1996）使用来自欧洲中期天气预报中心（European Center for Medium-Range Weather Forecasts，简称ECMWF）的高分辨率客观分析资料，用来分析极地低压发展的大尺度环境。

（三）发展机制

尽管海上观测资料稀少，但有许多学者已开始研究高纬度海洋上的极地低压，提出了三种类型的不稳定理论，即斜压不稳定、正压不稳定、第二类条件不稳定（Conditional Instability of the Second Kind，简称CISK）/风引起的表面热交换（Wind-Induced Surface Heat Exchange，简称WISHE）不稳定理论来解释极地低压的发展。

1. 斜压不稳定理论

Mansfield（1974）提出的斜压不稳定理论是首个定量解释极地低压形成的理论，他采用高度限于1.6 km以下的Eady斜压模式，研究表明，如果斜压区较浅，那么最不稳定的波长约为600 km，该波长与观测到的极地低压空间尺度接近。Duncan（1977）利用一个低静力稳定度的准地转数值模式研究发现，不稳定模态具有与极地低压相类似的空间尺度。他的结论是，当静力稳定度小的时候，有效位能向扰动动能的转化主要发生在大气低层。Reed（1979）研究表明，极地低压主要是斜压不稳定现象，但不能排除其他可能的外界强迫。Shapiro等（1987）对挪威海的极地低压进行了第一次飞机观测，发现在极地低压产生区域确实存在斜压强迫，在低空与极地低压相关的大气涡度可以达到2.5×10^{-3} s^{-1}。

2. 正压不稳定理论

日本学者Nagata（1993）研究了日本海上中β尺度的极地低压波列，他利用6 km格距的原始方程模式进行了极地低压波列的数值模拟，利用线性理论从模拟大气扰动能量转换分析角度得到的结论是，正压切变不稳定是这些大气涡旋的主要发展机制。

3. CISK/WISHE不稳定理论

Rasmussen（1979）研究指出，极地低压类似于小尺度的热带气旋，其本质是热力学不稳定现象。他利用一个准地转模式研究发现，小尺度不稳定的CISK强迫的大气扰动与极地气团爆发期间实际观测到的极地低压非常相似。他的关于极地低压个例的研究强烈支持极地低压是潜热释放所驱动的观点。Sardie和Warner（1985）利用一个数值模式研究表明，湿斜压性和CISK不稳定机制对于大西洋和太平洋上的极地低压产生都是重要的。

有研究表明，WISHE不稳定理论可以用来解释极地低压的快速发展，该理论以前被称为海气相互作用不稳定理论（Air-Sea Interaction Instability，简称ASII，Emanuel，1986），是基于对流在垂直方向上带来大气局部中性状态的想法，这意味着大气的对流有效位能将为零。Gray和Craig（1998）利用平衡的轴对称理论模型研究表明，极地低压可以通过WISHE机制发展，即通过热量和水汽输送所驱动来得到发展。

有更多的研究表明，极地低压是多种机制共同作用下产生的（Grønås等，1987；Nordeng，1990；Nordeng和Rasmussen，1992；Mailhot等，1996），虽然在特定情况下一种机制可能起主要作用，不同的极地低压可能是不同机制起主导作用发展起来的，因此了解不同情况下极地低压的发展机制是非常重要的。

（四）数值模拟研究

目前极地低压数值模拟研究的文献还不太多，正如Businger和Reed（1989）指出的那样，极地低压的数值模拟研究是一个具有挑战性的工作，这主要是由于相对于尺度较小的极地低压而言，大多数数值模式的分辨率较粗、初始场还不够精细、用于描述大气边界层和大气对流过程的参数化方案还不完善。一些数值模拟研究表明，高水平分辨率、精准的海温场和适当的对流参数化方案对于成功模拟极地低压是非常重要的。

Grønås等（1987）使用高分辨率有限区域模式来模拟挪威海上极地低压的发展，模拟的6个极地低压个例出现的时间和位置都比较合适，但模拟的极地低压强度太弱。模拟结果表明极地低压的初始发展发生在大气斜压区，CISK机制有利于其后来进一步的发展。然而该模式不能正确地模拟出极地低压的快速发展，作者认为，这可能是由于模式的分辨率不够高以及对流参数化方案还不完善造成的。

Mailhot等（1996）对拉布拉多海一个极地低压个例成功地进行了数值模拟研究，他们利用加拿大有限元模式，研究了1989年1月11日拉布拉多海的一个极地低压个例，卫星云图可以很好地刻画极地低压的快速演变过程，在极地低压成熟阶段，其中心附近有深对流和强风速等复杂结构，模拟的极地低压结构与观测特征吻合得很好。他们还讨论了该极地低压的初始和成熟阶段的演变过程，该极地低压是在斜压过程与对流相结合过程中发展起来的。敏感性试验表明，上层位涡异常和低层大气斜压性之间的相互作用可能是极地低压的触发机制，潜热释放对成熟阶段的极地低压的快速加深做出了主要贡献，在暖空气锢囚和非绝热加热的联合作用下，该极地低压具有"暖心"结构。

　　虽然在挪威海、阿斯加湾和拉布拉多海的极地低压数值模拟取得了一些进展（Grønås等，1987；Nordeng，1989；Mailhot等，1996），但关于日本海极地低压数值模拟工作比较少，以下主要介绍日本海极地低压的研究成果。

第三节　日本海地理特征和极地低压研究

　　日本海（Japan Sea）周边有中国、俄罗斯、朝鲜、韩国、日本5个国家，发生在日本海及其临近的西北太平洋上的极地低压对周围的海上运输及沿岸的人类活动有重要影响。

　　图6.1为日本海及西北太平洋地理位置示意图，可以看到日本海的覆盖范围为35°N～45°N，130°E～140°E，是一个几乎封闭的狭长的海盆。日本海平均深度约为2000 m，呈东北～西南走向，东西宽约700 km，南北长约2000 km。在其西侧有欧亚大陆，位于朝鲜半岛北部的长白山高度超过3000 m。而其东侧被日本列岛包围，有著名的富士山。黑潮（Kuroshio）分支"对马暖流"（Warm Tsushima Current）流经位于朝鲜半岛和日本九州岛之间的对马海峡。由于受"对马暖流"的影响，日本海的年平均海表面温度SST为6 ℃～18 ℃，比同纬度海洋的SST要高5 ℃～9 ℃（图6.2）。

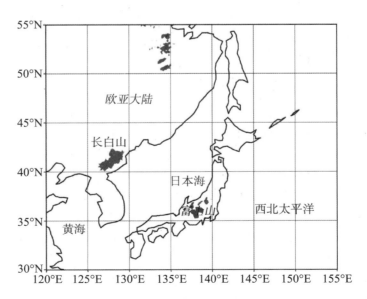

阴影区表示地形海拔高度大于1000 m

图 6.1　日本海及西北太平洋地理位置示意图（改绘自Fu，2001）

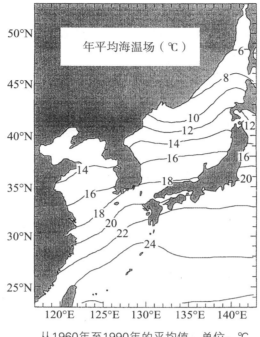

从1960年至1990年的平均值，单位：℃

图6.2　日本海年平均海表温度场分布图（改绘自Fu，2001）

日本海是典型的季风气候区，其气候特点是：冬季通常是由极地气团形成的冷气旋所控制，夏季偶尔受到热带气旋或台风的入侵，经常会发生严重的气象灾害。

表6.1比较了北半球经常发生极地低压的5个海域的纬度，很显然，日本海是纬度最低的海域。值得注意的是，由于日本海几乎被周围大陆和列岛所包围，因此被认为是最适合研究极地低压的海域之一。在其上游，有大量的高空气象观测站散布在欧亚大陆上；在其下游，当极地低压登陆日本列岛时，自动气象数据采集系统（AMeDAS）和雷达网可以覆盖日本群岛，因此可以获得更多的观测资料来刻画极地低压的结构。

表6.1　北半球5个经常发生极地低压的海域的纬度比较

海域	阿拉斯加湾	巴伦支海	拉布拉多海	挪威海	日本海
纬度	50°N ~ 60°N	65°N ~ 75°N	55°N ~ 65°N	60°N ~ 70°N	35°N ~ 45°N

冬季，日本海往往受到欧亚大陆上空的极地冷空气爆发的强烈影响，卫星和雷达观测显示，伴随冷空气的爆发往往会有极地低压的频繁发生。学者们（Miyazawa，1967；Motoki，1974；Nyuda等，1976；Asai和Miura；1981；Fujimori等，1987；Ninomiya，1989；Ninomiya等，1990a，1990b；Tsuboki和Wakahama，1992；Kuroda，1992；Nagata，1993；Ninomiya等，1993；Ninomiya，1994；Lee和Park，1998）对日本海极地低压做了大量的研究，发现日本海的极地低压主要有以下三种情况。

一、发生在日本海极地气团交汇带（简称JPCZ）内

由于受长白山地形阻挡的影响，日本海极地气团交汇带（Japan sea Polar airmass Convergence Zone, 简称JPCZ, Asai, 1988）在长白山的背风坡形成。Kuroda（1992）报道了1990年1月23日~24日沿JPCZ发展起来的中尺度涡旋波列，他指出，穿越JPCZ海域大的水平风切变造成的恶劣天气在日本海导致三艘轮船沉没。Nagata（1993）利用6 km格距的原始方程模式对这些涡旋进行了数值模拟，基于线性理论和对模拟扰动的能量转换分析认为，正压不稳定是这些旋涡主要的发展机制。

二、发生在北海道的西海岸

基于观测分析和线性稳定性理论，Tsuboki和Wakahama（1992）研究了北海道西海岸的中尺度气旋，他们发现发生在这一地区的中尺度气旋可以分为两种类型：Ⅰ类型气旋的直径为200 km~300 km，是由经向风分量的垂直切变引起，Ⅱ类型气旋的直径为500 km~700 km，是由纬向风分量的垂直切变引起。能量分析表明，这两类不稳定模态都是由扰动有效位能增加并转换成扰动动能所伴随着的。基于观测分析和线性稳定性分析，他们认为发生在该海域的中尺度气旋是由斜压不稳定造成的。

三、在大尺度低压的影响下发生

Ninomiya（1991）研究了1985年12月9日~11日在日本海东北部一个中α尺度极地低压的发展，发现该极地低压是在一个东西向的槽内生成的，该槽是从一个受高空冷涡影响下天气尺度低压的中心伸展出来的。该天气尺度低压对极地低压的形成发挥着母体环流（parent circulation）作用。此外，Ninomiya等（1993）还研究了1986年1月13日~14日在日本海东北部海域一个中α尺度极地低压的发展，发现该低压是在一个母体为大型低压的西北侧发展起来的，在成熟阶段，该低压具有"暖心"结构。Ninomiya（1994）还研究了1987年1月3日~4日在日本海东北部海域一个中尺度"低压家族"（a meso-scale low family）的发展，发现该中尺度"低压家族"是在一个极地低压母体内形成的，两个中尺度低压沿切变线发展起来，空间间隔约为200 km，每个低压都有"暖心"结构。他推测这些低压的产生可能是由水平切变区的正压不稳定造成的，但斜压不稳定的贡献也不能完全排除。

第四节　日本海和西北太平洋极地低压的一般特征

　　图6.3是北半球极地低压经常发生海域的地理位置示意图。可以看出，日本海的纬度在所有极地低压发生海域当中最低。日本海的东西宽度约700 km，与其他海域相比，东西方向狭窄，且周围几乎都被陆地包围。世界上最大的欧亚大陆位于其西部，在朝鲜半岛北部有高于3000 m的长白山。由于日本海的特殊地理位置，其被认为是研究极地低压一个理想地区。

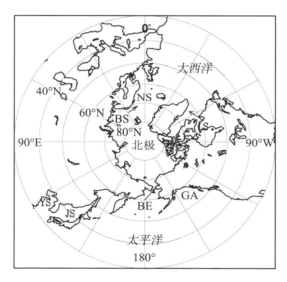

图中BE：白令海，BS：巴伦支海，GA：阿拉斯加湾，JS：日本海，LS：拉布拉多海，NS：挪威海，YS：黄海

图6.3　北半球极地低压经常发生海域的地理位置示意图（改绘自Fu，2001）

　　以下将利用1995年12月，1996年1月和1996年2月的观测资料研究日本海及其邻近西北太平洋上极地低压的一般特征，并比较日本海与其他海域极地低压的一些特征。

一、资料及分析概要

本研究采用了以下资料：

（1）1小时间隔的GMS（Geostationary Meteorology Satellite）-5红外卫星云图。

（2）日本气象厅发布的每日00 UTC和12 UTC的海平面天气图。

（3）日本气象厅发布的每日12 UTC的850 hPa，700 hPa和500 hPa天气图。

（4）日本气象厅发布的气候系统月度报告。

（5）日本气象卫星中心发布的月度报告。

雷达观测经常发现，在日本海和西北太平洋的冬季一些低压常伴随着"螺旋状"回波发展起来。选择了1995年~1996年冬季的3个月（1995年12月，1996年1月，1996年2月），统计了研究期间每个月的这些低压的发生频率（图6.4），虽然这些低压各月发生频率略有差异，但发生频率都很高，分别是54/62、45/47、58/62。这意味着几乎在每天两张的天气图上，都可以在东亚地区找到一些涡旋状低压。

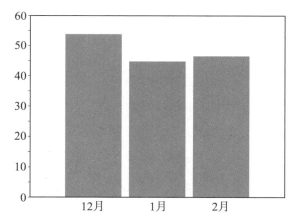

图6.4　从1995年12月到1996年2月观测到的低压发生频率（改绘自Fu，2001）

为了分析这些低压系统的特征，首先对其演变历史进行了回顾。与Ninomiya（1989）的研究一样，根据其中心气压、成熟阶段云团特征、发展地点等特征，这些低压系统可以被分为四类。

（一）主要的天气尺度低压

主要天气尺度低压形成于与强西风槽相伴随的主要斜压区，发展成为中心气压低于980 hPa的低压系统。这些低压系统的云团特征和演变过程与典型的温带低压很相似。

（二）天气尺度低压

天气尺度低压一般不会低于980 hPa，通常与弱西风槽有关，发生在两个连续的主要的天气尺度低压之间。

（三）中尺度极地低压

中尺度极地低压通常发生在极锋区北侧的极地气流中，在其初始阶段和成熟阶段，通常表现为具有200 km~700 km水平尺度的"螺旋状"或"逗号状"云系。

（四）末发展的中尺度低压

这是一些发生在欧亚大陆上北极气团内较弱的中尺度低压，它们通常没有对流性云团特征，也未得到发展。

通过考察卫星云图和天气图，可以把所有低压分为四类。很明显第三类低压属于极地低压的范畴。

二、1995/1996年冬季极地低压的统计特征

（一）极地低压的空间分布

1995年12月、1996年1月和1996年2月的极地低压的空间分布可分别见图6.5、图6.6和图6.7。结果表明，极地低压主要发生在日本海的35°N~45°N纬度带内，而另一些极地低压则发生在西北太平洋30°N~50°N更广泛的区域。

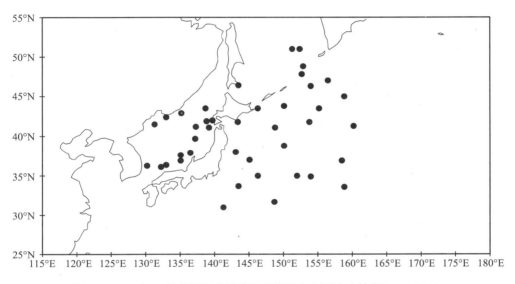

图6.5　1995年12月观测到的极地低压位置分布图（改绘自Fu，2001）

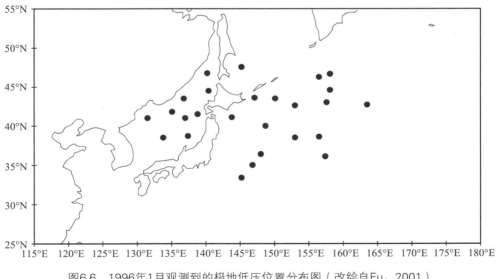

图6.6　1996年1月观测到的极地低压位置分布图（改绘自Fu，2001）

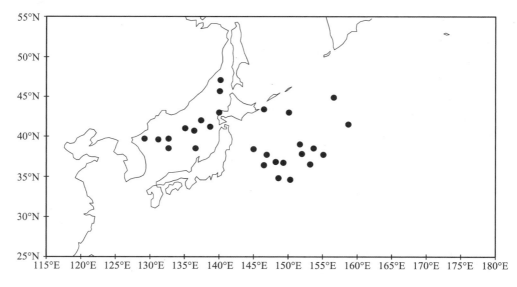

图6.7　1996年2月观测到的极地低压位置分布图（改绘自Fu，2001）

　　从图中可以看出，在欧亚大陆、黄海和东海很少有极地低压发生。这是一个有趣的现象，表明在极地气团内由于暖的海表面温度SST所导致不稳定的对流产生可能是极地低压形成的重要条件。

（二）极地低压的生命周期

　　利用连续的卫星云图和地面天气图，可以估计每个极地低压的生命周期。一般而言，极地低压的生命周期为1天～3天，在西北太平洋上，极地低压的生命周期通常较长，为2天～3天，而日本海极地低压的生命周期相对短暂，为1天～2天。其原因可能与日本海东西向宽度相对较窄，极地低压在日本列岛登陆后趋向衰亡有关。

（三）极地低压的云团特征

　　学者们研究了发生在高纬度海洋上极地低压的云团特征，发现日本海极地低压具有紧密的、"螺旋状"或"逗号状"云团特征。下面给出一个日本海极地低压云团特征的典型例子。

　　图6.8是1996年2月27日02 UTC的GMS-5可见光卫星云图，可以看到，在日本海的西部有一个清晰 "眼"状结构的螺旋云带，在云系东南部有一个长尾云带，"眼"区周围的高云表示中心区域的对流。这种螺旋状云带呈现出典型的日本海极地低压的云团特征，这些特征也可以在日本海其他极地低压个例中找到。

（四）结果比较

　　下面将本研究结果与其他研究结果做比较。Ninomiya（1989）研究了1986年12月、1987年1月和1987年2月共3个月的日本海极地低压，发现00 UTC和12 UTC极地低压分别是40个、60个、40个，其生命周期为0.5天～2天，卫星云图上也呈现为紧密的、

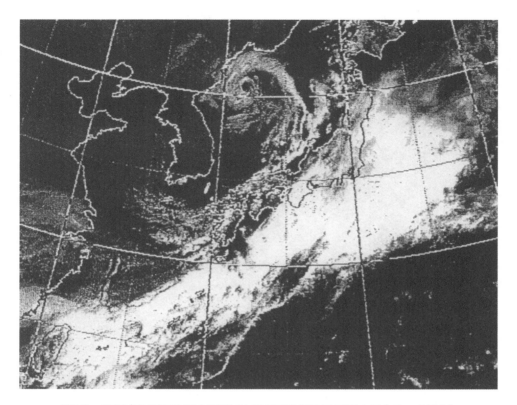

图6.8　1996年2月27日02 UTC的GMS-5可见光卫星云图（引自Fu，2001）

"螺旋状"或"逗号状"云团特征。虽然本研究结果与Ninomiya（1989）的结果不完全一致，但关于极地低压的发生频率、空间分布、生命周期和云团特征等结论没有显著差异。

三、大尺度环境条件

下面分析日本海和邻近的西北太平洋地区的大尺度环境条件。

（一）大气环境场条件

图6.9a，图6.9b分别为1996年2月的北半球月平均海平面气压场和异常场、月平均500 hPa高度场和异常场。在地面天气图上可以发现，东亚和西北太平洋地区有一个阿留申低压（图6.9a），欧亚大陆上有一个大面积的正异常气压场，西伯利亚高压控制着欧亚大陆。阿留申低压和西伯利亚高压之间的气压梯度比较强，表明有强的极地空气爆发，该强气压梯度正好穿过日本海和西北太平洋地区，但没有穿过中国的黄海和东海北部。

在月平均500 hPa高度场和高度异常场图上（图6.9b），在140°E～160°E地区有一个深槽，5400 m等高线甚至南伸到40°N附近，在1995年12月和1996年1月的月平均海平面气压场和气压异常场、月平均500 hPa高度场和高度异常场也显示出大尺度环境场的

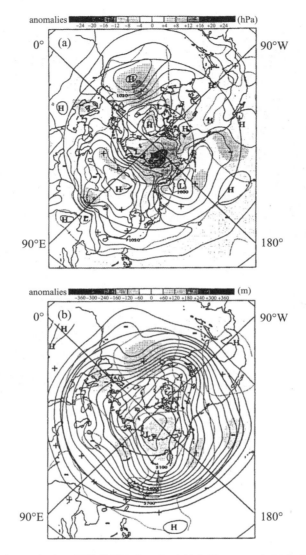

图6.9　1996年2月（a）月平均海平面气压场（等值线，4 hPa间隔）和异常场，（b）月平均500 hPa高度场（等值线，60 m间隔）和异常场（改绘自Fu，2001）

类似情况。这些大尺度环境场的特点或许就是极地低压很少发生在黄海和东海北部的主要原因，可以解释为什么130°E～160°E地区的极地低压会发生在与其他极地低压频繁发生的地区相比较纬度更低的地区。

（二）海表面温度场分布

有学者指出，非绝热加热对于极地低压的发展具有重要作用，由于温暖的海表面加热造成的不稳定气团会促进积云对流发展。因此，下垫面暖水的存在对于频繁的极地低压发生是一个有利条件。

图6.10a，图6.10b分别是10天平均的海温场分布图和自1996年2月21日至3月1日平

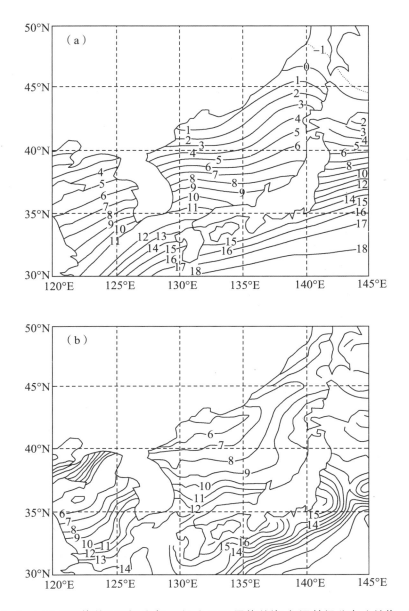

图6.10 （a）10日平均的SST场分布，（b）10日平均的海-气温差场分布（单位：℃），
平均时间从1996年2月21日至3月1日（改绘自Fu，2001）

均的日本海"海气温差"场分布图。在冬季，由于受黑潮的东北分支、流经对马海峡进
入日本海并沿日本列岛沿岸流动的"对马暖流"的影响，日本海的海温较高，尤其在日
本海的南部海温较高。同时，极地气团即使在通过低层温暖的海洋下垫面后仍保持低
温。图6.10b表明在日本海有一个较大的海气温差。在日本海上空对流层低层维持的
较大的海气温差和较强的温度梯度为极地低压的形成提供了有利的条件。

四、与其他海域极地低压的比较

表6.2比较了日本海和其他海域极地低压的特点,在北半球所有经常发生极地低压的海域中日本海的纬度最低(35°N~45°N)。由于"对马暖流"的影响,冬季日本海的平均海温要比其他地区海温高很多,日本海极地低压发生的时间主要集中在每年的12月至来年2月的3个月期间,显然这一时间周期比其他地区的6个月周期要短。这些差异表明,日本海极地低压与其他海域极地低压相比有其特殊性质。

表6.2　日本海和其他海域极地低压特征比较(引自Fu,2001)

海域	巴伦支海	挪威海	阿拉斯加湾	白令海	拉布拉多海	日本海
纬度	65°N~75°N	60°N~70°N	50°N~60°N	60°N~65°N	55°N~65°N	35°N~45°N
经度	20°E~50°E	5°E~10°E	135°W~160°W	170°W~160°W	50°W~60°W	130°E~140°E
SST(℃)	0~7	0~6	4~8	0~3	0~5	0~12
发生时期	~12月	9月~4月	10月~4月	10月~4月	~3月	12月~2月
云团特征	螺旋状	螺旋状	逗号状	逗号状	螺旋/逗号状	螺旋/逗号状
参考文献	Rasmussn (1985)	Businger (1985)	Businger (1987)	Businger (1987)	Forsythe (1996); Mailhot等 (1996)	Fu等 (2004)

第五节　1996年2月日本海极地低压个例研究

本小节对1996年2月26日一个日本海极地低压个例进行分析。由于没有现场观测资料,将主要依靠卫星资料和日本客观分析JANAL(Japan objective ANALysis data, 40 km分辨率)资料来分析极地低压的时空结构。

一、资料

(一)卫星资料

利用1996年2月26日03 UTC至1996年2月27日16 UTC的GMS-5东亚地区红外卫星云图(时间间隔为1 h)来刻画极地低压的演变过程。

（二）客观分析资料

利用从1996年2月24日00 UTC到1996年2月29日12 UTC的JANAL资料来刻画极地低压发展的大尺度环境场，该资料在北极极射赤面投影下在60° N的水平分辨率为40 km，在垂直方向上分为16层，即从下到上分别为海表面，1000 hPa，925 hPa，850 hPa，800 hPa，700 hPa，600 hPa，500 hPa，400 hPa，300 hPa，250 hPa，200 hPa，150 hPa，100 hPa，70 hPa和50 hPa，在00 UTC和12 UTC有数据。

二、极地低压的演变过程

通过考察GMS-5卫星云图并参考海表面气压场，根据其中心气压、云团特征和发展位置，该极地低压的生命史可分为四个阶段。

（一）初始阶段（1996年2月26日03 UTC~1996年2月26日15 UTC）

图6.11a，图6.11b分别是1996年2月26日03 UTC和15 UTC的GMS-5红外卫星云图，从图6.11a可以看到有两个云系，云系"A"是一个水平尺度为几百千米的气旋，位于125°E，45°N附近。另一个云系"B"是一个水平尺度为几千千米的天气尺度气旋，从东海横跨朝鲜半岛到日本海，这两个云系都朝东南方向移动。12小时后（2月26日15 UTC），气旋"A"移到长白山附近，同时气旋"B"移到日本列岛附近。Ninomiya（1989）曾经描述过类似的天气形势，他指出，当天气尺度低压通过日本海的西岸时，日本海极地低压往往形成于主要天气尺度低压的西北方向500 km~1000 km处。

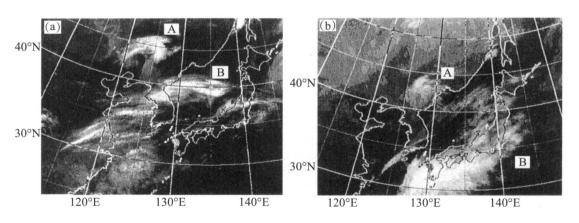

（a）03 UTC，（b）15 UTC（其中气旋"A"是一个将要发展的极地低压，气旋"B"是一个天气尺度气旋）

图6.11 1996年2月26日的GMS-5红外卫星云图（引自Fu，2001）

（二）发展阶段（1996年2月26日16 UTC~1996年2月26日21 UTC）

1996年2月26日16 UTC的GMS-5红外卫星云图显示"逗号状"云系即将形成。2小时后（2月26日18 UTC），卫星云图显示，一个带有小尾巴的"逗号状"云系在长白山地

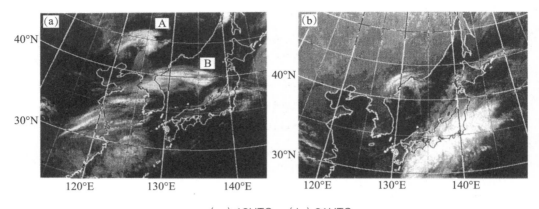

（a）18UTC，（b）21UTC

图6.12　发展阶段的极地低压，1996年2月26日的GMS-5红外卫星云图（引自Fu，2001）

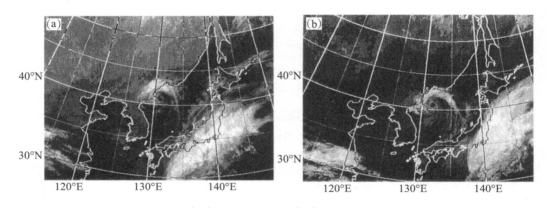

（a）26日22UTC，（b）27日02UTC

图6.13　成熟阶段的极地低压，1996年2月的GMS-5红外卫星云图（引自Fu，2001）

区形成（图6.12a）。随着时间的推移，云团形状逐渐由逗号状变成螺旋状，到了26日21 UTC（图6.12b），云团表现为非常有序的螺旋形状。

（三）成熟阶段（1996年2月26日22 UTC~1996年2月27日05 UTC）

2月26日22 UTC的GMS-5红外卫星云图显示，一个紧密的、有"眼"的螺旋状云系已经在日本海西岸形成（图6.13a），虽然当时的"眼"是模糊的，但在"眼"的东北侧可以看到一尾状云带。1小时后（26日23UTC），螺旋云系发展成为一个清晰的"眼"状结构。3小时后（27日02 UTC），从卫星云图来看此时低压似乎达到最成熟阶段，因为螺旋状云系最紧密、中心"眼"状结构看起来最圆滑（图6.13b）。这个清晰的"眼"状结构一直维持到1996年2月27日05UTC，之后逐渐消失。这样一个组织严密的、有明显的"眼"状结构和螺旋状云团的日本海极地低压以前研究得比较少。

（四）衰亡阶段（1996年2月27日06 UTC~1996年2月27日16 UTC）

从GMS-5红外卫星云图上看，1996年2月27日06 UTC极地低压趋于消散（图

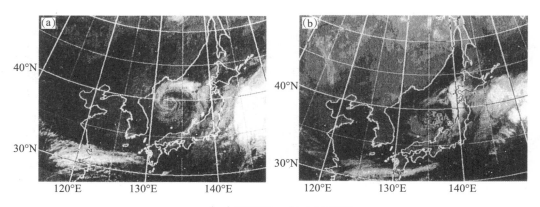

（a）06UTC，（b）11UTC

图6.14　衰亡阶段的极地低压，1996年2月27日的GMS-5红外卫星云图（引自Fu，2001）

6.14a），"眼"状结构趋于消失，云团也开始失去其紧密的螺旋状结构。1996年2月27日
11 UTC，螺旋状云系开始衰亡（图6.14b），1996年2月27日16 UTC，组织紧密的云系彻底消失。

三、极地低压的空间结构

（一）大尺度环境条件

虽然卫星云图可用于估算极地低压的生命周期，但仅仅依靠卫星云图很难刻画极地低压发展的大尺度环境条件或判断极地低压的强度，因此必须利用JANAL资料来分析大尺度环境条件和极地低压的结构。

图6.15a~图6.15d分别为1996年2月26日00 UTC的1000 hPa，850 hPa，700hPa和500 hPa的位势高度场和气温场，从图中可以看出，在对流层低层（1000 hPa~700 hPa，最明显的是在850 hPa）在36° N~42° N，115° E~125° E之间有很强的斜压区，几位学者（Shapiro等，1987；Reed和Duncan，1987；Ninomiya，1989）描述了这些有利于极地低压形成的大尺度条件。12小时后（1996年2月26日12 UTC），该斜压区在对流层低层仍然很强（图6.16），但从长白山地区移到朝鲜半岛。另外根据以前的卫星云图分析知道，气旋"A"在这一时期处于初始阶段，它将在未来发展。

为了分析极地低压发展的大尺度环境条件，分别计算了2月26日12 UTC在700 hPa和500 hPa等压面上的相对涡度平流$-\vec{V} \cdot \nabla \zeta$（图6.17a，图6.17b）。分析表明，输送到长白山地区的正相对涡度平流最大值达到2.0×10^{-8} s^{-2}，所有这些因素都为极地低压的快速发展提供了有利条件。

（二）水平结构

该极地低压在1996年2月26日22 UTC到27日05UTC期间达到成熟阶段，可利用1996年2月27日00 UTC的JANAL资料。1996年2月27日00 UTC的海表面天气图（图

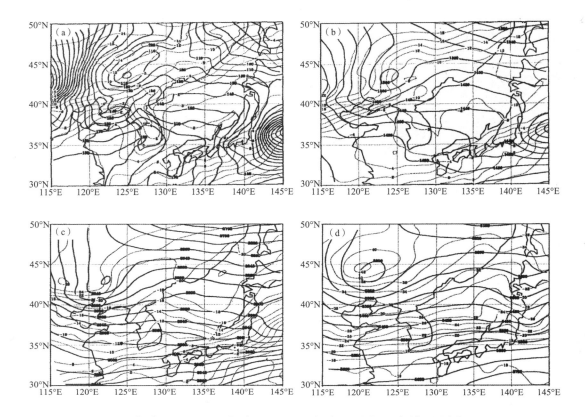

（a）1000 hPa，（b）850 hPa，（c）700 hPa，（d）500 hPa

图 6.15　1996年2月26日00 UTC的位势高度场（实线，单位：m）和温度场（虚线，单位：℃）

（改绘自Fu，2001）

6.18a）表明，该低压的中心大约位于41° N, 132° E附近，中心气压约为1006.5 hPa。从低压中心向西方向的气压梯度比较剧烈，在大约400 km的范围内平均气压变化约为14.0 hPa，与20 m/s的最大表面风速相对应。非常有趣的是，低压中心附近的风速很小。与同时刻的卫星云图比较会发现，小风速区域实际是极地低压的"眼"区。做一条穿过"眼"区的直线AB用于后面的垂直剖面分析。

图6.18b是1996年2月27日00 UTC的850 hPa位势高度场和温度场，可以看到，1330 m等高线的中心与海表面低压中心相吻合。同时与低压中心相对应的阴影区表示该极地低压的相对涡度大于1.0×10^{-4} s^{-1}，最大值可达2.5×10^{-4} s^{-1}。

等熵面位涡（Isentropic Potential Vorticity，简称IPV）是一个重要的物理量，为研究气旋生成提供了很好的动力学和热力学框架（Hoskins等，1985）。Ertel位涡可以写成：

$$PV = \rho^{-1} \vec{\Omega} \cdot \nabla \theta \qquad (6.1)$$

式中，ρ是空气密度，θ是位温，$\vec{\Omega}$是绝对涡度。当使用静力学近似并忽略位温梯度的水平项时，位涡可写成：

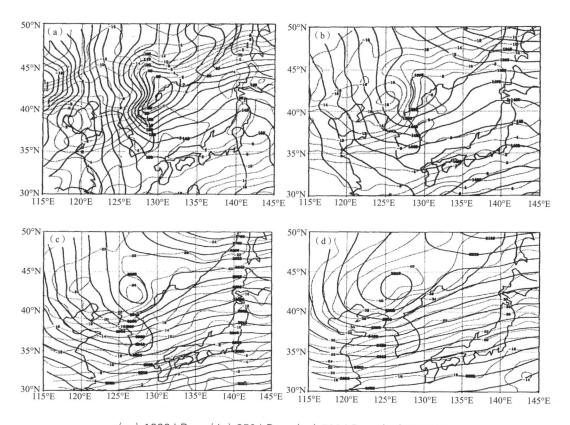

（a）1000 hPa，（b）850 hPa，（c）700 hPa，（d）500 hPa

图6.16 1996年2月26日12 UTC的位势高度场（实线，单位：m）和温度场（虚线，单位：℃）

（改绘自Fu，2001）

$$
\begin{aligned}
\text{PV} &= \rho^{-1}(f+\zeta)(\partial\theta/\partial z) \\
&= \rho^{-1}(f+\zeta)(\partial\theta/\partial p)\cdot(\partial p/\partial z) \\
&= \rho^{-1}(f+\zeta)(\partial\theta/\partial p)\cdot(-\rho g) \\
&= -g(f+\zeta)(\partial\theta/\partial p)
\end{aligned}
\tag{6.2}
$$

式中，f是科氏参数，$\zeta=\partial v/\partial x-\partial u/\partial y$是相对涡度。

在等熵坐标系下IPV可以写成：

$$
\text{IPV}=-g(f+\zeta_\theta)\frac{\partial\theta}{\partial p}
\tag{6.3}
$$

$\zeta_\theta=(\partial v/\partial x-\partial u/\partial y)_\theta$是等熵面上的相对涡度。IPV在等熵面上守恒，其单位是PVU（1 PVU=10^{-6} kPa^{-1}·m·s^{-3}）。

Mailhot等（1996）用IPV来分析极地低压的形成，可用两个气压层之间的差分代替微分来计算等熵面位涡IPV的近似值，

$$
\text{IPV}=-g(\bar{\zeta_\theta}+f)\frac{\Delta\theta}{\Delta P}
\tag{6.4}
$$

在实际计算时，$\bar{\zeta_\theta}$是400 hPa～500 hPa之间的平均相对涡度，f是科氏参数，$\Delta\theta$和ΔP

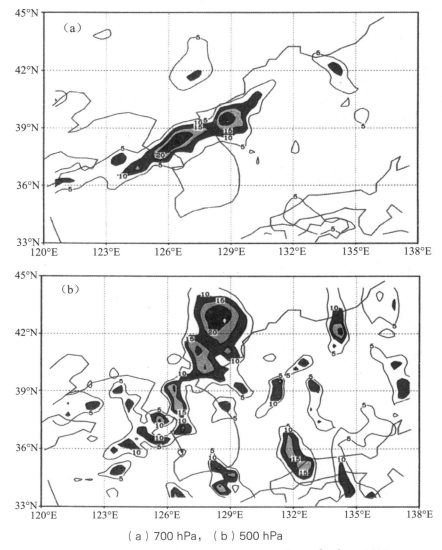

（a）700 hPa，（b）500 hPa

图 6.17　1996年2月26日12UTC的相对涡度平流场（等值线，单位：$10^{-9}\,s^{-2}$）（改绘自Fu，2001）

分别是两层之间的位温差和气压差。

　　图6.19a为1996年2月27日00 UTC在400 hPa～500 hPa之间的IPV分布图，可以看到一个IPV高值区位于所研究区域的上空，最大值约为4.0 PVU。图6.19b为850 hPa～925 hPa之间的位势高度厚度场分布，该物理量与两层之间的平均温度有关，厚度场表明有一个清晰的"暖舌"（tongue of warm air）卷入到所研究的区域中去。

　　（三）垂直结构

　　该极地低压的垂直结构可以通过沿图6.18a所示的线AB做垂直剖面分析得到。图6.20a显示通过该极地低压中心的位温和相对涡度分布情况，可以清楚地看到在800 hPa以下的低层有明显的斜压区，且在极地低压中心附近从低层到高空都伴有正的相对涡

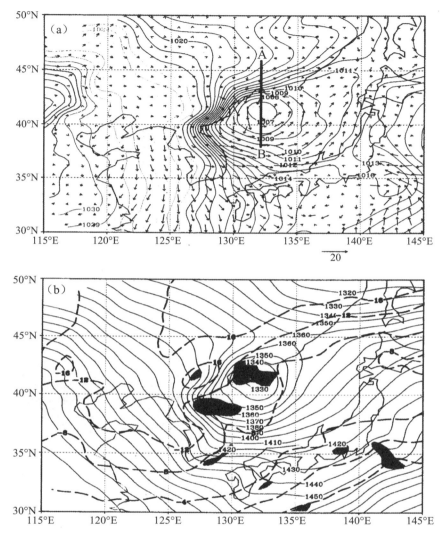

（a）海表面气压场，直线AB是用于后面的垂直剖面分析，（b）850 hPa，实线为位势高度
（单位：m），虚线为气温（单位：℃），阴影区域表示正相对涡度大于$1.0 \times 10^{-4}\,\mathrm{s}^{-1}$

图6.18　1996年2月27日00 UTC的分析场（改绘自Fu，2001）

度。相当位温θ_e的垂直剖面分析（图6.20b）表明，有一个浅的不稳定层（$\partial \theta_e / \partial p > 0$）
位于极地低压的上空。

（四）"暖心"结构

许多学者（Forsythe，1996；Businger和Baik，1991；Douglas等，1991；Shapiro等，
1987；Rasmussen，1985）指出，很多极地低压具有暖中心，即"暖心"结构。

图6.21a，图6.21b展示该极地低压在1996年2月27日00 UTC的"暖心"结构，在
925 hPa（图 6.21a）上，可以看到该极地低压具有弱的，但很清晰的"暖心"结构，"暖
心"区的温度并不比其周围的温度高很多。可以从垂直剖面分析图（图6.21b）上看到"暖

171

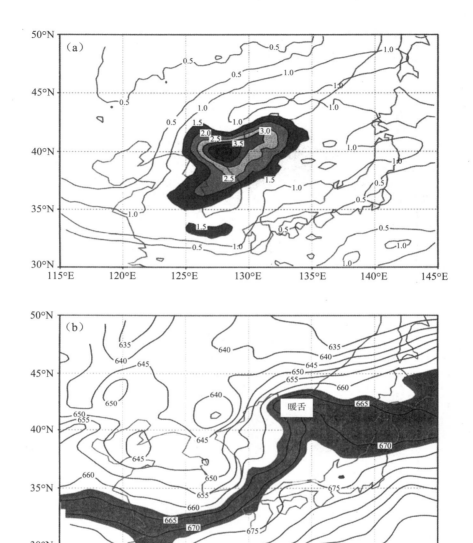

（a）400 hPa～500 hPa之间的IPV分布（单位：PVU），（b）850 hPa～925 hPa之间的位势
高度厚度场分布，阴影区域代表暖舌

图6.19　1996年2月27日00 UTC的分析场（改绘自Fu，2001）

心"结构，"暖心"结构在低层大气（1000 hPa～900 hPa）很明显。从900 hPa到800 hPa，
"暖心"结构逐渐模糊，800 hPa以上几乎看不出。分析表明，该极地低压的"暖心"结
构是弱的、浅薄的。

　　12小时后（1996年2月27日12 UTC），在低层温度场上无法看到"暖心"结构。由于
JANAL资料的时间间隔为12小时，这一时间间隔太粗无法刻画极地低压的演变过程，
只能寄希望于更高时空分辨率的资料或数值模拟结果来帮助了解极地低压的"暖心"
结构。

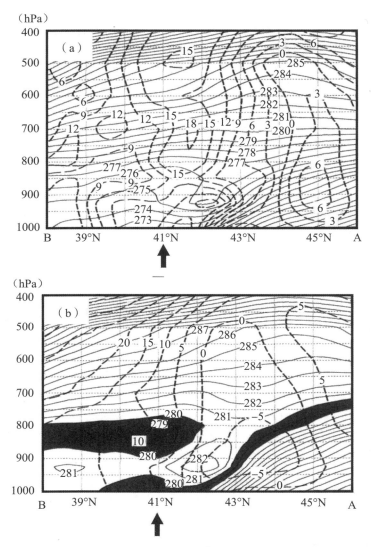

（a）位温（实线，单位：K）和相对涡度（虚线，单位：10^{-5} s^{-1}），（b）相当位温（实线，单位：K）和东西向风速（虚线，单位：m/s）

图6.20　1996年2月27日00 UTC沿AB线过极地低压中心的垂直剖面分析图,箭头代表极地低压中心

（改绘自Fu，2001）

（五）下垫面海温场影响

为了更好地分析该极地低压发展的大尺度环境条件,图6.22a,图6.22b分别给出了1996年2月27日00 UTC日本海的SST分布和海气温差场分布。分析表明,日本海的SST很高,特别是在其西南部,由于"对马暖流"的影响SST为10℃~12℃,海气温差有3℃~5℃的量级,日本海西南部有6℃~7℃的量级。由于感热通量与海气温差成正比,SST的这种分布表明有大量感热通量从海洋输送到大气。

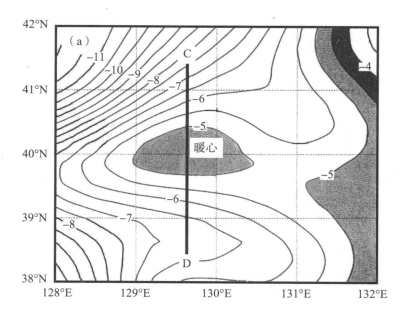

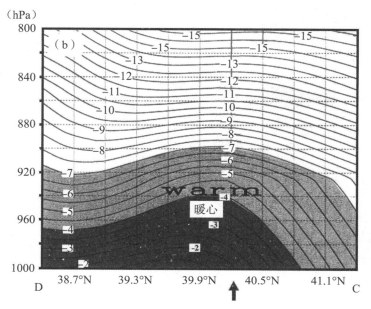

（a）925 hPa 的水平结构，CD线表示垂直剖面图的位置，（b）沿CD线的垂直剖面分析图，箭头代表极地低压中心

图 6.21　1996年2月27日00 UTC极地低压的"暖心"结构（改绘自Fu，2001）

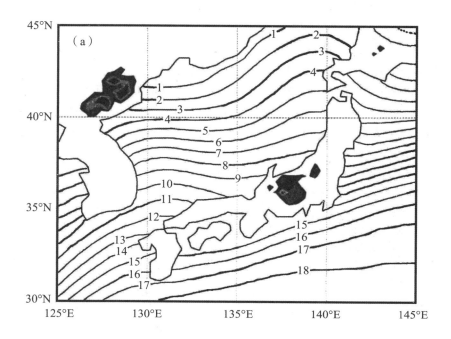

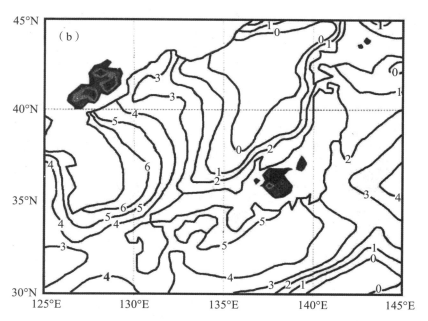

（a）日本海的SST分布（单位：℃），（b）日本海的海气温差分布（单位：℃）

图6.22 1996年2月27日00 UTC（改绘自Fu，2001）

（六）长白山大地形的影响

图6.23a, 图6.23b分别显示极地低压海表面中心移动路径和500 hPa中心移动路径。两图都表明大约在1996年2月26日12UTC极地低压中心经过长白山, 由于该山的海拔高度超过3000 m, 当极地低压经过长白山时, 这么高的大地形不可避免地对其产生影响。然而由于受JANAL资料时间间隔为12小时的限制, 无法分析出具体的影响程度, 只能寄希望于依靠数值模拟结果来帮助了解长白山大地形对该极地低压的影响。

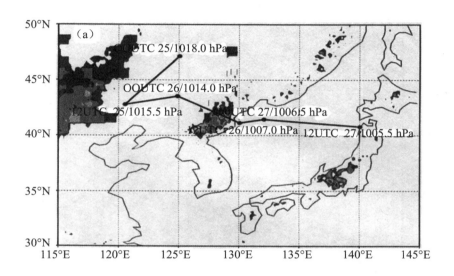

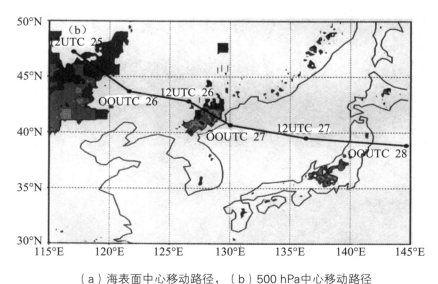

（a）海表面中心移动路径，（b）500 hPa中心移动路径

图6.23　1996年2月不同高度上极地低压中心的移动路径图（改绘自Fu, 2001）

四、总结

利用GMS-5卫星资料和JANAL资料分析了1996年2月26日发生在日本海的一个极地低压个例的演变过程、时空结构和大尺度环境条件。该极地低压可划分为四个阶段：① 初始阶段（1996年2月26日03 UTC～1996年2月26日15 UTC）；② 发展阶段（1996年2月26日16 UTC～1996年2月26日21 UTC）；③ 成熟阶段（1996年2月26日22UTC～1996年2月27日05 UTC）；④ 消亡阶段（1996年2月27日06 UTC～1996年2月27日16 UTC）。在初始阶段，低层大尺度环境场具有很强的斜压区。在成熟阶段，水平结构显示一个IPV高异常区位于低层极地低压的上空，垂直结构显示极地低压中心的上空有一个浅的不稳定层。还发现该极地低压具有弱的、浅的"暖心"结构，日本海海气温差具有3℃～7℃的量级。初步分析表明当极地低压经过长白山时，该山区的大地形对其发展有影响。

参考文献

1. Asai T, Miura Y. An analytical study of meso-scale vortex-like disturbances observed around Wakasa Bay area [J]. Journal of the Meteorological Society of Japan, 1981, 59: 832–843.

2. Asai T. Meso-scale features of heavy snowfalls in Japan Sea coastal regions of Japan [J]. Tenki, 1988, 35: 156–161 (in Japanese).

3. Businger S, Reed R J. Cyclogenesis in polar air masses [J]. Weather and Forecasting, 1989, 4: 133–156.

4. Businger S, Baik J J. An arctic hurricane over the Bering Sea [J]. Monthly Weather Review, 1991, 119: 2293–2322.

5. Carleton A M. Satellite remote sensing in climatology [M]. London: Belhaven Press, 1991: 291.

6. Douglas M W, Fedor L S, Shapiro M A. Polar low structure over the Northern Gulf of Alaska based on research aircraft observation [J]. Monthly Weather Review, 1991, 119: 32–54.

7. Duncan C N. A numerical investigation of polar lows [J]. Quarterly Journal of the Royal Meteorological Society, 1977, 103: 255–267.

8. Emanuel K A. An air-sea interaction theory for tropical cyclones. Part Ⅰ: Steady-state maintenance [J]. Journal of the Atmospheric Sciences, 1986, 43: 585–604.

9. Forsythe J M. A warm core in a polar low observed with a satellite microwave sounding unit [J]. Tellus, 1996, 48A: 193–208.

10. Fu G. An observational and numerical study on polar lows over the Japan Sea [D]. Tokyo: University of Tokyo, 1999: 109.

11. Fu G. Polar Lows: Intense Cyclones in Winter [M]. Beijing: China Meteorological Press, 2001: 218.

12. Fu G, Niino H, Kimura R, et al. A polar low over the Japan Sea on 21 January 1997. Part I: Observational analysis [J]. Monthly Weather Review, 2004, 132: 1537–1551.

13. Fujimori J, member of Technical Section, Akita Local Meteorological Observatory. Gust over the northern coastal area of Akita Prefecture [J]. Technical Note of Sendai District Meteorological Observatory, 1987, 4: 312–326 (in Japanese).

14. Gray S L, Craig G C. A simple theoretical model for the intensification of tropical cyclones and polar lows [J]. Quarterly Journal of the Royal Meteorological Society, 1998, 124: 919–947.

15. Grønås S, Foss A, Lystad M. Numerical simulations of polar lows in the Norwegian Sea [J]. Tellus, 1987, 39A: 334–353.

16. Harley D G. Frontal contour analysis of a "polar low" [J]. Meteorological Magazine, 1960, 89: 146–147.

17. Heinemann G, Claud C. Report of a workshop on "theoretical and observational studies of polar lows" of the European geophysical society polar lows working group [J]. Bulletin of the American Meteorological Society, 1997, 78: 2643–2658.

18. Hoskins B J, McIntyre M E, Robertson A W. On the use and significance of potential vorticity maps [J]. Quarterly Journal of the Royal Meteorological Society, 1985, 111: 877–946.

19. Kuroda Y. The convergent cloud band and the shipwreck in the Japan Sea [J]. Sea and Sky, 1992, 67 (special issue): 261–279 (in Japanese).

20. Lee T Y, Park Y Y. A numerical modeling study of mesoscale cyclongenesis to the east of the Korean Peninsula [J]. Monthly Weather Review, 1998, 126: 2305–2329.

21. Mailhot J, Hanley D, Bilodeau B, Hertzman O. A numerical case study of a polar low in the Labrador Sea [J]. Tellus, 1996, 48A: 383–402.

22. Mansfield D A. Polar lows: the development of baroclinic disturbance in cold air outbreaks [J]. Quarterly Journal of the Royal Meteorological Society, 1974, 100: 541–554.

23. Miyazawa S. On vortical mesoscale disturbances observed during the period of heavy snow or rain in the Hokuriku district [J]. Journal of the Meteorological Society of Japan, 1967, 45: 166–176.

24. Moore G W K, Reader M C, York J, et al. Polar lows in the Labrador Sea, a case study [J]. Tellus, 1996, 48A: 17–40.

25. Motoki T. A small cyclonic echo pattern formed in the Ishikari Plain [J].

Tenki, 1974, 21: 245–250 (in Japanese).

26. Nagata S. Meso-β-scale vortices developing along the Japan-Sea polar-airmass Convergence Zone (JPCZ) cloud band: numerical simulation [J]. Journal of the Meteorological Society of Japan, 1993, 71: 43–57.

27. Ninomiya K. Polar/comma-cloud lows over the Japan Sea and the northwestern Pacific in winter [J]. Journal of the Meteorological Society of Japan, 1989, 67: 83–97.

28. Ninomiya K, Hoshino K, Kurihara K. Evolution process and multi-scale structure of a polar low developed over the Japan Sea on 11–12 December, 1985. Part I: Evolution process and meso-α-scale structure [J]. Journal of the Meteorological Society of Japan, 1990a, 68: 293–306.

29. Ninomiya K, Hoshino K. Evolution process and multi-scale structure of a polar low developed over the Japan Sea on 11–12 December, 1985. Part II: Meso-β-scale low in meso-α-scale polar low [J]. Journal of the Meteorological Society of Japan, 1990b, 68: 307–318.

30. Ninomiya K. Polar low development over the east coast of the Asian Continent on 9–11 December 1985 [J]. Journal of the Meteorological Society of Japan, 1991, 69: 669–685.

31. Ninomiya K, Wakahara K, Ohkubo H. Meso-α-scale low development over the northeastern Japan Sea under the influence of a parent large-scale low and a cold vortex aloft [J]. Journal of the Meteorological Society of Japan, 1993, 71: 73–91.

32. Ninomiya K. A meso-scale low family formed over the northeastern Japan Sea in the northwestern part a parent polar low [J]. Journal of the Meteorological Society of Japan, 1994, 72: 589–603.

33. Nordeng T E. A model-based diagnostic study of the development and maintenance mechanism of two polar lows [J]. Tellus, 1990, 42A: 92–108.

34. Nordeng T E, Rasmussen E. A most beautiful polar low. A case study of a polar low development in the Bear Island region [J]. Tellus, 1992, 44A: 81–99.

35. Nyuda H, Fukatsu H, Eguchi H. Analysis of vertical radar echo [J]. Tenki, 1976, 23: 255–266 (in Japanese).

36. Rasmussen E. The polar low as an extratropical CISK-disturbance [J]. Quarterly Journal of the Royal Meteorological Society, 1979, 105: 531–549.

37. Rasmussen E. A polar low development over the Barents Sea [J]. Tellus, 1985, 37A: 407–418.

38. Rasmussen E, Lystad M. The Norwegian Polar Lows Project: A summary of the international conference on polar lows, 20–23 May 1986, Oslo, Norway [J]. Bulletin of the American Meteorological Society, 1987, 68: 801–816.

39. Reed R J. Cyclogenesis in polar air streams [J]. Monthly Weather Review, 1979, 107: 38–52.

40. Reed R J, Duncan C N. Baroclinic instability as a mechanism for the serial development of polar lows: a case study [J]. Tellus, 1987, 39A: 376–384.

41. Reader M C, Moore G W K. Stratosphere-troposphere interactions associated with a case of explosive cyclogenesis in the Labrador Sea [J]. Tellus, 1995, 47A: 849–863.

42. Sardie J M, Warner T T. A numerical study of the development mechanisms of polar lows [J]. Tellus, 1985, 37A: 460–477.

43. Shapiro M A, Fedor L S, Hampel T. Research aircraft measurements of a polar low over the Norwegian Sea [J]. Tellus, 1987, 39A: 272–306.

44. Tsuboki K, Wakahama G. Mesoscale cyclongenesis in winter monsoon air streams: quasi-geostrophic baroclinic instability as a mechanism of the cyclogenesis off the west coast of Hokkaido Island, Japan [J]. Journal of the Meteorological Society of Japan, 1992, 70: 77–93.

45. Wakahara K. Review on small-scale low over the west coast of Hokkaido [J]. Technical Note, Sapporo District Meteorological Observatory. 1989, 38 (special issue): 1–12 (in Japanese).

思考题

1. 极地低压的定义是什么?
2. 世界大洋上哪些海域会发生极地低压? 日本海与这些海域比较有什么特点?
3. 在卫星云图上极地低压有什么特征?
4. 极地低压的 "暖心" 结构有什么特点? 可能是什么原因造成的?
5. 哪些理论可用来解释极地低压的发展机制?
6. 从中高层IPV场来看极地低压有什么特征?

气象风云人物之八

赫崇本（Chongben He, 1908年9月30日~1985年7月14日），男，满族，辽宁凤城人，教授。九三学社社员，1956年加入中国共产党。1932年毕业于清华大学物理系。曾在清华大学、西南联合大学任教。1948年获美国加利福尼亚理工学院哲学博士学位。新中国成立后，历任山东大学教授、海洋学系主任，山东海洋学院教授、教务长、副院长，国务院学位委员会第一届学科评议组成员，中国海洋湖沼

著名海洋学家、教育家赫崇本先生生前照片

学会第一至第四届副理事长，《中国大百科全书·海洋科学卷》副主编。是中共十二大代表、第三届全国人大代表。是中国物理海洋学奠基人之一。

一、绚烂人生

赫崇本，满族，本姓赫舍里，又名赫培之，辽宁凤城人，我国著名的海洋学家、教育家。1956年4月加入中国共产党。1928年考入清华大学物理系，1932年7月毕业后曾在河北工学院、山东烟台益文中学、南开中学、清华大学和昆明西南联合大学等校任教讲授物理。

1943年11月，他赴美国加州理工学院气象系攻读博士学位，1947年7月获加州理工学院哲学博士学位，后转入加州大学斯克里普斯海洋研究所研究物理海洋学，从事海洋与波浪研究。其时中国政局急剧变化，他深恐美国政府采取敌视新中国的政策，阻挠中国留学生回国，便于1949年初毅然放弃学业回国，为新中国的发展贡献力量。

回国后，他被山东大学聘为教授、系主任。不久，中华人民共和国成立，他全身心投入发展我国的海洋事业的教学中，开设了《海洋学通论》。为尽快地培养中国自己的

海洋科学工作者,他动员9名同学在临毕业前一年攻读其他海洋专业课,他为此专门增开了潮汐学、动力气象学等课程。一位教授在一年中同时开四门"硬课",他的忘我工作精神,令人们敬佩不已。

1950年1月,他与童第周、朱树屏等人发起成立中国海洋湖沼学会,并一直担任学会领导工作。他还在中国科学院水生生物研究所青岛海洋生物研究室兼任研究员,并任物理研究分组的负责人。1952年院系调整,山东大学成立海洋系,他担任系主任。他参加了中国第一个科学发展长远规划的制定工作,以及1958年~1960年全国首次海洋综合调查的领导工作,他曾任国家科委海洋组副组长,并同曾呈奎等科学家联名建议国务院成立国家海洋局。他对中国海洋观测台站的设置、标准观测断面的选择、海洋仪器的研制和开发等都曾提出过不少富有远见的建议和意见。

1959年,山东大学从青岛迁往济南,留下海洋系等组建海洋学院,他参加山东海洋学院的筹建工作,先后任教务长、副院长、院学术委员会主任、物理海洋研究所所长等职,为建设全面培养海洋人才的教育基地,他付出了极大的精力。他是国务院学位委员会理学评议组成员。曾任《中国科学》编委、《中国大百科全书·海洋学卷》副主编、《中国海洋湖沼学会理论丛书》第一副主编,中国海洋湖沼学会第一届、第二届、第三届副理事长,中国科学院海洋研究所学术委员会委员、南海海洋研究所学术顾问。1959年,他作为中国代表参加中、苏、朝、越四国渔业会议。他主持了《海洋学基础理论丛书》《中国大百科全书·海洋学卷》《辞海(海洋条目)》《海洋学辞典》《海洋与湖沼学报》的编审工作。他在物理海洋学特别是在中国近海水文特征的变化、水团分析和浅海海洋调查等方面都有深入的研究。他主持编写过《海洋学》《潮汐学》《动力气象学》等多种教材,发表过《黄海冷水团的形成及其性质的初步探讨》《关于浅海海洋调查与分析的几点意见》《关于海洋水文气象调查精度问题》《海洋调查的一些基本问题》《十年来的中国科学·综合调查(1949~1959)"海洋调查"》《浅海水文调查的一些问题》《全国海洋调查综合报告——水团分册》《对发展中国海洋科学的几点意见》等文章。1985年7月14日他病逝于青岛。

他十分重视师资队伍的建设,他一方面设法在全国范围内罗致人才,一方面注意培养本校毕业的中青年教师。他重科研道德在海洋学界有口皆碑,他时常花大量精力帮他人修改论文,但从不挂自己的名字。他重视理论基础,也重视实践能力。他力主建造一艘用于教学实习的远洋综合调查船,经多方努力,终于1964年使学校填补了这方面空白。

作为国家高层次专家,他的学术思考没有仅限于校内,而是经常思考新中国的海洋科学的前途,对制定我国海洋科学发展规划煞费苦心。1956年,他担任国家科学规划委员会气象海洋组副组长。1958年他又担任全国海洋综合调查领导小组副组长。他积极为发展我国海洋科学献计献策,许多重要建议被国家决策机构采纳,如1964年国务院增设国家海洋局,便是根据他与20多位专家向中央建议的精神,由中央采纳决定的。他还任国务院学位委员会委员、《中国大百科全书》海洋科学编委会副主任等职。

他主编的《中国近海水系》为重要海洋科学文献。

赫崇本先生逝世后，学校师生自愿集资为他在青岛市鱼山路5号中国海洋大学院内树立半身石雕像，誉之为我国海洋科学主要奠基人之一，他是无愧于此殊荣的。

二、丰富经历

1908年9月30日出生于辽宁省凤城县西杨木村。

1932年毕业于清华大学物理系。

1932年~1935年分别任又河北工学院、烟台益文中学、天津南开中学物理教师。

1936年~1937年在清华大学物理系任教，鉴于抗日战争，随校迁移。在由北京大学、清华大学和南开大学3校联合组成的长沙临时大学物理系任教。

1938年~1940年在昆明西南联合大学物理系任讲师。

1940年~1943年在清华大学金属研究所任讲师。

1944年~1947年在美国加州理工学院攻读气象学。

1947年获加州理工学院哲学博士学位。

1947年~1949年在美国斯克里普斯海洋研究所研究海洋学。

1949年~1951年在山东大学物理系和植物系任海洋学与气象学教授。

1950年任中国科学院水生生物研究所青岛海洋生物研究室（中国科学院海洋研究所前身）研究员兼物理组组长。

1951年任山东大学海洋研究所副所长。

1952年~1959年任山东大学海洋水文与海洋气象系教授兼系主任。

1953年参加九三学社，任青岛市委副主任委员，后任九三学社中央委员会顾问。

1956年4月加入中国共产党。

1956年任国家科委气象海洋组副组长。1959年中、苏、朝、越太平洋西部渔业委员会中方海洋学专家。

1960年任山东海洋学院教务长、院学术委员会主任。

1964年当选为第三届全国人大代表，任国家海洋局顾问。

1979年任山东海洋学院副院长、中国海洋湖沼学会副理事长、中国大百科全书《海洋科学》卷副主编。

1979年任首届国务院学位委员会理科评议组成员。

1980年任中国科学院海洋研究所学术委员会委员，中国科学院南海海洋研究所学术委员会顾问。

1982年任山东海洋学院海洋研究所所长。

1982年当选为中共十二大代表。

1984年任山东海洋学院河口海岸带研究所名誉所长。

1985年7月14日在青岛病逝，享年77岁。

三、献身中国海洋教育事业

在昆明西南联合大学任教期间,他受著名物理学家吴有训赏识与推荐,1943年赴美留学,攻读气象学。1947年以《利用统计方法分析北美大气形成》论文获加州理工学院哲学博士学位。

当时,世界上最权威的物理海洋学家是挪威的海洋学家、气象学家H.U.斯韦尔德鲁普(H.U.Sverdrup),也是现代海洋科学的奠基人,对赫崇本有很深的影响。赫崇本认为,作为气象学家,要深刻地揭示气象规律,应从全球系统考虑,占地球表面积约71%的海洋是极为重要的部分,研究气象学必须扩展到海洋领域。赫崇本的这一想法得到著名地球物理学家、气象学家赵九章和著名海洋生物学家曾呈奎的支持,于是他又回美国加利福尼亚大学斯克里普斯海洋研究所师从斯韦尔德鲁普,并与美国年轻的海洋学家蒙克(W.H.Munk)一起从事海洋与波浪研究。

赫崇本是一位科学家,更是一位爱国者。鉴于1948年中国解放战争已接近全面胜利,美国已加紧对留美中国学者归国的控制。赫崇本没有忘记师友的重托,为了尽早实现报效祖国的愿望,毅然放弃了在美国工作的机会,接受山东大学海洋研究所和曾呈奎的邀请,于1949年春回国。

促使赫崇本后半生决心投身于海洋研究的另一个动机,则是他长久的一个想法:他是在祖国处于国难深重的时候出国的,中华民族正在与日本侵略者进行殊死的拼搏,人民正处于水深火热之中。他是由海路出国的,亲眼看见日本侵略者在海上的横行霸道,深知若中国不开展海洋科学研究,就没有海防可言,我们的民族就要受欺侮。

四、创办山东大学海洋系

回国初期,由于种种条件的限制,开展海洋研究十分困难。赫崇本没有任何抱怨,坚信中国必须开展海洋科学研究。他意识到,中国要开展海洋研究,必须要培养一批具有较高素质的海洋科技人才,只有这样,中国的海洋事业才有希望。于是,赫崇本将从事海洋研究的巨大激情转化为坚定地为祖国培养、储备海洋科技人才。在山东大学海洋研究所内,赫崇本一面埋头海洋研究,一面积极筹建物理海洋专业和海洋系。1952年中国院系调整,于是山东大学海洋研究所与厦门大学海洋系合并,成立了山东大学海洋系,赫崇本担任系主任,从此开始成批地培养高级海洋科技人才。

赫崇本筹办海洋系的主张是,一要办出特色,二要配备较强的师资。所谓办出特色,就是首先要筹办物理海洋专业,因为在海洋研究中,人们十分关心的是人类和生物赖以生存和生活的物理环境。其次,赫崇本坚持再办一个海洋气象专业,他指出要真正学懂海洋,还必须要有海洋之外的许多学科来配合,气象学是极为重要的姊妹学科,这两门学科应相互渗透,相得益彰。这两个专业分别于1952年与1957年创办。为了使这两个专业都能办出特色,赫崇本以自己多专业融于一身的渊博知识兼任了跨专业的物理海洋学与动力气象学教授。在师资阵容上,他聘请了原厦门大学海洋系系主任唐世凤教授、中国科学院海洋研究所的毛汉礼研究员（兼）、商调哈尔滨军事工程学院的青年教授文圣常、青岛观象台台长王彬华教授和四川大学牛振义教授等，从而使教学质量大大提高。迄今为止，由山东海洋学院发展而来的中国海洋大学的物理海洋学科已被确定为国家重点学科，具有学士、硕士、博士学位授予权，成为博士后流动站。应该说，这是赫崇本在海洋教育事业上的一大功绩。

赫崇本作为物理海洋学家，首先开创并推进了中国对海洋学基本问题之一"水团"的研究。他首次对黄海冷水团的形成、性质、范围及季节变化等问题进行了系统而全面的分析，严谨地论证了大气圈和水圈的相互制约关系。这种大范围考虑的分析方法，不仅适用于黄海冷水团的分析，对中国整个浅海水域的"水团"研究，同样具有普遍的指导意义。赫崇本主编的《中国近海水系》是中国海洋界一部重要的经典文献。该书对划分复杂的浅海水团提出了一些创造性的原则，并首次全面地论述了渤海、黄海、东海和南海近海区的水团分布、形成机制和季节变化。

在赫崇本的开创和推动下，中国的海洋界在水团研究上已形成了中国特色。把多元统计与模糊数学方法引入水团的划分、分析及预报，取得显著成效。针对浅海水团的特点，在分析水团变性与消长规律方面，做了深入研究。并密切结合渔业生产实际，在探索水团和渔场、鱼汛关系方面，取得了明显效益，形成了独特的研究体系。

赫崇本在学术上的另一重要功绩是，为了确保中国第一次大规模的海洋综合调查资料的可靠性和权威性，对浅海水文调查方法等有关问题进行了深入研究，系统地论证了逐日变化、周日变化和临时变化对浅海水文状况的影响及其产生的原因，指出在浅海海洋调查中要充分考虑水文要素变异等的基本问题与海洋调查特点，他为中国广阔海域的海洋调查奠定了基础。

在大学创办海洋研究所，为国家设置一批新兴的海洋学科。赫崇本在青年时代曾在清华大学金属研究所从事冶金研究工作。在美国期间，曾在加利福尼亚大学斯克里普斯海洋研究所从事海洋研究。深知大学要办出特色，要办出水平，必须要创办研究所。赫崇本回国后，在山东大学海洋研究所从事研究工作，并任副所长。1959年在山东大学以海洋系和水产系为基础扩建成以海洋为特色的山东海洋学院，下设海洋研究所，他任所长。为突出特色，将海洋研究所改名为物理海洋研究所，后担任顾问和名誉所长。鉴于社会急需，又创设河口海岸带研究所。在赫崇本的支持下，海洋环境保护研究中心、海洋遥感与海洋光学信息处理研究室、海洋物理化学及海水防腐研究室、海洋激光研究室、海岸工程研究室、水产养殖研究所等海洋研究机构相继成立。这些具有中国特色的海洋学科的诞生与发展，使中国的海洋科学与国外不断地保持着交流与联系，促进了中国海洋科学快速发展。

赫崇本也十分重视大学创办学术刊物及出版系列专著，除长期担任《山东海洋学院学报》主编外，还担任《中国大百科全书》中《海洋科学》卷副主编，兼《海洋物理》分卷主编，《海洋与湖沼》副主编，科学出版社的"海洋湖沼科学理论丛书"副主编，《中国科学》和《科学通报》编委等职。在赫崇本的推动下，出版了一大批物理海洋学和海洋气象学的优秀论文和专著。既推动了科研的发展，又丰富了教学内容，提高了教学质量。

五、贡献社会

赫崇本是原国家科委气象海洋组副组长，他是一位著名的物理海洋学家，在海洋事业的发展中，赫崇本起着重要的决策作用，他多次参加海洋科学长远规划的制定，领导中国海洋综合调查工作。通过山东大学海洋系做的海上调查，掌握了中国近海海洋水文、化学、生物、地质等要素的基本特征和变化规律，为进一步开展中国的海洋研究和海洋开发奠定了基础，从而在中国掀起海洋调查的热潮。为了使有限的财力、人力、物力发挥出最大的效益，赫崇本等24名地学界专家向中央建议，促成了国家海洋局的诞生，有效地统辖了中国的海洋调查工作。

1984年出现了中国海洋研究大协作的面貌——"向阳红10"号调查船到南极洲和南大洋进行考察，使中国的海洋调查走向世界。当年，中国海洋综合调查遍布黄、渤、东、南海，收集了大量宝贵资料，他发挥了重要作用。

为了推动国家海洋事业发展，赫崇本认为中国海洋科学要赶上世界水平，一是要有科学的调查方法；二是要有适合中国海域特点的调查规范；三是要有先进的调查技术与装备。他以超前的意识，对海洋调查方法做了大量研究，发表了《海洋调查的一些基本问题》等论文。他从长期研究中悟出：一种新型的海洋技术、装备、仪器的诞生，不仅可以促使海洋调查效率的提高和资料的更臻精确化，更重要的是，可以对现有海洋理论与学说进行一次新的鉴定和推动，甚至是一次新的挑战。为了加速中国海洋研究手段的发展，使海洋调查技术与装备尽快地系列化、自动化、标准化和现代化，在他的倡议、推动下，国家海洋局海洋仪器研究所和山东省海洋仪器仪表研究所相继成立，天津气象海洋仪器厂得到了扩充与发展。在部分高校中也先后建立了海洋仪器研究机构。重要的是，他通过国家海洋局在中国先后两次组织了大规模的海洋仪器会战。第一次会战解决了常规海洋调查仪器和装备的国产化。第二次会战实现了海洋调查仪器与装备的现代化。

赫崇本始终关怀着中国科学院海洋研究所、国家海洋局和各部委海洋研究机构的发展。他曾在中国科学院海洋生物研究室兼任研究员和物理组组长，培养了一批研究人员。对在青岛市的几家海洋研究所，如黄海水产研究所、中国科学院水声研究所北海工作站、国家海洋局第一海洋研究所、山东省海洋仪器仪表研究所等，他都无不亲身指导。

为了缅怀赫崇本先生在海洋界的功绩，1989年，在当时的青岛海洋大学校庆30周年之际，一座令人崇敬的赫崇本先生的半身石雕像，屹立在他毕生为之奉献的青岛市鱼山路5号的海洋馆旁。赫崇本在海洋教育与海洋科学事业上的丰功伟绩，将永远留在每一位海洋科技工作者的心中。

参考文献

https://baike.baidu.com/item/赫崇本/2476714?fr=aladdin.

第七章 海 雾

第一节 海雾的定义与分类

一、海雾的定义

雾是悬浮在地球表面附近空气中微小的水滴（或冰晶）使得大气水平能见度小于1 km的一种天气现象。雾和云的显著区别是，雾的底部接触地表面而云在地表面之上。

美国气象学会对雾的定义如下：雾是悬浮在地球表面附近的大气中影响大气水平能见度的水滴，根据国际定义，雾使得大气能见度低于1 km。雾与云的不同之处在于雾的底部位于地面之上，而云位于地表之上。海雾是一种当位于暖水面上的空气被输运到冷水面之上，使得低层空气冷却低于其露点时而形成的平流雾（Fogs refer to water droplets suspended in the atmosphere in the vicinity of the earth's surface that affect visibility. According to international definition, fog reduces visibility below 1 km. Fog differs from cloud only in that the base of fog is at the earth's surface while clouds are above the surface. Sea fog is defined as a type of advection fog formed when air that has been lying over a warm water surface is transported over a colder water surface, resulting in cooling of the lower layer of air below its dewpoint）。

《中华人民共和国气象行业标准》（征求意见稿，2010年7月30日）指出：海雾（sea fog），是指发生在海上、岸滨和岛屿上空低层大气中，由于水汽凝结而产生的大量水滴或冰晶使得水平能见度小于1000 m的天气现象。

在本书中，我们对雾的定义如下：大气边界层中悬浮的大量水滴或冰晶，使得大气水平能见度小于1 km时的天气现象。

二、海雾的分类及机制[①]

海雾通常是指在海上和沿海地区发生的雾（王彬华，1983）。与海雾伴随的低大气能见度常常是海上航行的致命障碍。根据Trémant（1987）的研究，海上80%以上的灾难与海雾有关。因此深入理解并准确预报海雾对于保障海上和沿海地区交通运输安全至关重要。

王彬华（1983）研究指出，根据海雾的性质、出现海域和季节，可以把海雾分成四大类九种形式（表7.1）。不同条件可产生不同形式的海雾，但是即使是属于同一形式的海雾，产生原因往往也不是一种，但其中一个是主要原因，这是分类的依据，下面分别介绍之。

表7.1　海雾的分类

类型		主要成因
海雾	平流雾	
	平流冷却雾	暖空气平流到冷海面上成雾
	平流蒸发雾	冷空气平流到暖海面上成雾
	混合雾	
	冷季混合雾	冷空气与海面上暖湿空气混合成雾
	暖季混合雾	暖空气与海面上冷湿空气混合成雾
	辐射雾	
	浮膜辐射雾	海上浮膜表面的辐射冷却而成雾
	盐层辐射雾	湍流顶部盐层的辐射冷却而成雾
	冰面辐射雾	冰面的辐射冷却而成雾
	地形雾	
	岛屿雾	岛屿迎风面空气绝热冷却成雾
	岸滨雾	海岸附近形成的雾

（一）平流雾

平流雾的主要特征是海面上有空气的平流运动，平流运动发生在海面上的空气与海面之间，既有感热交换也有潜热交换。一般说来，当气温高于海温时，有感热从空气输向海面，促使平流到海面上的暖湿空气冷却凝结而形成雾，这种雾叫作平流冷却雾。反之，当气温低于海温时，海水将蒸发以增加空气中的水汽含量，也可能凝结形成雾，这就是平流蒸发雾。

海面上常见的雾多属平流冷却雾，这种雾出现的范围广、浓度重、持续时间长，在

---

① 本小节主要参考王彬华（1983）《海雾》的有关内容编写。

我国东海和黄海上，春夏季节的海雾主要是平流冷却雾。平流冷却雾的产生条件是暖湿空气平流到冷的海面上，即气海温差为正值，但这个差值也不宜过大，在0℃~2.0℃范围内比较合适。近海面的风也有重要作用，风向要有利于把暖湿空气吹向比较冷的海面上，如青岛雾季有雾时，东东南—南方向的风占80%~90%，而风力以蒲氏风级2级~6级为宜。小于2级的风虽不妨碍雾的生成，但不利于雾的发展扩散，而风力大于6级时，雾便易被吹散成为低云或趋于消散，只有2级~6级的风才有利于平流雾的形成和扩展。

只有在冷季高纬度海域才有可能产生大范围的平流蒸发雾，一般说来平流蒸发雾在形成过程中，水面温度高，其上空气冷，空气不稳定，但不易发展成浓雾。而若在海面上低空有强的逆温层，大气不稳定层只局限在逆温层下，平流蒸发雾有可能发展成浓雾。

（二）混合雾

如果两气团水平混合后的水汽压所对应的露点温度大于混合后的温度，那么就有可能凝结形成雾。这里所说的混合雾不是单纯混合作用形成的雾，而是先有空中水滴蒸发增大空气中的水汽含量后，再与流动过来的空气发生混合，通过这种过程在海面上形成的雾被称为混合雾。其中既有两部分空气的混合作用，也有水滴的蒸发作用，既不同于蒸汽雾，也不同于单纯的混合雾，而是两种机制共同作用的产物。

混合雾以其出现季节的不同可分为两种类型：冷季混合雾和暖季混合雾。冷季混合雾是指在冬季冷空气与海面暖湿空气混合而形成的雾，这种雾常出现在北大西洋和北太平洋的副极地海域。而暖季混合雾是指在夏季暖空气与海面冷湿空气混合形成的雾。夏季，巴伦支海常出现这种雾。

（三）辐射雾

由于辐射冷却作用使近地面大气层中的水汽凝结（或凝华）而形成的雾被称为辐射雾。有利于辐射雾形成的条件是，空气中有充足的水汽、风力微弱（1 m/s~3 m/s）和晴朗少云的夜晚或清晨，与形成辐射逆温的条件相同。

在中低纬度海洋上辐射雾并不多见，即使有，雾的浓度也淡、厚度也薄。但在高纬度冷的海面上辐射雾并不少见，浓度有时也很大，但毕竟不像平流雾那么引人注目。一般而言，海洋上的辐射雾不可能是海面直接辐射冷却而形成的雾。但当海面蒙上一层悬浮物质（如油污或腐烂有机物而形成的漂浮薄膜或盐粒层）时，比周围无浮膜的海水表面辐射作用会强一些，则有可能在浮膜上形成辐射雾，这种雾就是所谓的浮膜辐射雾或盐层辐射雾，若在冰雪面上就被称为冰面辐射雾。

（四）地形雾

由于地形所产生的动力和热力作用，岛屿和岸滨地区常常形成的雾被称为地形雾，分为岛屿雾和岸滨雾两种。

1. 岛屿雾

海洋中的岛屿犹如陆地上的山岭一样，从海面上吹向岛屿的暖湿空气，在岛屿的迎风面有上升运动,便有可能凝结成雾,这种雾称为岛屿雾。夜间,岛屿表面的辐射冷却作用增加了形成雾的可能性,也加大了雾的浓度,使岛屿雾具有日变化的性质。

2. 岸滨雾

在海岸地区夏季陆上暖湿空气流到海上,受海面降温增湿而凝结形成雾。白天借海风吹上陆地,夜里又随陆风回到海上。因其往返于海岸附近,故被称为岸滨雾。另外海岸附近陆地上夜里产生的辐射雾,借微弱陆风吹到海上,与海上空气混合,增加水汽量使雾变浓,日间又借海风吹回内陆。这种雾先形成于陆地上再转移到海上,兼有辐射冷却和水平混合两种过程。这种雾与前种雾有所不同,但也在海岸附近发生,故也被称为岸滨雾。

第二节　海雾的卫星云图特征

什么是气象卫星云图(satellite cloud imagery)?首先让我们了解一下气象卫星。

围绕着地球有许多人造卫星在不停地运行着,其中有一种专门观测地球上天气变化的卫星叫气象卫星。它是一种先进的气象观测工具,它的诞生对气象学的发展起了重大的推动作用。

大气中的空气是在不停地在运动着的,天空中出现的云是大气中各种气流运动的结果。当暖湿空气在一定条件下上升到一定高度时,就会冷却而形成云,或者雨。因此云的变化历来是气象工作者最关心的气象要素之一。在近代气象学还没有诞生以前,人们就是依靠观察天空中云的变化来预测未来的天气的。因而气象卫星问世以后,最主要的一项任务就是从太空拍摄地球上云层变化的照片,这种照片叫卫星云图。

气象卫星是在太空一定的轨道上运动着的。为了使卫星能够拍摄全球范围的照片,每张照片的大小都一样,卫星一般采用圆形轨道,并且每次运行都通过南北两极地区。为了使照片有足够的清晰度,飞行的高度通常在1000 km~1500 km。当卫星在轨道上飞行时,安装在卫星下方的摄像机就把一幅幅云景拍摄下来。由于卫星居高临下拍摄,一幅照片拍摄的范围约相当于地球上9×10^6 km^{2}的面积,这比人们从地面或飞机上来观测周围仅几十平方千米范围内的云系变化不知要宽广多少倍。但是卫星观测的范围还远远不止于此,当卫星沿轨道运行一圈时,可拍摄十几幅照片。在12小时左右就可以拍摄到全球各地区的照片。正由于气象卫星能从太空对地球和大气的全貌进行观测,因而才能揭示出大范围云景的结构和分布情况。这是从地面和飞机上无论如何都得不到的。所以当气象卫星第一次从太空发回地球上风暴的巨大涡旋状云景以及绵延几千千米的云带照片时,气象工作者都感到十分惊讶。由于气象卫星能够观测全球的云景,使人们能够从广阔的海洋获得丰富的气象资料,这一点是气象卫星对气象学的重大贡献。

卫星每拍摄到一张照片后，为了使天气预报部门能及时收到这张照片，要立即用无线电发射机发送出去。其发送过程与新闻图片传真的原理是一样的：先把一幅图片分解成若干条线，每条线又包括若干个明暗不同的图像点，然后逐条线地向地面传送。当卫星运行到设置在世界各地的卫星接收站的天线接收范围内，地面就可以收到这种讯号，然后再变成原来的照片。现在世界各地已经有几百个这样的卫星接收站在日夜地工作着。它们一天要从气象卫星上收到许多云层照片，其速度要比由一般通信设备收到的资料快。

气象卫星云图是以气象卫星搭载的仪器来拍摄大气中的云层分布的，可以自上而下观测地球上的云层和地表面特征。利用卫星云图可以识别不同的天气系统，确定它们的位置、估计其强度和发展趋势，为天气分析和天气预报提供依据。在海洋、沙漠、高原等缺少气象观测台站的地区，卫星云图所提供的资料，可弥补常规探测资料的不足，对提高天气预报准确率起到了重要作用。大致而言，卫星云图可分为可见光卫星云图、红外线卫星云图以及色调强化卫星云图。卫星所承载的各种气象遥感器，接收和测量地球及大气层的可见光、红外和微波辐射，并将其转换成电信号传送给地面站。地面站将卫星传来的电信号复原，绘制成各种图片，再进一步处理和计算，得出各种气象资料。

可见光卫星云图利用云顶反射太阳光的原理制成，故仅能在白昼进行拍摄。可见光卫星云图可显示云层覆盖的面积和厚度，比较厚的云层反射能力强，在可见光卫星云图上会显示出亮白色，云层较薄则显示为暗灰色。由于云图是利用可见光波段所拍摄，其亮度和色调取决于云的性质和太阳高度角，夜间无法使用，故受到一定的限制。

红外云图是气象卫星上的扫描辐射计利用红外辐射通道感测并向地面站发送的云图，其亮度可大致反映云层顶的温度，因而也反映了云顶的高度。一般温度越低、高度越高的云层，图上的色调越白，反之色调越黑。由于红外遥感可以不分昼夜感测并向地面站发送云图，并可分析高云和云顶温度，因此提供了可见光云图不能提供的大量信息，但红外云图的分辨率低于可见光云图。实际工作中往往要把两者结合起来使用，互相取长补短，以获得广泛应用。[①]

由于海雾的本质是接地的云，其发生的地点和时间范围十分广泛，因此可利用卫星云图描绘其主要特征。由于海雾在红外卫星云图上和色调强化卫星云图上的特征尚未有普遍接受的结论，故我们仅介绍海雾的可见光卫星云图特征。

在可见光卫星云图上，雾一般都比较光滑，表面外观有质感，呈现为润滑的丝绸状。若色泽明亮，则表明可能有对流的积云存在。这些云在大气中一般比雾高，不影响海面上的大气能见度。

在可见光卫星云图上，一般可从以下几个方面来考察云团是否是雾。第一，云团是否呈现明显的有组织的对流结构？一般而言，有雾时卫星云图的表面纹理相对均

---

① http://www.anfone.net/info/QXWXYT/2016-5/5046641.html.

匀,色泽也不那么明亮,表明云团不是积云而是层云。第二,云团的边缘是否清晰?与地形或海岸线吻合的程度如何?若吻合得较好,则表明云的高度较低,甚至有可能与海面相连接。第三,在较长的时间里云团形状和结构的运动特征是否明显?若运动特征不显著,则表明这些云团较低,因为高云在较长的时间里没有明显的运动是不可能的。图7.1为2012年3月28日美国NASA的Aqua卫星搭载的中分辨率成像光谱仪(MODIS)拍摄的黄海西部一次典型海雾的自然彩色图像。由图中可以看到,云团的纹理为均匀的羽毛状,云团的西边界非常清晰,其东边界与朝鲜半岛海岸线吻合得非常好。欧洲北海的海雾也有类似的特征,可参见图7.2。

图7.1 2012年3月28日美国NASA的Aqua卫星搭载的中分辨率成像光谱仪(MODIS)拍摄的黄海西部一次典型海雾的自然彩色图像,图中羽毛状云系为海雾(取自https://earthobservatory.nasa.gov/iotd/view.php? ID = 77608)。

图7.2 美国NASA的Aqua卫星搭载的中分辨率成像光谱仪(MODIS)拍摄的2003年3月26日早晨欧洲北海低空的海雾(https://earthobservatory.nasa.gov/NaturalHazards/view.php?id=11215)

第三节 海雾的微物理特性的观测与分析

由于受观测与雾滴采样手段等方面的制约,中国沿海海雾微物理特性的精细观测研究并不多。但海雾的微物理特性观测资料对于雾的微物理过程的参数化研究是必不可少的。基于有限的关于中国沿海海雾微物理特性的观测研究文章,下面介绍徐静琦等(1994)在青岛和屈凤秋等(2008)在华南沿海对海雾观测的分析结果。

一、青岛海雾雾滴谱与含水量的观测与分析

徐静琦等(1994)在1993年6月下旬至7月初利用北京大学原地球物理系大气物理教研室研发的"三用滴谱仪"在青岛市区东部近岸的小麦岛上进行了海雾含水量及雾滴谱的观测。该仪器的主要工作原理在赵柏林和张霭琛主编的《大气探测原理》(1987)上做了介绍,现简介如下。

该仪器主要由一个微型风洞和取样部件(包括取样片或取样头)组成,微型风洞的作用是加快雾滴的下落速度,利用其惯性在样片上沉降。条状滴谱取样片等速穿过风洞中均匀的含雾滴谱气流,取样时间范围为0.1 s~0.5 s,误差小于等于±10%。对不同直径的雾滴粒子进行统计,可得到雾滴谱的大小分布。由于取样片对气流中不同大小雾滴的捕获能力不同,必须进行捕获系数订正,才能得到真实的雾滴谱。在风洞的入口处改用射流取样头,并用经过标定的吸水性取样纸代替取样片,一定量的雾滴打在吸水纸上形成水斑,由水斑的大小可以推算雾的含水量。

此次观测雾雨并存,共获得可以利用的雾滴谱资料9个,雾水样品18个。由于取样纸对轻雾(含水量低于0.001 g/m³)的情况反应模糊,其他样品无法做分析。徐静琦等(1994)主要分析了7月2日北京时间早晨5∶05至9∶40期间浓雾增强与消散过程中雾滴谱与含水量的变化。

观测是在青岛小麦岛的邮电公寓的楼顶平台上(120°25.549′ E, 36°3.185′ N)进行的,该平台距离海岸大约20 m,离海平面高度约15 m。同时记录了大气水平能见度(以下简称大气能见度)、风向和风速。雾滴谱与含水量观测结果分别列于表7.2和表7.3,含水量与雾滴谱随时间的变化曲线如图7.3和图7.4所示。

表7.2　青岛小麦岛雾滴谱观测一览表（1993年6月～7月）

观测时间（月/日/时∶分）	取样总数（个）	取样体积（cm³）	个数浓度（个/立方厘米）	平均直径（μm）	能见距离（m）	含水量（g/m³）		风向	风速（m/s）
						计算	测量		
6/29/11∶25	1 410.6	172	8.2	3.4	<1 000	>0.006	/	W	4
6/29/14∶26	2 560.3	144	17.8	2.2	~3 000	0.002	/	WSW	5
6/29/16∶22	1 507.7	281	5.4	2.3	~1 500	0.001	/	W	1
6/30/08∶30	4 026.6	38.1	105.7	2.0	~1 000	0.006	/	ESE	3
6/30/15∶45	2 698.4	83.6	32.3	2.5	50～100	0.077	/	ESE	6

观测时间（月/日/时：分）	取样总数（个）	取样体积（cm³）	个数浓度（个/立方厘米）	平均直径（μm）	能见距离（m）	含水量（g/m³）		风向	风速（m/s）
						计算	测量		
7/02/06：32	2 403.7	12.8	187.8	2.2	30	0.191	0.199	SSE	1
7/02/08：45	2 597.9	26.2	99.2	2.4	<2 500	<0.002	0.001	SSE	1
7/02/09：28	2 490.1	67.6	36.8	2.1	>3 000	<0.001 6	<0.0003	SSE	1

表7.3 青岛小麦岛海雾含水量观测一览表（1993年7月2日05：05～09：23）

时间（北京时间）	取样时间（min）	斑痕直径（mm）	含水量（g/m³）	能见距离（m）		风向	风速（级）
				测量	计算		
05：05	3	15.0	0.083	30	69	SSE	1～2
05：13	2.5	16.0	0.127	30	45	SSE	1～2
05：35	2.0	13.0	0.102	30	56	SSE	1
05：45	2.0	15.5	0.136	30	42	C	<1
06：05	2.0	17.8	0.179	25	32	SE	1
06：26	1.0	11.5	0.199	25	29	SE	1
06：38	1.0	11.0	0.188	25	30	C	<1
06：55	1.0	7.5	0.076	<100	76	C	<1
07：07	2.0	10.0	0.058	～100	99	C	<1
07：20	2.0	14.5	0.120	40	48	C	<1
07：40	2.0	15.0	0.151	30	38	SSE	1
07：55	2.0	12.5	0.091	30	63	SSE	1
08：10	2.0	8.0	0.035	>100	164	SSE	1
08：25	4.0	9.5	0.025	200～300	229	SSE	1
08：37	5.0	3.0	0.002	>2 000	2 871	SSE	1
08：50	10.0	3.5	0.001	>2 500	5 742	SSE	1

续表

时间（北京时间）	取样时间（min）	斑痕直径（mm）	含水量（g/m³）	能见距离（m）		风向	风速（级）
				测量	计算		
09：05	10.0	2.0	0.000 3	>3 000		SSE	1
09：23	10.0	~	<0.000 3	>4 000	雾消散	SSE	1

注：表中使用的是北京时间，00 UTC=08 时（Beijing Standard Time）

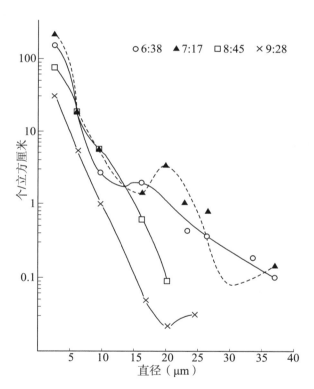

图中为北京时间，符号○表示时间为6：38，▲为7：17，□为 8：45，×为9：28的观测

图7.3　1993年7月2日青岛小麦岛观测到的海雾滴谱随时间变化图

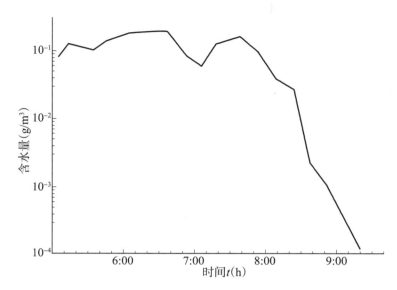

图7.4　1993年7月2日5:05至9:40（北京时间）青岛小麦岛观测的海雾含水量随时间变化图

二、华南沿海海雾的微物理特性的观测与分析

2007年3月至5月，中国气象局广州热带海洋气象研究所在广东茂名的博贺进行了为期三个月的海雾观测试验，并且捕捉到2007年3月24日至25日华南沿海发生的一次海雾过程。

广东茂名的博贺位于华南沿海的粤西地区，是南中国海发生海雾的主要地区之一。每年春季，在冬季风逐渐减弱、夏季风尚未建立的特定大气环流背景形势下，由于暖湿气流活跃，粤西近海仍存在上升流导致的较低海面温度，使得该地区有较高的海雾发生频率。观测点（21.27°N, 111.19°E）位于广东茂名博贺的北山半岛，距海岸约50 m，海拔高度约15 m，观测站具体位置如图7.5所示。

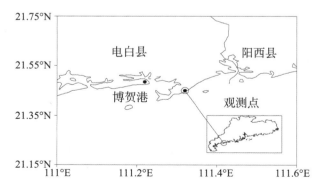

图7.5　广东茂名的博贺海雾观测站位置示意图

2007年3月24日06时左右，观测站大气能见度下降，海雾开始发生，持续到25日中午11时前后，时间长达30小时。海雾发生期间采用芬兰Väisälä公司生产的自动气象站、大气能见度仪、系留探空系统和三用滴谱仪等设备对大气能见度、大气边界层结构和雾滴谱等有关特征参量进行了观测。近地面气象要素采用Väisälä公司的MAWS301自动气象站进行风、温、湿、压、降水和大气能见度观测，其中大气能见度仪的探测上限为2 km，超过2 km 的大气能见度都记录为2 km。大气边界层探测采用中国科学院大气物理研究所生产的IAP-1型系留探空系统。该系留探空系统的传感器观测精度为：气压±0.1 hPa，气温±0.1℃，相对湿度±3%，风向±5°，风速±0.5 m/s。传感器由系留汽艇携带探空仪升空，可测得不同高度上的温、压、湿、风等资料，并传递给地面接收机。为保证观测数据的真实性，系留探空的数据未做任何平滑或其他订正处理。观测数据中包含了气球上升、下降过程中产生的辐合、辐散效应对水平速度可能造成的影响以及温湿度传感器的滞后效应。在稳定天气条件下，对上升和下降过程的水平风速和温度进行了对比试验和数据分析，结果表明风速的误差范围为±0.5 m/s，温湿度传感器滞后效应造成的高度误差为±20 m。

观测过程考虑当时雾的浓度等环境要素每隔0.5小时或1小时观测一次，在显微镜下直接读取雾滴大小和个数。

此次海雾过程是由于大气低层西南低涡逐渐发展南下，同时海上副热带高压加强西伸，二者共同作用下偏南风加强，使暖湿气流不断地输入到华南沿海地区形成的（图7.6），来自海上的暖湿空气平流到沿岸水温较低的海面上形成的平流冷却雾。

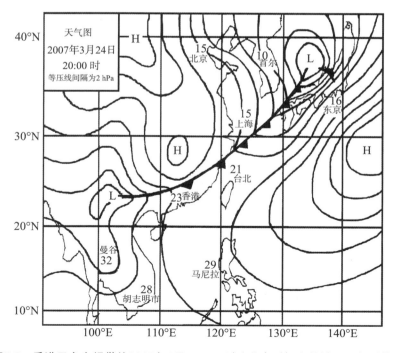

图7.6　香港天文台提供的2007年3月24日20时（北京时间）的地面天气形势图

由图7.7可知，3月24日夜间00时开始大气能见度逐渐下降，至24日12时左右达到低谷，随后在15时左右大气能见度逐渐上升，浓雾基本消散。24日19时左右大气能见度又再次下降，直到25日11时左右，在3月25日04时~05时期间大气能见度一度转至1 km左右。相对湿度的变化（图7.8）与大气能见度有良好的负相关关系，相对湿度增大总是伴随着大气能见度的下降，而相对湿度减小往往伴随着大气能见度的上升。

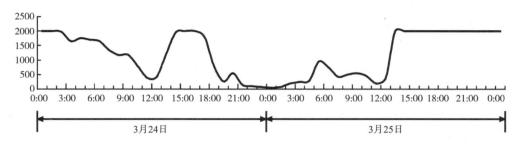

纵坐标为大气能见度，单位：m；横坐标为时间，中间是北京时间3月25日0:00时

图7.7　广东茂名博贺观测到的海雾过程中大气能见度随时间的变化

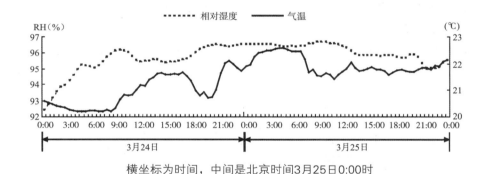

横坐标为时间，中间是北京时间3月25日0:00时

图7.8　广东茂名博贺观测到的海雾过程中20 m高度上气温（实线，单位：℃）和相对湿度（虚线，单位：%）随时间的变化

由气温、相对湿度和大气能见度的变化可知，该海雾过程经历了两个阶段：① 在24日06时~12时左右出现一次短暂的海雾过程，中午大气能见度出现好转；② 在24日19时左右大气能见度再度下降，海雾又重新出现，并维持到25日11时左右。由于受观测数据的限制，下面主要分析24日18时~25日04时的海雾发生时的大气边界层结构及与之对应的雾滴微物理特征。

由系留探空系统现场观测获取的温度和相对湿度廓线可见（图7.9a，图7.9b），在3月24日12时，由于太阳辐射的作用地面增温很快，与之相对应有相对湿度的小值区。这可能主要是受下垫面的影响，因为探空观测并非在海上进行，而陆地的热容量比海洋小，故陆地增温明显快于海洋。温度廓线上有一逆温层，逆温层底位于400 m 左右高度，此高度上的相对湿度是饱和的，可以判断此时雾顶高度位于400 m 左右。18时逆温层比12时略有下降，相对湿度显示雾层变薄，但相对湿度的高度明显比逆温层底的高度低。由大气能见度记录可知，在14时和17时大气能见度均超过2 km，而现场观测记录也显示天气转晴。这很可能是在12时~18时期间，由于太阳辐射使雾层增暖，雾已逐渐消散。

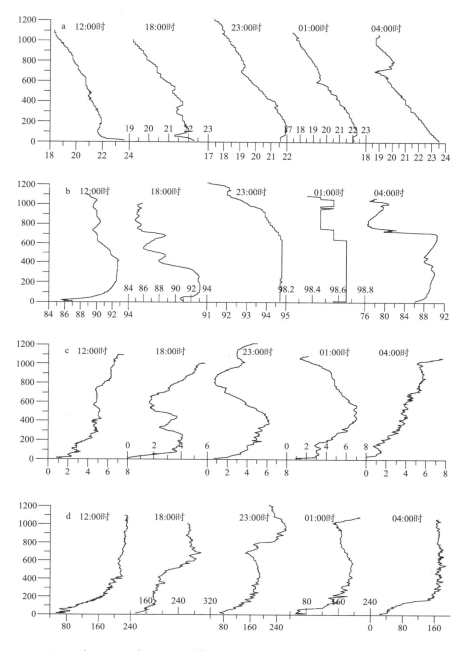

12:00时、18:00时、23:00时为3月24日，01:00时、04:00时为3月25日

图7.9　广东茂名博贺观测到的海雾过程中气温（a，单位：℃），相对湿度（b，单位：%），风速（c，单位：m/s）和风向（d，单位：°）随高度（单位：m）的变化

太阳落山后，大气长波辐射冷却发挥作用，雾又在海面上生成，并逐渐向上发展。3月24日23时和25日01时的温度廓线（图7.9a）显示，低层的逆温层消失，而分别在700 m和600 m附近出现了小的温度廓线拐点。这两个时刻的相对湿度在1000 m以下都基本达到了饱和，雾顶高度难以判断。

由25日04时的温度廓线可见，约在700 m 高度上出现了显著的逆温现象，但相对湿度显示除在700 m 左右有水汽饱和外，其他高度上都出现了空气饱和度不同程度的下降，700 m以上的相对湿度迅速下降到80%左右，700 m 以下则出现不饱和。这一现象可能是由于雾层中湍流垂直混合导致雾顶向上抬升，并且雾顶卷夹的干空气向下混合，使雾层内空气的湿度不饱和。

（一）海雾过程中的滴谱特征

雾滴谱是指不同大小雾滴的数密度分布状况，是表征雾的微物理特征的一个重要参数。选取与大气边界层结构探测时间比较接近的雾滴谱数据，对比分析不同大气边界层结构下的雾滴谱特征。其中雾滴谱观测数据中24日12时、25日01时、04时与大气边界层结构探测时间一致，24日18:45和22:45与24日18时和23时的大气边界层探测数据比较接近。

图7.10是2007年3月24日~25日海雾过程中分别与探空时间接近的5个时次雾滴谱分布曲线。由大气边界层结构分析可知，24日12时处于海雾的消散阶段。由图7.10a 可见，此时雾滴谱较窄仅为15 μm，并且明显偏向小雾滴一端，雾滴直径主要集中在2 μm~10 μm。图7.10b为24日傍晚18：45的雾滴谱分布曲线，此时海雾处于重新发展的阶段，谱宽扩大，达到37 μm，小雾滴数目明显降低，大雾滴数目明显增多。图7.10c为24日22：45的雾滴谱分布曲线，为海雾继续发展阶段，此时谱宽超过50 μm，雾滴谱峰值达到16.4个/（立方厘米·微米），不仅小雾滴数目迅速增长，大雾滴数目也有所增加。25日01时（图7.10d）仍然处于夜间海雾发展阶段，谱宽仍然超过50 μm，雾

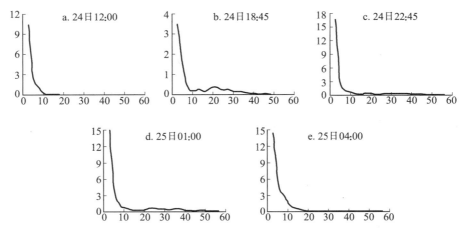

横坐标为雾滴直径d，单位：μm；纵坐标为雾滴数目，单位：个/（立方厘米·微米）

图7.10　广东茂名博贺观测到的海雾过程中不同雾滴直径的雾滴谱分布

滴谱峰值接近15个/（立方厘米·微米），与24日22:45 时相比较，小雾滴和大雾滴数密度均变化不大。25日04 时，雾顶有可能发生了干空气的卷夹，图7.10e 显示25日04时的小雾滴数密度虽然变化不大，但大雾滴已经基本消失。

（二）雾滴谱的平均分布特征

雾滴谱的变化取决于海雾发生和维持的动力和热力环境。对此次海雾过程取得的11个观测样本进行平均，求得雾滴平均谱分布（图7.11）。可以发现此次海雾过程中雾滴谱较符合指数递减曲线分布，谱型为"单峰"结构，雾滴谱明显偏向小雾滴一端，雾滴谱直径主要出现在2μm～10 μm，峰值位于2 μm附近，最大谱直径超过50 μm，但是大雾滴的数目偏小。

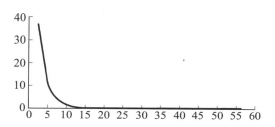

横坐标为雾滴直径d，单位：μm；纵坐标为雾滴数目，单位：个/（立方厘米·微米）

图7.11　广东茂名博贺观测到的海雾过程的平均谱分布

表7.4给出了广东博贺与青岛小麦岛两个地点海雾的微物理特征的比较结果。

表7.4　广东博贺与青岛小麦岛两个地点海雾的微物理特征的比较

观测地点	观测时间	平均数密度（个/立方厘米）	算术平均直径（μm）	含水量（g/m³）
广东博贺	2007年3月24日～25日	56.3	5.20	0.0410
青岛小麦岛	1993年6月29日～30日	33.8	4.56	0.005
青岛小麦岛	1993年7月2日	143.2	4.45	0.080

第四节　世界大洋上海雾的分布与变化

由于海雾发生时低大气能见度会妨碍海上船舶航行，因此世界各大洋上海雾的观测资料并不多，且记录年代长短不一，观测标准也不完全相同，很难就各大洋上海雾的分布和变化给出详尽说明。本节主要参考王彬华的《海雾》（1983）有关章节，给出世界上各主要大洋上海雾的分布与变化。

一、北太平洋上的海雾

北太平洋上的海雾分布主要集中在太平洋西部的中高纬度海域，或者说比较集中于千岛群岛到日本北海道一线的带状区域。从海雾发生时间上看，以春夏季节较多。从各月雾日频率分布（图7.12a~图7.12l）来看，1月整个海域的海雾发生频率差不多都在10%以下，南中国海和东中国海沿岸的少数海域和阿拉斯加湾以南海域超过10%，阿留申群岛还在20%以上。中印半岛东岸的雾日频率比较大，其他海域都在20%以上，这些雾在性质上可能不是海雾，而是岸边陆地上的辐射雾。南中国海和东中国海沿岸少数海域的雾不一定尽属海雾，特别是东中国海沿岸1月很少出现海雾，1月上海平均雾日为3.5日（频率约为10%），基本上都是辐射雾。因此1月北太平洋沿岸和岛屿上的雾，很可能有辐射雾混杂在内。

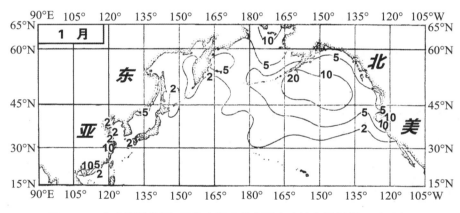

图7.12a 北太平洋海雾1月发生频率分布图（改绘自王彬华，1983）

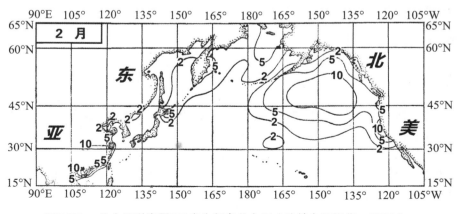

图7.12b 北太平洋海雾2月发生频率分布图（改绘自王彬华，1983）

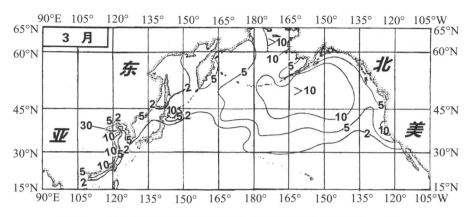

图7.12c　北太平洋海雾3月发生频率分布图（改绘自王彬华，1983）

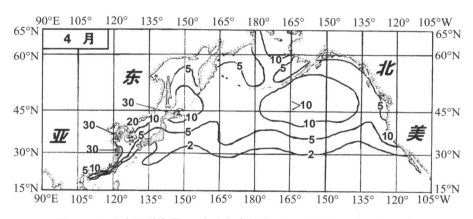

图7.12d　北太平洋海雾4月发生频率分布图（改绘自王彬华，1983）

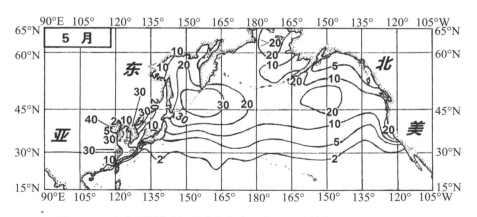

图7.12e　北太平洋海雾5月发生频率分布图（改绘自王彬华，1983）

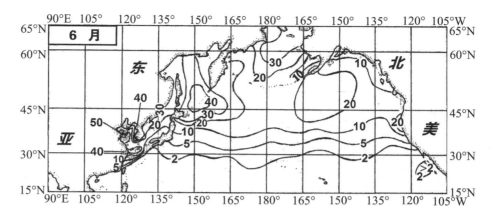

图7.12f　北太平洋海雾6月发生频率分布图（改绘自王彬华，1983）

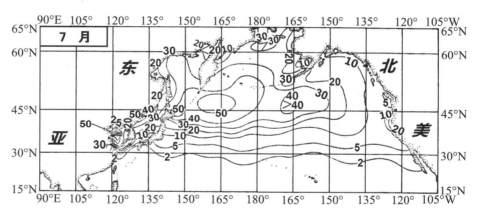

图7.12g　北太平洋海雾7月发生频率分布图（改绘自王彬华，1983）

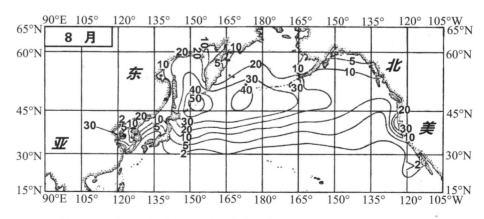

图7.12h　北太平洋海雾8月发生频率分布图（改绘自王彬华，1983）

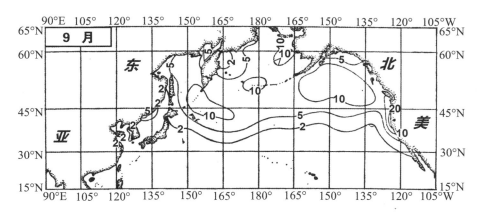

图7.12i 北太平洋海雾9月发生频率分布图（改绘自王彬华，1983）

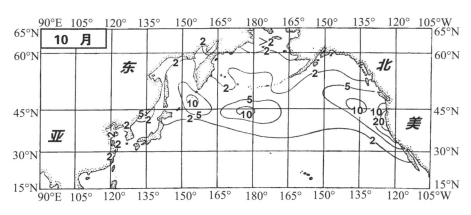

图7.12j 北太平洋海雾10月发生频率分布图（改绘自王彬华，1983）

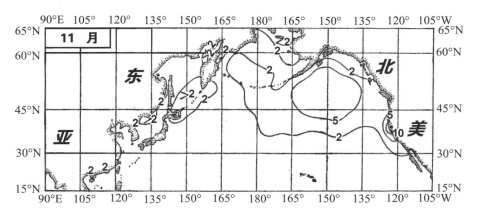

图7.12k 北太平洋海雾11月发生频率分布图（改绘自王彬华，1983）

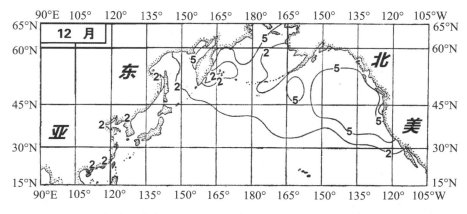

图7.12l 北太平洋海雾12月发生频率分布图（改绘自王彬华，1983）

2月雾区分布与1月分布基本相同，但在日本北海道和中国东部的山东半岛及长江口等局部地区出现了10%的雾区，南中国海的琼州海峡海雾频率增大到20%。

3月除中国沿海海雾频率普遍增大以外，北太平洋各海域的雾分布仍与2月类似。

4月北太平洋的海雾频率普遍增大，在40°N～50°N带状海域内的海雾频率都在10%以上，日本北海道太平洋沿岸以及黄海东西两岸和东中国海西岸的海雾频率超过了20%。太平洋东岸的加利福尼亚沿岸也出现了大于10%的雾区。

5月与4月的海雾分布形势类似，但雾的发生频率加大了。日本海北部和千岛群岛以东（180°以西）海域达到20%，日本海西岸和北海道东岸海域超过30%，山东半岛的海雾频率超过了40%，而南中国海及其沿岸此时因海水温度逐渐升高，已基本上没有海雾。另外北美加利福尼亚沿岸的海雾也增大了，发生频率达20%。

6、7月北太平洋的雾区范围不但扩大了，而且发生频率也增大。以千岛群岛为中心的雾区，6月发生频率在40%以上，7月达到了50%。北海道太平洋沿岸的海雾发生频率还要大些。黄海和东中国海西岸有两个雾区，分别是山东半岛和舟山群岛海域，6月发生频率增大到40%～50%，7月舟山海域雾日减少了，山东半岛沿岸海域仍在浓雾期。

日本海西岸30%的频率区比5月扩大了。北美西岸加利福尼亚20%的频率区在6月有所增大，7月稍微缩小些。

8月除黄海沿岸海域以外，中国近海基本上没有海雾。但千岛群岛仍为海雾中心，从千岛群岛向东直到阿留申群岛以南的广大海域，海雾发生频率均在30%以上，北太平洋30°N～50°N的带状区域的海雾分布形势仍与7月相似。北美西岸加利福尼亚沿岸20%的频率区比7月扩大了。但从整个北太平洋海雾发展来看，8月是海雾达到鼎盛并逐渐衰退的转折时期。

9月虽然上述带状雾区仍然存在，但频率大大减少了，即使千岛群岛还有一个中心雾区，其频率也减到20%以下。

10月千岛群岛雾中心频率也下降到10%，但加利福尼亚沿岸海域仍然保持20%频率的雾区。

11月除日本北海道沿岸和北美西海岸有10%的小雾区以外,整个北太平洋基本上没有海雾。但中印半岛沿岸和中国沿海港口城市又看到雾带,这个雾带越到冬季越重,显然与都市烟尘和夜间辐射冷却有关。

从北太平洋海雾分布来看,雾区主要集中在30°N~50°N的大洋面上,30°N以南和50°N以北(白令海峡夏季雾区除外)的洋面上却很少见到海雾。但是雾的频发区域并不恰好在大洋中部,而是在大洋两边的海岸附近。北太平洋西岸从千岛群岛到日本北海道一线为北太平洋海雾频发区域。至于更西侧的日本海西岸和黄海两岸、东中国海西岸以及南中国海北岸等海域虽然也有海雾发生,但这些雾区难免有辐射雾混在内,就单纯的海雾而言不及千岛群岛一线发生频繁。北太平洋东部加利福尼亚沿岸也是一个海雾区,它的发生频率也较千岛群岛的海雾为少。

从季节来看,北太平洋海雾始于3月,发展于4月,盛行于晚春和夏季,但8月后期渐趋衰减,9月和10月大洋中部的带状雾区开始消失,秋末和冬季三个月除沿海少数地区以外整个北太平洋基本上属于无雾季节。

从北太平洋海雾的分布和变化来看,大洋西岸雾区多集中在中高纬度地区,大洋东岸雾区限于低纬度沿海,显然这与北太平洋东西两岸的冷海流分布有关,西岸有亲潮,东岸有加利福尼亚海流,这两支海流所在海域正是海雾发生频率最高的海域。在时间上北太平洋海雾基本上出现在晚春和夏季,秋冬季节虽沿岸少数地区仍然有雾,但大多数不属于海雾性质,至少可以说不纯粹属于海雾性质。

北太平洋的雾基本上属于平流冷却雾(高纬度局部海域有平流蒸发雾),有暖空气平流到冷海流上的雾,如亲潮和加利福尼亚海流面上的雾,也有暖空气平流到暖海流(暖海流区表面水温低于其上气温)上的雾,如北太平洋30°N~50°N带状雾区(北太平洋海流所在海域)和阿拉斯加湾(阿拉斯加海流所在海域)内的雾。平流冷却雾出现的季节多在春夏,这与陆地面上的辐射雾是有区别的。陆地面上的辐射雾以秋冬最多,春夏反而少见。

二、 大西洋上的海雾

大西洋上的海雾与太平洋上的海雾类似,北大西洋西部加拿大东海岸直到纽芬兰岛,在拉布拉多海流影响下,夏季盛行平流冷却雾,冬季也有平流蒸发雾。不过海雾发生频率多集中在夏季,冬季海雾发生频率较低(图7.13)。但自此以北的巴芬岛和格陵兰岛东岸,平流蒸发雾却逐渐增多。纽芬兰岛以南与墨西哥湾流以北的海域仍以平流冷却雾为主,6月最多。

在40°N以南(包括墨西哥湾在内)正是墨西哥湾流所在海域,那里夏季海表面温度较高,不利于平流冷却雾形成。其他季节虽无冷海流为其上的暖空气提供冷却作用,但从低纬度向北平流的暖空气,在从南向北递减的海表面温梯度影响下仍然可以发生冷却效果,墨西哥湾和哈特拉斯角(Cape Hatteras)以南海域冬季的雾,就是在这种冷却作用下产生的。哈特拉斯角到纽约以东的长岛一段沿海,最高雾日频率既不出现在盛夏也不出现在隆冬,而是在仲春时节为海雾盛行期。

沿墨西哥湾流东去,接北大西洋漂流到达挪威海,都是暖海流盛行海域,从中低纬度北上的暖湿空气,在海表面温度梯度从南向北递减的影响下,即使在暖海流上流经过也会产生冷却效应,形成海雾,或者出现低云,这种海雾以冬季为最多。

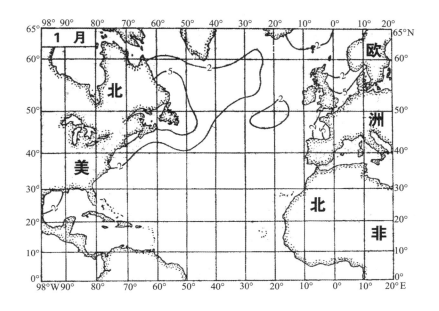

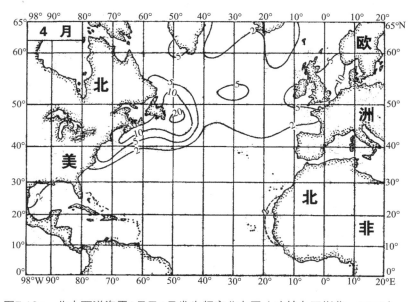

图7.13a　北大西洋海雾1月及4月发生频率分布图（改绘自王彬华，1983）

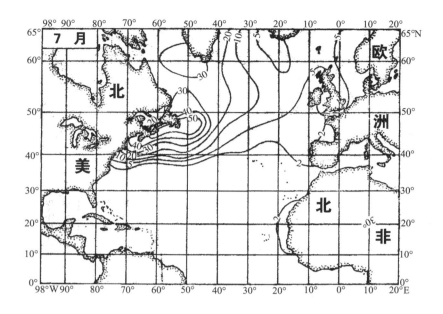

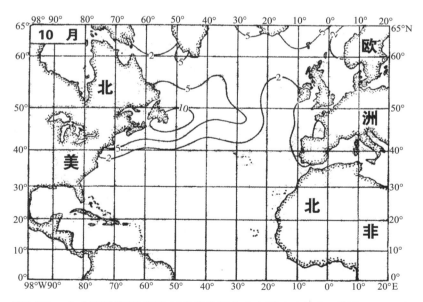

图7.13b 北大西洋海雾7月及10月发生频率分布图（改绘自王彬华，1983）

由海面向东进入西欧沿岸地区，再加上陆面辐射冷却作用，雾的发生频率会更大一些。大不列颠群岛四周受暖海流包围，冬季从海上平流到陆地上的暖湿空气易凝结形成雾。但西欧和大不列颠群岛冬季的这种雾具有平流辐射雾的性质，不能单纯视为海雾。

北大西洋东部低纬度海域，在北非西岸加纳利海流影响下，从直布罗陀海峡以南到在15°N附近（2月为12°N附近，8月为17°N附近，年平均为15°N附近）海域水温较低，因而这一海域在气候上表现为"少雨多雾"。这种雾和北太平洋东部加利福尼亚沿岸的雾相似，都属于平流冷却雾。

同样情况，南大西洋低纬度海域，在南非西岸本格拉海流影响下也产生平流冷却雾（图7.14）。西南非洲沿岸及其附近海域降雨奇缺，很多地区年降雨量不足100 mm，但夏季海雾浓重，若干植物竟赖以生存。从而可见在某些地区海雾对于农业生产的重要性。

南大西洋西部巴西海流沿南美东岸从赤道向中纬度流去，沿途气候温和、雨量充沛。这支海流在40°S附近与从合恩角（Cape Horn）向北流的富克兰海流（Falkland Current）相遇后便折向东去。阿根廷东岸在冷的富克兰海流影响下温度低、雨量少，沿岸及其附近海域出现了海雾。在富克兰海流东南海面上，巴西海流与中纬度西风漂流交界区域也是海雾的多发海域。

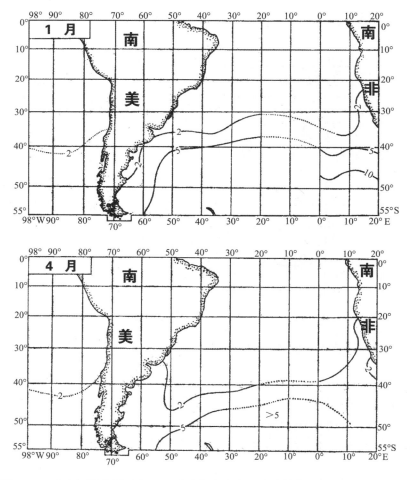

图7.14a　南大西洋海雾1月及4月发生频率分布图（改绘自王彬华，1983）

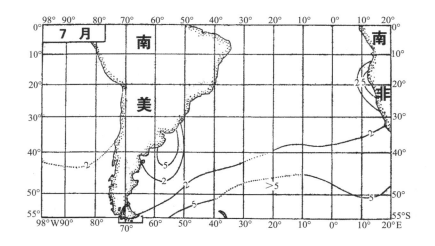

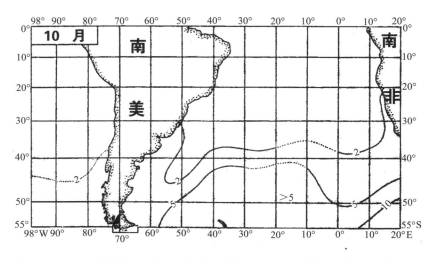

图7.14b 南大西洋海雾7月及10月发生频率分布图（改绘自王彬华，1983）

三、 中国邻海的海雾

就中国邻海海域而言，在海雾季节海上发生的雾主要是平流冷却雾和锋面雾，前者称为海雾，而后者只能算作"海上的雾"。辐射雾在海上比较少见，虽然海岸地区可以出现，但在海雾季节机会亦少。因此海雾季节出现在中国邻海海域的雾，就是海雾（以平流雾中的平流冷却雾为主）和锋面雾。至于二者所占比例为多少，各个海域不尽相同。以青岛为例，王彬华（1983）分析了1961年至1965年五年间的资料，发现在199次雾中，锋面雾为57次，占29.1%，海雾为142次，占70.9%（表7.5），表明至少在黄海海雾是其主要雾型。但在东中国海就未必是这样。海雾发生时期那里正是梅雨季节，锋面和气旋活动比较频繁，因此不能排除锋面雾的可能性较大。

211

表7.5　1961年至1965年青岛（4月至7月）海雾与锋面雾发生频率统计表

月份	4月		5月		6月		7月		4月～7月	
雾型	海雾	锋面雾	海雾	锋面雾	海雾	锋面雾	海雾	锋面雾	海雾	锋面雾
发生次数	31	17	26	10	41	10	44	20	142	57
比例（％）	64.6	35.4	72.2	27.8	80.4	19.6	68.8	31.2	70.9	29.1

王彬华（1983）根据中国沿海雾的记录和太平洋气候图集等资料，给出了中国邻海海雾分布图。虽然资料来源不同，记录时间长短也不一样，但其所反映出来的中国邻海的海雾频率和季节变化基本上是一致的，综合归纳得到的中国邻海海雾分布具有一定的代表性。

在中国邻海范围内雾的出现集中于沿海。就整个雾季而言，黄海的雾多于东中国海，东中国海的雾多于南中国海，而在这三个海域内，又以沿岸的雾日最多，从南向北有琼州海峡、闽浙沿海和山东半岛几个海区，各个海区雾的分布形势有差异，分别说明如下。

（一）南中国海海雾

南海海雾只限于中国大陆沿岸，雾区较集中于琼州海峡，海峡以南的海南岛沿岸及其近海很少有海雾发生，更南的地方就更难有海雾发生了。琼州海峡以北的雾区多出现在雷州半岛沿岸，以2月至3月发生频率最大，雾日数为3日~5日，最多达10日，不过其中可能有辐射雾掺夹在内。从雷州半岛向东，雾日数虽然未必增多，雾期却明显向后推迟。中国香港的雾盛行于3、4月，而汕头则集中在4月。至于越南沿海海雾的雾日频率固然很高，但多为辐射雾。因此南中国海的海雾只限于中国大陆沿岸及其近海，雾区宽度有100 km~200 km，自此以南的广大海域由于海温较高难以出现海雾。

（二）东中国海海雾

东中国海海雾始于3月，终于7月，而以4月至6月为最盛。雾的出现似乎与南中国海沿岸的雾联系起来，呈现为在时间上随纬度增大而逐渐滞后的现象。本海区的雾多集中在闽浙沿海26°N至30°N之间的范围内，在这个区域内有两个多雾中心，一个中心在26°N偏北福州与温州之间，另一中心在舟山群岛，中心区域最大雾日可达15天。前一中心的雾季集中于4月至5月之间，后一中心的舟山雾区可延到6月。因为温州沿海一带雾日较少，所以呈现出两个中心来。东海海雾的范围不似南中国海那样限于沿岸的狭长地带，也不是全海域都有雾，大致从中国沿岸向东延伸到126°E附近，有300 km~400 km宽，总的趋势是西岸多雾东岸少雾。海雾并不是均匀地分布在海上，而是呈现为一些不规则的常常变动着的零碎的雾区。所以东中国海东西两岸雾日虽有显著差别，但不是均匀地向东递减，大致以进入东海的黑潮暖流支流为界，支流以西多雾，支流以东雾显著减少。

（三）黄海海雾

黄海雾区比东中国海雾区范围更大，甚至整个黄海海域都会有雾，其在中国沿岸部分雾多集中在山东半岛东北端的成山头一带，形成一个雾的频发中心。7月的平均雾日达25天以上，几乎天天有雾。从季节上看，雾多发生在4月~7月，但黄海北部和朝鲜半岛西部沿岸8月仍然有雾，具有从南中国海到东中国海雾季接续推迟的明显趋势，直到山东半岛顶端多雾中心以后才减弱下来。在黄海的成山头雾区与东中国海的舟山雾区两个多雾中心之间，江苏沿岸的连云港及其外海为一少雾区域，这与南中国海与东中国海两个多雾中心之间的厦门港及其外海的少雾区有点类似，正由于有这两个少雾区域，更突出了三个海区的多雾中心。黄海东部的朝鲜半岛西岸也是多雾的，春夏季节整个黄海都成了雾区。从南中国海、东中国海到黄海，由南到北雾区的纬度逐渐增大。

（四）渤海海雾

从黄海北部穿过渤海海峡进入渤海，海雾显著地减少，渤海湾内只有辽东半岛和山东半岛沿岸有雾，但远远不像山东半岛的南岸雾日之多。渤海西海岸从莱州湾以北直到秦皇岛的广大海区一般都不大出现浓海雾。

第五节　海雾的数值模拟研究

雾是发生在大气边界层内动力学和热力学过程十分复杂的一种天气现象，依赖常规观测资料研究雾的发生发展机制十分困难。随着数值模拟技术的迅速发展，大气数值模式成为研究雾越来越重要的工具。雾的数值模拟研究也经历了一维、二维到三维高分辨率区域模式研究的过程。

一、一维数值模拟

Fisher等（1963）首次利用一维大气数值模式对陆地辐射雾进行了模拟，虽然模式没有考虑辐射、液态水的蒸发等物理过程，但其证明了使用数值模拟方法对雾进行研究是可行的。Musson-Genon（1987）使用大气边界层一维模式模拟了1977年8月荷兰北部地区Cabawu的一次辐射雾过程，模式的物理过程考虑了长短波辐射以及次网格尺度的凝结过程。结果表明，湍流对雾形成与输送起着重要的作用。Duynkerke（1991）建立了一个一维大气模式研究辐射雾，对植被参数做了特别处理，该参数对气温，尤其是对地温有很大影响。该模式清楚地描述了湍流交换、长波辐射冷却以及在雾发展过程中的重力液滴所带来的影响。

20世纪80年代中期开始，我国学者逐渐使用一维模式对陆地辐射雾开展研究。周斌斌（1987）利用一维模式对辐射雾的形成和发展过程进行了数值模拟研究，模拟结果表明:辐射雾形成后会改变环境风、温度场;反之,风、温度场的改变又影响了辐射雾的发展。辐射雾的发展是在湍流场和辐射场的相互作用下引起的,湍流作用是决定辐射雾形成、发展的重要因子,它一方面阻碍了辐射雾的形成,另一方面它又能促进已形成的雾的发展。彭虎和李子华(1992)使用包含详细微物理过程的一维辐射雾模式对发生在重庆的雾进行了模拟研究,模拟的温度场在低层与观测一致,模拟的雾与观测到的雾的发展趋势相符合。尹球和许绍祖(1993,1994)建立了包括辐射参数化方案并较完善地考虑碰并过程微物理方案的一维模式,利用数值模拟结果对陆地辐射雾的生消机制给出了清晰的物理图像。

二、二维数值模拟

由于一维模式存在较大的局限性,如果考虑平流和下垫面等因素的作用,就需要借助于二维模式进行研究。张利民和李子华(1993)对重庆地区的雾使用二维非定常模式进行了研究,考虑了长波辐射、地表热收支、雾水沉降和湍流的综合作用,这种模式突出了地形分布、水陆分布、城市热岛等因素在陆地雾形成时的作用以及对雾水平分布的影响。胡瑞金和周发琇(1997)建立了二维海雾数值模式,指出黄海、东海海雾生成的机制主要是长波辐射冷却,湍流混合主要发生在海雾的初始阶段,且限于低层。

胡瑞金等(2006)使用相对湿度方程和理想的二维数值模式研究了在海雾生成过程中平流、湍流和辐射的效应。结果表明,海雾生成的主要推动因素是长波辐射冷却,湍流冷却在低层主要发生在平流的初始阶段。随着时间的推移,湍流对低层大气很快变为加热作用,不利于海雾的生成。湍流和辐射效应在低层大气中符号相反(仅在海雾生成的初始阶段符号相同)、量级相同,在高层大气中湍流和辐射效应符号相同,但辐射效应占优势。湍流效应和辐射效应是影响海雾生成的主要因素,平流作用似乎不大。这种研究方法同时突出了平流、湍流和辐射在海雾形成中的作用,较前人的研究有所进步,但对实际海雾的模拟必须依靠三维数值模式进行。

三、三维数值模拟

与研究其他的天气系统面临相同的问题,即大气模式的初始场对雾的模拟结果有重要影响。雾是发生在大气边界层内的现象,模式中的大气边界层方案是影响雾模拟结果的重要因素。目前比较成熟的几个中尺度大气数值模式,如MM5(Meso-Scale Model 5)、RAMS(Regional Atmospheric Modeling System)、WRF(The Weather Research and Forecasting Model)等都具有较完善的大气边界层及辐射参数化方案,逐渐成为各国学者研究雾/海雾的重要工具。中国学者开展海雾三维数值模拟研究工作大体可以分为两个阶段:初期的单纯数值模拟工作和后期的数值模拟与数值试验工作。

（一）初期的数值模拟工作

初期的海雾三维数值模拟研究工作以"模拟的像"为主要目的。傅刚等（2002）较早地开展了海雾的三维数值模拟研究，他们利用一个考虑了地形效应、植被影响、长波辐射、地表能量收支、液态水的重力沉降等影响雾的形成和发展主要因子的三维海雾模式，模拟了1995年6月1日发生在黄海的一次海雾过程，分析了海雾生长、发展和消亡过程中液态水含量和其他物理量的三维时空分布变化特征。结果表明，该模式的模拟结果在相当程度上反映了平流冷却雾的形成过程，且该模式能较好地模拟出黄海海域实际的海雾生消过程，对海雾的三维结构有一定的模拟能力。

每年春夏是黄海海域海雾频繁发生的季节，2004年4月11日早上，一次浓密的海雾出现在山东半岛周围，这片雾区的空间尺度为几百千米，持续了20多个小时，在一些地方大气水平能见度小于20 m，引起了一系列的交通事故，在一条高速公路的沿海路段导致12人受伤。Fu等（2006）利用各种观测数据，包括GOES-9卫星图像资料、NCEP客观再分析FNL资料、探空资料以及RAMS-4.4区域大气模式来研究这次海雾个例，利用GOES-9和NOAA-14可见光卫星云图对海雾的发生范围、演变过程等进行了描述，并对海雾发生前的大气背景场和气-海温差场进行了分析。利用青岛和韩国济州岛2个站的探空资料对海雾发生时低层大气的稳定度进行了分析，设计了4 km×4 km分辨率的RAMS数值模拟。该模式的初始场由FNL资料提供，并用该数据对模拟结果进行了验证。从2004年4月10日18 UTC开始的积分30小时的数值模拟抓住了此次海雾事件的主要特征，模拟的低大气水平能见度区域与从卫星云图所显示的海雾区域吻合得非常像，平流冷却过程似乎对此次海雾的形成起重要作用。

（二）数值模拟与数值试验研究

在三维海雾模拟抓住海雾事件的主要特征的基础上，研究者开始考虑利用大气模式开展海雾的数值模拟与数值试验工作。樊琦等（2004）使用MM5模式对2002年8月21日珠江三角洲地区的辐射雾进行了模拟，结果表明，地面长波辐射冷却是辐射雾形成的主要机制，而太阳短波辐射则是辐射雾消散的主要原因，如果关闭长波辐射，辐射雾就不能形成。如果关闭太阳短波辐射，辐射雾的消散就要推迟。增加模式的垂直分辨率对模拟雾的垂直结构有明显的改善。模式中的下垫面改变为比较真实的城市类型后，雾的消散时间变得与观测比较一致。

王菁茜（2006）对2005年3月27日黄渤海海上的一次海雾事件进行了数值模拟研究。利用GOES-9、MODIS、NOAA和FY-1D可见光卫星云图对海雾发生的范围、形态及变化进行了观测。利用NCEP提供的FNL资料，对海雾发生时的天气形势、气-海温差和水汽的南北输送进行了分析。之后利用RAMS数值模式对此次海雾事件进行了数值模拟，并计算了大气水平能见度。结果表明，大气水平能见度分布与卫星云图所显示的雾区分布吻合较好，但模拟得到的雾区较大，海雾的出现时间较实际观测出现时间延迟4小时左右。模拟的大连站大气能见度的变化与地面观测能见度值的变化趋势一致，模拟大气能见度值显著偏小。此外根据模式结果分析了海表面温度与露点温度的关系，并由此设计了海温（SST）场敏感试验。分别对海温场进行升高2℃、升高2.5℃、降低3℃，以及将其替换为2 m高度上的气温场的试验。试验表明，适当升高海温有利于雾的发展，海雾的面积相对较大，垂直高度也较高。当海温升高2.5℃时无海雾生成，过度升高SST破坏了气-海温差条件，使下垫面不能起到有效的冷却作用。较低的海温对海雾发展有抑制作用，不利于海雾的垂直发展，海雾消散时间也相对滞后。当用2 m高度上的气温代替SST时没有海雾生成，表明海表面温度与低层大气之间存在一定的温度差是海雾生成的必要条件。

Gao等（2007）对2005年3月9日发生在黄海的一次海雾事件进行了研究。利用NOAA-16和GOES-9卫星云图、地面观测资料、海岛和沿海地区探空资料、日本气象厅格点观测资料来分析这一海雾事件。结果表明，该海雾可以被归类为平流冷却雾，海雾区域和运动主要特点可以用MM5模式合理地再现。研究发现，海雾在相对持久的暖湿的偏南风和冷海表面上易于形成，由风切变引起的湍流混合是海洋上大气边界层降温和增湿的主要机制。此外，高山红等（2010a, 2010b）敏感性试验研究表明，数值模拟可以为黄海海雾的预报提供一个有效的方法。但由于数值模拟结果对模式输入极为敏感，数据同化显得十分重要。

（三）海雾的数据同化和集合预报研究

研究发现，有三个主要问题会直接影响海雾的数值模拟质量：大气边界层湍流方案、云微物理方案、初始场。已有的数值模拟研究工作表明，对于前面两者，在模式提供的众多选项中挑选合适的方案，一些较典型的黄海海雾过程可以成功地模拟再现，如Gao等（2007）采用MM5模式研究了2005年3月9日的一次黄海海雾个例，但当他们再次使用相同的模式分辨率与物理方案运行MM5模拟其他黄海海雾个例时，却得不到较理想的结果。究其原因，很可能是由模拟初始场的质量问题所致。因此改进海雾数值模拟初始场质量是急需先行解决的问题之一。

为了充分发挥常规观测探空、地面观测数据的作用，高山红等（2010a）基于WRF模式及其先进的3DVAR同化模块，设计并构建了循环3DVAR同化方案。此方案的目的是扩展海雾模拟之前的数据同化窗，让更多的观测数据被同化，从而改进初始场质量。他们以2006年3月6日~8日的一次黄海大范围海雾过程为研究对象，利用该同化方案（3小时循环一次3DVAR，同化窗为12小时）进行了一系列WRF数值模拟对比试验。模拟结果显示，该同化方案能有效改进黄海海雾数值模拟初始场质量，主要体现在增加低层大气温度层结构的稳定性与改变大气边界层下层的风场结构，从而显著改善海雾的模拟结果。针对RAMS模式数据同化能力较弱的缺点，高山红等（2010b）提出利用WRF循环3DVAR形成的初始场驱动RAMS模式的思路。RAMS数值模拟的结果表明，WRF循环3DVAR提供的初始场明显优于RAMS模式自身等熵面客观分析方法生成的初始场，它在动力与物理上非常协调且对模拟结果的改善相当显著。这说明WRF循环3DVAR可以为RAMS模式改进其初始场提供一条切实可行的途径。

随着观测技术的发展，雷达、飞机与卫星探测数据已经成为常规探测数据严重匮乏海域最主要的观测信息来源，特别是卫星数据，所占的比重越来越大。如ECMWF预报系统所同化的卫星观测数据所占比例达到90%以上。目前在国内，卫星数据在台风、暴雨等强对流天气系统的数值模拟与预报方面的同化研究与业务应用较多，而在具有"弱信号"特征的海雾数值模拟中的同化研究相当少。李冉等（2012）在高山红等（2010a）工作的基础上，利用循环3DVAR开展了黄海海雾数值模拟的TOVS辐射数据的同化研究。他们针对6次明显的黄海海雾过程，实施了一系列直接同化ATOVS卫星辐射数据的数值试验。结果表明，分别单独同化常规观测数据与卫星辐射数据对模拟雾区的影响互有优劣。总体平均而言，同时同化它们所给出的模拟雾区最好。

李冉等（2012）的研究还发现，尽管同化卫星辐射数据后海上大气边界层的温度结构得到了改善，但是湿度场几乎没有改进。Wang等（2014）提出了一种改进湿度场的思路：如果模拟起点之前已经发生了一片海雾，那么利用MTSAT卫星的红外和可见光卫星探测数据反演这片海雾的水平分布与垂直厚度信息，然后假定海雾雾体内部的相对湿度为100%，将此湿度信息利用高山红等（2010a）构建的循环3DAR方案加以同化。他们首先选取了2个典型海雾个例将此思路付诸数值预报试验，详细分析了同化效果及其改进的原因。然后进行了10个海雾的同化试验，进一步评估了该方法的综合效果。个例一海雾发生面积大且广泛分布于黄海上，个例二仅局限于青岛沿岸。结果显示，同化海雾湿度信息后，前者的预报雾区集中率POD（Probability Of Detection）与公正预兆得分ETS（Equitable Threat Score）分别提高了20%与15%。对于后者，若不同化，海雾则无法预报出来。多个例的数值试验中同化过程运行稳定，12小时同化窗的结果显示，POD与ETS的平均改进率分别为76%与72%，大气边界层内的比湿与温度分别改进了16%与9%。Wang等（2014）提出的方法对于海雾的数值业务预报非常有用，因为预报模式每天运行少则2次多则4次，如果碰到海雾天气，其中至少有1次预报的模拟起点之前一定存在海雾。除了通过数据同化手段提高海雾数值模拟的初始场质量之外，还必须选择合适的大气边界层（PBL）方案与云微物理（CMP）方案。陆雪等（2014）利用2005年~2011年10个春季黄海海雾个例，开展了WRF模式的PBL方案与CMP方案的敏感性研究。总体来讲，PBL方案对WRF模式雾区模拟结果起决定性作用，而CMP方案影响较小，主要影响海雾的浓度和高度。大气边界层方案与微物理方案的最佳组合为YSU方案与Lin方案，最差为Mellor-Yamada方案与WSM5方案。Mellor-Yamada方案和QNSE方案模拟的近海面湍流过强，导致大气边界层过高，不利于海雾的发展与维持。而MYNN方案与YSU方案刻画的湍流强度与大气边界层高度合适，有利于海雾发展与维持。

在雾的集合预报研究方面，Zhou和Du（2010）的工作是开创性的。他们利用多模式的区域中尺度集合系统对中国东部的雾事件进行了连续8个月（2008年2月~9月）的预报试验，结果表明集合预报，特别是多模式的集合预报可以比单一确定预报提供更全面的有用信息，集合预报可以大大地提高雾预报的准确性。现在雾的集合预报方法已在NCEP投入业务运行。在此工作的鼓舞下，高山红等（2014）基于WRF模式及其杂合三维变分（Hybird-3DVAR）同化模块，对2006年3月黄海海域发生的一次大范围海雾进行了集合预报尝试，详细分析了其预报效果，并与确定性预报结果进行了比较。此次集合预报采用随机扰动法生成了40个初始成员，海温进行了扰动，在数据同化过程中借助杂合三维变分引入了来自集合体的"流依赖"背景误差信息。研究显示，集合预报50%概率雾区预报的ETS得分优于确定性预报29%左右，集合预报中加入海温扰动非常必要，它对浓雾预报改善作用显著，ETS得分至少提高10%。在集合预报中混用大气边界层YSU方案与MYNN方案的做法，可以降低只使用其中之一可能导致的预报误差。研究表明，借助杂合三维变分开展黄海海雾的集合预报技术上可行，集合预报将成为海雾数值预报的一种有效的途径。

第六节 一次黄海浓海雾事件的分析与 高分辨率数值模拟

在春季和夏季黄海海域海雾会频繁发生。2004年4月11日上午，山东半岛周围发生了一次极浓的海雾，这片雾的空间尺度为几百千米，一些地方的大气水平能见度降到了20 m以下，并在一条海滨高速公路上造成了一系列交通事故，有12人受伤。Fu等（2006）利用几乎所有可用的观测数据，包括地球静止业务环境卫星GOES-9可见光卫星云图、美国国家环境预报中心（NCEP）发布的客观再分析FNL资料、青岛和大连两个站的探空数据、RAMS-4.4模式来研究这个海雾个例。海雾的演化过程和导致雾形成的大气环境条件是利用GOES-9可见光卫星云图和探空资料来刻画的。为了更好地理解雾的形成机理，设计了一个水平分辨率为4 km × 4 km数值模拟，初始场和模拟结果验证由FNL资料提供。从2004年4月10日18UTC开始积分RAMS模式，积分30小时的模式结果成功地再现了这次浓雾的主要特征，模拟的低大气水平能见度区域与卫星云图显示的海雾区域吻合得相当好。

一、海雾概况

2004年4月11日上午，一次极浓的海雾发生在西北太平洋沿岸上空，雾区蔓延到山东半岛的纵深地区，在沿海的一条高速公路上大气水平能见度降至几十米，雾持续了一天左右，并导致了一系列交通事故，共有12人受伤，高速公路上交通堵塞持续约9小时。

我们拟利用地球静止业务环境卫星GOES-9可见光卫星云图、美国国家环境预报中心NCEP发布的客观再分析FNL资料，青岛和大连两站的探空数据，以及高分辨率的区域大气模式RAMS-4.4，分析这一海雾事件的演变过程及其形成的环境条件，并采用数值模拟的方法研究雾的形成和发展机理。

二、资料

本研究使用了以下资料：① 2004年4月10日00 UTC~12日18 UTC的 NCEP发布的 FNL资料，网址为http//dss.ucar.edu/datasets/ds083.2/data/fnl-200404/。该资料水平分辨率为1°×1°，覆盖全球范围，可在每天00, 06, 12, 18 UTC 有资料。② 日本高知大学提供的GOES-9可见光卫星云图，网址为http//weather.is.kochi-u.ac.jp。③ 2004年4月11日00 UTC青岛（编号54857号站）和大连（编号54662站）两个站的探空资料。

三、海雾的演化过程及数值模拟结果分析

图7.15为在海雾形成之前2004年4月10日18 UTC的海表面温度场和海表面风场，图7.16给出了白天GOES-9系列可见光卫星云图，可以看出，从2004年4月11日00 UTC~09 UTC，一片发亮的云团占据了渤海的一部分和黄海的北部。从00 UTC~04 UTC（图7.16a，图7.16b，图7.16c），一部分云团伸展到山东半岛的中部，与青岛站观测到地面有雾相对应。云图上的灰暗地区表示无云或几乎无云的区域。至06 UTC陆地上的云团几乎完全消失。从卫星云图上看这些云团的层积云性质非常明显。实际上这片纹理均匀的云团就是浓密的雾区，至少有以下三个方面的证据来支持我们对这片云团是雾的判断。第一，该云团表面纹理相对均匀，没有明显的有组织的对流性结构，色泽也不太明亮，表明这种云不是积云而是层云；第二，云团的边缘清晰，与山东半岛附近的海岸线吻合得较好，表明云的高度较低甚至与海面相连接；第三，在一整天时间里云团的运动特征并不显著，表明这些云团较低。因为高云在一天内没有明显的运动几乎是不可能的。

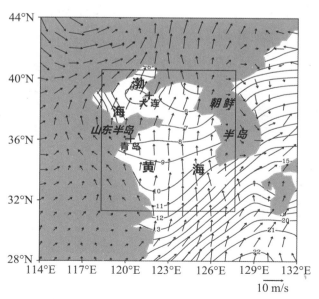

大方框是用于RAMS数值模拟的计算区域，等值线和向量分别表示2004年4月10日18 UTC的海表面温度（℃）场和海表面风场，青岛和大连两个观测站位置用"+"符号表示。

图7.15　黄海及邻近海域地理位置图

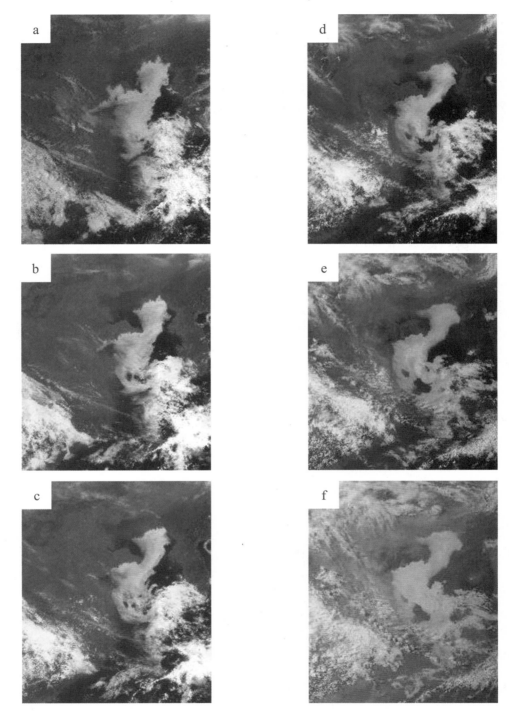

（a）00 UTC，（b）02 UTC，（c）04 UTC，（d）06 UTC，（e）08 UTC，（f）09 UTC
（位于渤海和黄海北部上空的光滑的羽毛状云团就是所研究的海雾，其中青岛在11日03 UTC的
大气水平能见度小于20 m）

图7.16 从2004年4月11日00 UTC至09 UTC的GOES-9可见光卫星云图

　　FNL资料分析表明，2004年4月10日18 UTC在海雾形成之前，在135°E，30°N附近有一稳定的高压系统控制黄海海域，海面上SST呈"向南的暖舌"状分布。另外还发现风速为4 m/s的弱南风。在这一时段里，该地区没有观测到锋面系统通过和降水发生。2004年4月11日00 UTC的观测资料表明，黄海上空的气温比SST约高2℃，这是该地区海雾形成的有利条件。大约在03UTC，青岛站报告说在市区附近出现了大气水平能见度约为20 m的浓雾，并在沿海的一条高速公路上造成了一系列交通事故致使12人受伤。

　　图7.17a，图7.17b为2004年4月11日00 UTC青岛站和大连站的温度对数压力图，从

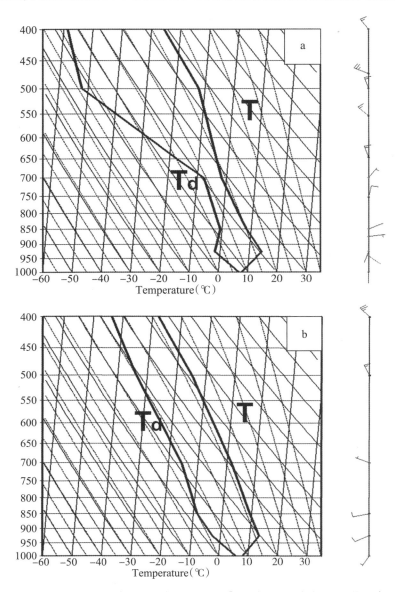

　　(a)青岛站(编号54857)，(b)大连站(编号54662)〔全(半)羽毛代表8(4)节风速，光箭头代表2节风速(1节=0.514 m/s)。T曲线表示气温，Td曲线表示露点温度，垂直轴是气压(单位: hPa)〕

图7.17　2004年4月11日00 UTC 的T–ln P图

中可以看出, 有四个特征与本次海雾有关: ① 这两个站的对流有效位能 (Convective Available Potential Energy) 都为零, 表明低层大气没有强对流活动; ② 在925 hPa以下大气有逆温层, 表明低层大气是稳定的, 为雾的形成提供了有利条件; ③ 近地面有风速1 m/s~2 m/s的弱南风; ④ 从1000 hPa至700 hPa, 风向随高度增加呈顺时针旋转, 是典型的暖平流, 表明南方可连续提供温暖的、湿润的空气。当温暖的空气流经冷的下垫面时空气往往会凝结, 若低于露点则会形成雾。

数值模拟是研究海雾物理过程的一个重要手段。由于在海雾发生的区域缺乏观测资料, 无法对雾的物理性质做出合理的解释, 因此我们将依赖RAMS数值模拟结果, 以期获得更多的关于雾的物理方面的知识。

RAMS模式是一个非静力学区域大气模式 (Pielke等, 1992), 它采用垂直地形追随坐标来表示的可压缩方程, 模式中考虑了七种水成物 (hydrometers), 即把云 (cloud)、雨 (rain)、冰晶 (pristine)、雪 (snow)、集成物 (aggregates)、霰 (graupel) 和冰雹 (hail) 的混合比作为预报变量。模式提供了大气湍流、云的微物理过程参数化方案。本研究采用了Chen和Cotton (1983) 的大气辐射方案, 以及Mellor和Yamada (1974) 的大气边界层方案。RAMS模式具有相当好的云物理过程模拟能力 (Pielke等, 1992)。本次模拟中模式的水平格距设为4 km × 4 km, 边界和初始条件由FNL资料插值提供。从地面到100 hPa垂直分为30层。为提高大气边界层的垂直分辨率, 在850hPa以下设20层, 第一层的风和温度设在10 m高度上。从2004年4月10日18 UTC开始积分30小时, RAMS模式相当好地再现了天气系统的主要特征。

图7.18a为2004年4月11日06 UTC单位面积上的云水垂直积分的水平分布[①], 可以看到, 云团边缘与海岸线吻合得相当好, 与同时刻的可见光卫星云图 (图7.16d) 进行比较发现, 这是利用RAMS模式对黄海海域真实海雾过程的一次非常成功的三维数值模拟。

为了研究云的垂直结构, 在图7.18a中沿AB线作垂直剖面分析, AB线位于青岛附近且几乎与山东半岛南部的海岸线平行。可以发现 (图7.18b), 所有的云水都集中在300 m以下, 云水混合比最大值达到0.9 g/kg, RAMS模式模拟了云的底部与地面相连接。模式成功地在地面模拟出云的存在, 表明RAMS 模式对此次海雾个例的模拟是相当成功的。

大气水平能见度是判别雾等级的一个重要变量, 被定义为可以识别所选对象的最大距离。RAMS模拟的大气水平能见度可由Stoelinga和Warner (1999) 提出的一个公式来计算, 该公式是基于计算各种水成物的消光系数。

$$X_{vis} = -1\,000 \times \ln(0.02)/\beta \tag{7.1}$$

这里消光系数β包括了云水、云冰、雪和雨水的影响 (Stoelinga和Warner, 1999), 即

$$\beta = \beta_{云} + \beta_{冰} + \beta_{雪} + \beta_{雨} \tag{7.2}$$

---

① 在此我们只显示云水混合比, 其他物理量如雨、冰晶、雪、集成物、霰和冰雹的混合比都是零。

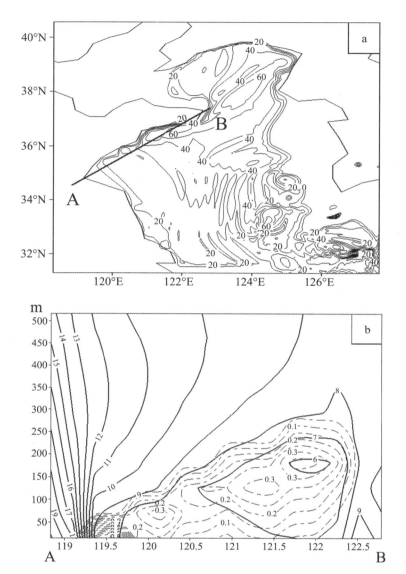

图7.18 （a）2004年4月11日06 UTC单位面积上云水垂直积分的水平分布（单位：kg/m²），AB线用作垂直剖面分析，（b）同一时刻沿AB线的云水混合比 （虚线，单位：g/kg）和气温（实线，单位：℃） 的垂直分布

图7.19显示在10 m高度上模拟的从2004年4月11日00 UTC至09 UTC的大气水平能见度场，可以看到在00 UTC（图7.19a），有近似南北向的椭圆形低大气能见度区域，大气水平能见度最小值为50 m，其中心位于34°N，123°E附近，低大气能见度区覆盖了从山东半岛到黄海南部，同时在陆地上还有另一个低大气能见度区位于33°N，119°E附近。与同时刻的可见光卫星云图 （图7.18a） 比较发现，模拟的大气水平能见度350 m等值线与雾区的外部边界非常相似。随着时间推移，该低大气能见度区逐渐向北扩展。至02UTC（图7.19b）其北部边缘到达渤海的39°N附近。与此同时，陆地上的低大气能

见度区逐渐消散。至04UTC（图7.19c）以前一个低大气能见度区域逐渐分裂为两个区域，北边的占据了渤海的东部，南边的从山东半岛南部伸展到黄海南部。这两个低大气能见度区域的外边缘都与海岸线吻合得较好。与卫星云图的比较表明，利用RAMS模式对这个海雾个例的数值模拟是相当成功的。

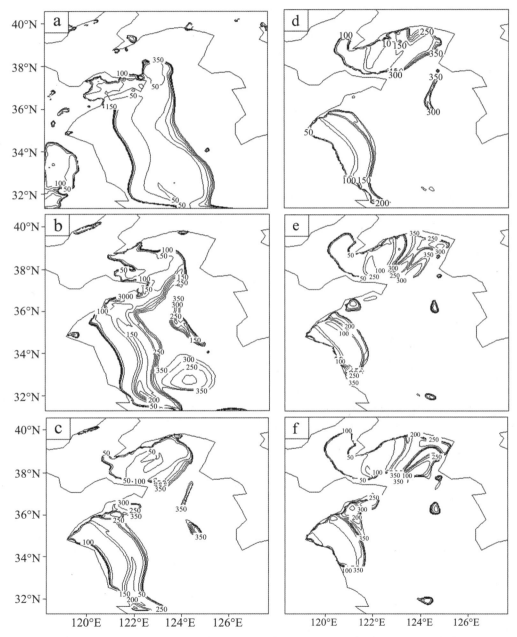

（a）00 UTC，（b）02 UTC，（c）04 UTC，（d）06 UTC，（e）08 UTC，（f）09 UTC

图7.19　利用RAMS模式模拟结果计算的10 m高度上的2004年4月11日大气水平能见度场的水平分布

在随后的几个小时里, 南边的低大气能见度区域面积逐渐缩小, 低大气能见度区域逐渐向南移动, 而北边的低大气能见度区域仍然占据渤海的东部 (图7.19d)。随着时间推移, 其东部边缘不断向东延伸, 几乎靠近朝鲜半岛的西部海岸线。后来, 北边的低大气能见度区域的西部边缘向西扩展, 侵入到渤海内部, 大气能见度最小值只有50 m (图7.19e), 而其东部边缘向南扩展缓慢。至09UTC (图7.19f), 北边和南边的低大气能见度区域相互连在一起, 形成一个面积较大的低大气能见度区域。

与不同时刻的卫星云图对比后发现, RAMS模式较好地抓住了此次海雾过程的主要特征, 特别是模拟的低大气能见度区域与海岸线和雾区边缘之间有相当好的吻合。

四、讨论和总结

对青岛和大连两站观测资料的分析表明, 平流冷却过程, 即温暖的空气流经冷的海洋下垫面空气在低于露点时凝结形成雾, 似乎是该海雾个例的主要形成过程。为了检验上述假设, 我们还设计了一个消除水平SST梯度, 只有区域平均SST分布的数值试验。模拟结果表明, 除山东半岛地区有一小片雾区外, 整个黄海海域没有海雾发生。后来陆地上的雾也逐渐消散。至11日04 UTC, 只有渤海西部有一小片雾。试验结果表明, 水平均匀分布的海温阻碍了海雾的形成, 平流冷却效应对雾的形成起着重要作用。

最后对本节进行总结。利用RAMS模式对2004年4月11日上午发生在渤海和黄海部分海域的一次浓雾事件进行了观测分析和数值模拟研究。为了更好地理解雾的形成过程, 使用RAMS模式进行了一个4 km×4 km的高分辨率的数值模拟, 该模式成功地再现了这一海雾个例的主要特征, 这是一次相当成功的高分辨率数值模拟。模拟出的大气水平能见度区域与GOES-9可见光卫星云图非常一致。平流冷却效应似乎对海雾的形成起着重要作用。

参考文献

1. 屈凤秋, 刘寿东, 易燕明, 等. 一次华南海雾过程的观测分析 [J]. 热带气象学报, 2008, 24: 490-496.

2. 徐静琦, 张正, 魏皓. 青岛海雾雾滴谱与含水量观测与分析 [J]. 海洋湖沼通报, 1994, 2: 174-178.

3. 赵柏林, 张霭琛. 大气探测原理 [M]. 北京: 气象出版社, 1987: 578.

4. Ballard S P, Golding B W, Smith R N B. Mesoscale model experimental forecasts of the haar of northeast Scotland [J]. Monthly Weather Review, 1991, 119: 2107-2123.

5. Bergot T, Guedalia D. Numerical forecasting of radiation fog: Part I. Numerical model and sensitivity tests [J]. Monthly Weather Review, 1994, 122: 1218-1230.

6. Brown R. A numerical study of radiation fog with an explicit formulation of the microphysics [J]. Quarterly Journal of the Royal Meteorological Society, 1980, 106: 781-802.

7. Brown R, Roach W T. The physics of radiation fog: Ⅱ. A numerical study [J]. Quarterly Journal of the Royal Meteorological Society, 1976, 102: 335-354.

8. Chen C, Cotton W R. A one-dimensional simulation of the stratocumulus-capped mixed layer [J]. Boundary Layer Meteorology, 1983, 25: 289-321.

9. Duynkerke P G. Radiation fog. A comparison of model simulation with detailed observations [J]. Monthly Weather Review, 1991, 119: 324-341.

10. Fu G, Zhang M, Duan Y, et al. Characteristics of sea fog over the Yellow Sea and the East China Sea [J]. Kaiyo Monthly (Extra Issue) 2004, 38: 99-107 (in Japanese).

11. Guedalia D, Bergot T. Numerical forecasting of radiation fog: Part Ⅱ. A comparison of model simulation with several observed fog events [J]. Monthly Weather Review, 1994, 122: 1231-1246.

12. Mellor G L, Yamada T. A hierarchy of turbulence closure models for planetary boundary layers [J]. Journal of the Atmospheric Sciences, 1974, 31: 1791-1806.

13. Mason J. The physics of radiation fog [J]. Journal of the Meteorological Society of Japan, 1982, 60: 486-498.

14. Musson-Genon L. Numerical simulation of a fog event with a one-dimensional boundary layer model [J]. Monthly Weather Review, 1987, 115: 592-607.

15. Pielke R A. A comprehensive meteorological modeling system-RAMS [J]. Meteorology and Atmospheric Physics, 1992, 49: 69-91.

16. Stoelinga M T, Warner T T. Nonhydrostatic, meso-beta-scale model simulations of cloud ceiling and visibility for an east coast winter precipitation event [J]. Journal of Applied Meteorology, 1999, 38: 385-404.

17. Trémant M. La Prévision du brouilliard en mer [J]. Meteorologie Maritime et Activies. Oceanograpiques Connexes Raport. WMO, 1987, 20: 127.

18. Wang B. Sea Fog [M]. Beijing: China Ocean Press. 1985: 330.

19. Zdunkowski W B, Nielsen B C. A preliminary prediction analysis of radiation fog [J]. Pure and Applied Geophysics, 1969, 75: 278-299.

思考题

1. 雾的定义是什么？雾与云有什么联系和区别？

2. 海雾大体上分为几大类？

3. 如何利用可见光卫星云图判别海雾？

4. 为什么夏季在大洋西部海域海雾发生的频率要比其他海域高？

5. 利用中尺度大气模式做海雾的数值模拟研究应注意哪些关键点？

6. 海雾的数值模拟研究经历了几个阶段？未来的发展趋势是什么？

气象风云人物之九

王彬华（Binghua Wang，1914年3月5日~2011年4月13日），原名王华文，字彬华，20世纪50年代后以字代名。我国著名的海洋气象学家、教育家，中国海洋气象科学研究的开拓者、中国海洋大学海洋气象系的创建者、中国气象学会终身成就奖获得者。他曾任中国海洋湖沼学会水文气象学会副理事长、山东气象学会副理事长、山东海洋湖沼学会副理事长兼秘书长，《海洋湖沼通报》主编等职。

著名海洋气象学家、教育家王彬华先生年轻时的照片

王彬华1914年3月5日生于安徽寿县，5岁入私塾，1934年考入山东大学物理系，1935年开始师从中国近代气象事业的开创者蒋丙然攻读气象学。1937年王彬华在南京北极阁紫金山实习时抗日战争爆发，1938年春在重庆进入中央大学复读，1939年毕业于中央大学，次年考入"中央研究院"气象研究所，师从竺可桢先生。1943年应招进入中美合作所气象组，从事抗日战争时期中国战区的气象预报工作。1945年9月，受命接管青岛观象台并任台长。1948年3月组织编撰出版了《青岛观象台50周年纪念特刊》。1950年9月，青岛观象台被命名为"中国人民解放军海军青岛基地观象台"，王彬华任台长。1956年调入山东大学，在海洋学系创建了海洋气象专业。

王彬华是中国海洋气象科学研究的开拓者,早在20世纪60年代他就提出大洋环流与大气环流的对应关系,研究大尺度海-气相互作用。王彬华开创了我国海雾研究之先河,1983年出版《海雾》一书,1985年译成英文出版,是海洋气象学领域的经典之作。

王彬华也是中国海洋气象学教育的创始人,他先后编写了《气象学》《天气学》《海洋气象学》《海洋天气学》《热带风暴》《普通气象学》和《海雾》等教材和讲义共200余万字。在他的办学思想的影响下,经过几代人的努力,中国海洋大学海洋气象学系成为全国最早冠以"海洋气象学"的历史悠久的教学和科研的系,是我国培养海洋气象学、海洋-大气相互作用、气候及大气环境等方面人才的重要基地之一。

《海雾》一书是王彬华积40余年之经验对海雾研究的结晶,其主要内容包括海雾的生成及其分类、世界海雾的分布及其变化、海雾及其水文气象特征、东亚水域的海雾分析、海雾的物理性质、海雾预报。该书于1985年由Springer-Verlag和海洋出版社(China Ocean Press)译成英文Sea Fog在欧洲、北美和日本等国家和地区出版发行。此书在世界范围发行后,国际上许多著名气象学和海洋学杂志纷纷发表评论,公认此书是当时世界上研究海雾的权威性专著,是国际上最早的研究海雾的专著,是海洋气象论著中的一朵奇葩,至今为止仍是该领域的经典之作。日本东京大学木村龍治(Kimura Ryuji)曾对中国留学生说:"该书是世界上关于海雾研究的第一本、也是唯一的专著(It was the first, unique and excellent book in the world on sea fog study)。"

王彬华开创了我国海雾研究之先河,在他的带动、鼓励和支持下,中国海洋大学海洋气象系多年来一直坚持海雾研究这一方向,经过两三代人的努力,已经形成海雾科学研究和人才培养的团队。

王彬华先后担任中国海洋湖沼学会水文气象学会副理事长、山东气象学会副理事长、山东海洋湖沼学会副理事长兼秘书长、青岛市老年海洋科技工作者协会理事长、《海洋湖沼通报》主编、《中国大百科全书海洋科学》编委、《海洋学报》编委等职。2004年10月18日在中国气象学会成立80周年庆祝大会上,90岁高龄的王彬华获得中国气象学会首次设立的最高荣誉奖项"气象终身成就奖"。

王彬华历经百年沧桑,风云变幻,"坎坷复复又重重"。虽路途坎坷,但坚忍不拔,求索不坠;他襟怀坦荡,仁德宽厚;他淡泊名利,不计得失;他对科学执着,对教育抱负远大,他为深爱的科学与教育奋斗不息;他的品格、学术思想、学术成就是留给后人的珍贵财富。

参考文献

1. 盛立芳, 2011: 追忆缅怀王彬华教授, 中国海洋大学校报电子版 第1714期(2011年6月23日)—第04版: 副刊.

2. 周发琇, 王立莉手稿"王彬华".

第八章　风暴潮

第一节　风暴潮的定义和分类

一、风暴潮的定义[①]

风暴潮（Storm Surge），是指由于强烈的大气扰动，如热带气旋（台风、飓风）、温带气旋或寒潮过境引起的海面异常升高或降低的现象，也有人称风暴潮为"风暴海啸"或"气象海啸"，是来自海上的一种巨大的自然界的灾害现象。我国历史文献中多称"风暴潮"为"海溢""海侵""海啸""大海潮"等，把风暴潮灾害称为"潮灾"。

美国国家飓风中心（National Hurricane Center）对风暴潮的定义如下[②]："风暴潮是由于风暴的狂风所产生的水位异常上升现象，风暴潮可达到20英尺以上的高度，可以跨越几百英里的海岸线"（Storm surge is an abnormal rise of water generated by a storm's winds. Storm surge can reach heights well over 20 feet and can span hundreds of miles of coastline）。

风暴潮是沿海地区的一种自然灾害，与其相伴的狂风巨浪，可引起水位暴涨、堤岸决口、农田淹没、房摧船毁，酿成灾害。如果风暴潮恰好与天文高潮相叠（尤其是与天文大潮期间的高潮相叠），加之风暴潮往往夹狂风巨浪而至，溯江河洪水而上，则常常使其影响所及的滨海区域潮水暴涨，甚者海潮冲毁海堤海塘，吞噬码头、工厂、城镇和村庄，使物资不得转移，人畜不得逃生，从而酿成巨大灾难。如1969年发生在美国密西西比州的帕斯·奇里斯蒂安附近的风暴潮，潮位高达7.4 m。1970年11月12日~13日发

---

① 本小节主要参考冯士筰主编的《风暴潮导论》（1982）的有关内容编写。

② http://www.nhc.noaa.gov/prepare/hazards.php#surge.

生在孟加拉湾沿岸地区的一次飓风暴潮，最大增水超过6 m，曾导致20余万人死亡和约100万人无家可归。

风暴潮是一种重力长波，空间尺度由几十千米至数千千米、周期从几小时到几天不等，介于海啸和低频的海洋潮汐之间，振幅可达数米。但有时风暴潮影响区域随大气扰动因子的移动而移动，因而有时一次风暴潮过程可影响到数千千米的海岸区域，影响时间多达数天之久。

根据风暴潮潮位与水深比值的不同，可以把风暴潮分为"浅水风暴潮"和"深水风暴潮"两种。所谓的"浅水风暴潮"是指风暴潮潮位远小于水深，其主要特征是风应力与气压变化相比较，风应力是风暴潮的主要强迫力，线性模式可作为零级近似使用。"深水风暴潮"是指当风暴潮潮位与水深具有相同的数量级时，非线性效应非常显著，气压变化是诱发深水风暴潮的主要强迫力。

风暴潮的潮位高度与台风或低气压中心气压低于外围的气压差成正比，作用于水面的风应力和气压变化的作用相比，前者是诱发浅水风暴潮的主要强迫力，后者是诱发深水风暴潮的主要强迫力。这种深水风暴潮的潮位很少超过1 m，其值可用静压关系近似地表达，即气压下降（升高）1 hPa，海面升高（降低）1 cm。风暴移动越慢，这种近似表达的精度越高。海水越浅，风暴潮的非线性效应将变得越重要。风暴潮的大小和风暴的结构、强度、路径、移速、海岸和海底形态、水深、纬度以及海水的热力、动力因子等密切相关。

风暴潮能否成灾，在很大程度上取决于其最大风暴潮位是否与天文潮高潮相叠，尤其是与天文大潮期的高潮相叠。当然也决定于受灾地区的地理位置、海岸形状、岸上及海底地形，尤其是滨海地区的社会及经济情况。如果最大风暴潮位恰与天文大潮的高潮相叠，往往会导致发生特大潮灾，如8923号和9216号台风风暴潮。1992年8月28日至9月1日，受第9216号强热带风暴和天文大潮的共同影响，我国东部沿海发生了自1949年以来影响范围最广、损失最严重的一次风暴潮灾害。潮灾先后波及福建、浙江、上海、江苏、山东、天津、河北和辽宁等省、市。风暴潮、巨浪、大风、暴雨的综合影响，使自福建东山岛到辽宁省沿海的近万千米的海岸线遭受到不同程度的袭击。受灾人口达2000多万，死亡194人，毁坏海堤1170 km，受灾农田193.3万公顷，成灾33.3万公顷，直接经济损失90多亿元。

必须指出，风暴潮与天文潮汐和海啸有根本的区别，主要有以下几点：

（1）成因不同。风暴潮是指剧烈的大气扰动，如台风、温带气旋等灾害性天气系统所伴随的强风和气压骤变所导致的海水异常升降现象。而天文潮汐是人们通常所熟悉的每日或每月海水有规律性的涨落，它主要是月亮和太阳对地球表面海水的吸引力所致，表现为具有极强的规律性的海水涨落现象。海啸，顾名思义就是因海底的突然升降运动，如地震爆发或海底火山爆发、滑坡引起的海水异常涨落现象。风暴潮主要是指海水表面的运动，而海啸是指海水的整体运动。

（2）波长不同。海啸的波长可达几百千米，而风暴潮的波长一般不到1 km，和海水的平均深度相比，海啸波长要大得多，水深达数千米的海洋对于波长几百千米的海啸犹如一池浅水，所以海啸波是一种"浅水波"，而风暴潮波长比海水的深度小得多，所以是一种"深水波"。

（3）传播速度不同。海啸传播速度快，每小时可达700 km~900 km，大约与波音747飞机的速度相当，而水面波传播速度较慢，风暴潮要快一点，最快的台风速度也只有200 km/h左右，比起海啸的传播速度要慢得多。

（4）激发的难易程度不同。风暴潮很容易被风或风暴所激发，而海啸是由海底地震产生的，只有少数剧烈的地震活动在特殊的条件下，才能激发起灾害性的大海啸。有风和风暴必有风暴潮，而大地震未必一定产生海啸，大约十个地震中只有一两个能够产生海啸。尽管对只有极少数地震能够产生海啸已经有了不少解释，但至今仍是一个需不断研究的问题。

二、风暴潮的分类

通常国内外学者按照诱发风暴潮的大气扰动特性，把风暴潮分为由温带气旋等温带天气系统所引起的温带风暴潮和热带风暴等天气系统所引起的热带风暴潮（或称台风风暴潮，在北美称为飓风风暴潮，在印度洋沿岸称为热带气旋风暴潮）两大类。我国是世界上两类风暴潮灾害都非常严重的少数国家之一，风暴潮灾害一年四季均可发生，从南到北所有沿岸均无幸免。

（一）温带风暴潮

温带气旋引起的风暴潮主要发生于冬、春季节，中纬度沿海各地都可见到，如欧洲的北海和波罗的海沿岸、美国东岸和日本沿岸，经常出现这种风暴潮，它以潮位变化的稳定和持续为其特点。每逢春秋过渡季节，中国北部海区在北方冷高压配合南方低压（槽）的天气形势影响下发生的风暴潮，也有类似的特点。

（二）热带风暴潮

多见于夏秋季节，伴有急剧的水位变化。北太平洋西部、南海、东海、北大西洋西部、墨西哥湾、孟加拉湾、阿拉伯海、南印度洋西部、南太平洋西部沿岸和诸多岛屿等，凡是热带风暴影响的沿海地区，均有热带风暴潮发生。中国东南沿海也是这类风暴潮的多发地区。

热带风暴在其所路经的沿岸带都可能引起风暴潮，以夏秋季为常见。经常出现这种潮灾的地域非常广，包括北太平洋西部、南海、东海、北大西洋西部、墨西哥湾、孟加拉湾、阿拉伯海、南印度洋西部、南太平洋西部诸沿岸和岛屿等处。如日本沿岸，因受太平洋西部台风的侵袭，遭受风暴潮灾害颇多，特别是面向太平洋及东中国海的诸岛更易遭受潮灾。中国东南沿海也频频遭受台风潮的侵袭。在墨西哥湾沿岸及美国东海岸遭受由加勒比海附近发生的飓风的侵袭而酿成飓风暴潮。印度洋发生的热带风暴，通常称为旋风，旋风也诱发风暴潮，如孟加拉湾的风暴潮举世罕见。

当热带风暴引起的风暴潮传到大陆架或港湾时，其潮位的变化过程大致经历以下3个阶段。

1. 初振阶段

当热带风暴还远在大洋或外海的时候,可能由于其移动速度小于当地自由长波速度,便有"先兆波"先于风暴到达岸边,引起沿岸的海面缓慢上升或下降。即在风暴潮尚未到来以前,在验潮曲线中往往已能观测到潮位受到了相当的影响,有时可达20cm~30cm波幅的缓慢的波动,这一阶段被称为"初振阶段"。然而必须指出的是,"先兆波"并非是必然呈现和存在的现象。

2. 主振阶段

当热带风暴逼近观测站或过境时,海面直接感受到风暴的影响,沿岸水位急剧升高,这时风暴潮位可达数米量级,持续时间数小时至一天,这一阶段被称为"主振阶段",招致风暴潮灾主要是在这一阶段。但这一阶段时间不太长,一般为数小时或一天的量阶。

3. 余振阶段

当热带风暴离境后,高水位的主峰已过,但风暴潮并不稳定地下降,仍残留着一系列明显的波动——假潮、边缘波或陆架波。当风暴移动速度等于或接近于当地长波的波速时,会出现共振现象,导致水位猛增,极易酿成潮灾。在大陆架上,即使没有风暴的直接作用,也能产生由外海风暴潮以自由波的形式传入的风暴潮。这一阶段被称为"余振阶段",可长达2天~3天。在余振阶段的最危险情形在于其水位高峰若恰巧与天文潮高潮相遇时,实际水位完全有可能超出该地的"警戒水位",从而再次泛滥成灾。因为这往往是出乎意料的,更要特别警惕。

上述的温带风暴潮和热带风暴潮的明显差别在于,由热带风暴引起的风暴潮,一般伴有急剧的水位变化;而由温带气旋引起的风暴潮,其水位变化是持续的而不是急剧的。可以认为,这是由于热带风暴比温带气旋移动迅速,而且其风场和气压变化也来得急剧的缘故。

必须指出的是,风暴潮分类的方法并不唯一。虽然按照诱发风暴潮的大气扰动之特性可把风暴潮分为由热带风暴所引起的和由温带气旋所引起的两大类,但在中国北方的渤、黄海还有另一种类型的风暴潮(图8.1,图8.2),可以说是渤、黄海所特有的,只是尚未引起国际上风暴潮界的注意。在春、秋过渡季节,我国的渤海和北黄海是冷、暖气团角逐激烈的地区,由寒潮或冷空气所激发的风暴潮非常显著,其特点是水位变化持续但并不太剧烈。由于寒潮或冷空气不具有低压中心,因而这类风暴潮可称为风潮(wind surge;冯士筰,1982)。

三、中国沿海的风暴潮

位于太平洋西岸的中国,台风季节长、频数多、强度大,过渡季节冷气团和暖气团在北部海区又十分活跃,加上中国海拥有助长风暴潮发展的广阔大陆架海区,使中

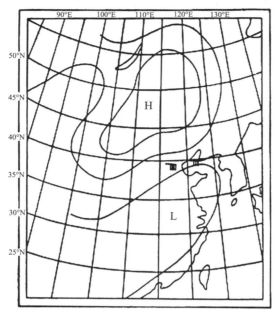

图8.1 激发渤海风暴潮的主要天气形势示意图（改绘自冯士筰，1982）

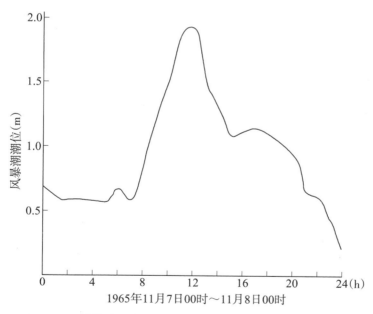

图8.2 天津塘沽一次风暴潮潮位的时间演变图（改绘自冯士筰，1982）

国不仅是世界上多风暴潮灾的国家和地区之一，而且最大风暴潮潮位高度名列世界前茅。据统计，渤海湾至莱州湾沿岸，江苏小羊口至浙江北部海门港及浙江省温州、台州地区，福建省宁德地区至闽江口附近，广东省汕头地区至珠江口，雷州半岛东岸和海南岛东北部等岸段是风暴潮的多发区。中国渤海的莱州湾地区在历史上的最高潮位超过3.5 m,中国有逐时潮位记录以来风暴潮最高潮位记录是5.94 m,是由8007号台风Joe在东南沿海的南渡引起的,位居世界第三位。

中国沿海的风暴潮有以下特点:

（1）一年四季均有发生。夏季和秋季,台风常袭击沿海而引起台风潮,但其多发区和严重区集中在东南沿海和华南沿海。冬季寒潮大风、春秋季的冷空气与气旋配合的大风及气旋也常在北部海区,尤其是渤海湾和莱州湾产生强大的风暴潮。

（2）发生的次数多。

（3）风暴潮位的高度较大。

（4）风暴潮的规律比较复杂。特别是在潮差较大的浅水区,天文潮与风暴潮具有较明显的非线性耦合效应,致使风暴潮的规律更为复杂。

第二节　风暴潮的预报

严重的风暴潮灾害已引起了世界上许多沿海国家和科研机构的高度重视。为了减少因风暴潮给人们带来生命财产的损失,从20世纪50年代起,世界上各主要沿海国家相继建立了风暴潮的观测、警报和预报系统,开展了风暴潮的预报服务工作。目前国外开展风暴潮观测、研究和预报工作的国家有美国、英国、德国、法国、荷兰、比利时、俄罗斯、日本、泰国和菲律宾等。

风暴潮的预报一般可分为两大类,一类为"经验统计预报"（简称为"经验预报"）,另一类为"动力-数值预报"（简称为"数值预报"）,下面分别简要介绍。

一、经验统计预报

该方法的主要思路是依据历史资料,用数理统计方法建立气象要素,如风和气压等,与特定地点风暴潮之间的经验函数关系。主要利用回归分析和统计相关来建立指标站的风和气压与特定港口风暴潮位之间的经验预报方程或相关图表。其优点是简单、便利、易于学习和掌握,且对于某些单站预报有较高的精度。但它必须依赖于这个特定港口的充分长时间的潮位资料和有关气象站的风和气压的历史资料,以便能回归出一个在统计学意义上的稳定的预报方程。对于那些没有足够长的历史资料的沿海地域,由于资料样本较少,得出的经验预报方程可能是不稳定的。对于那些缺乏历史资料的风暴潮灾的沿岸地区,这种经验统计预报方法根本无法使用。因而用历史上风暴潮的资料作子样回归出的预报方程,一般会具有这样一种统计特性:它预报中型风暴潮精度较高,而用以预报最具有实际意义的、最危险的大型风暴潮,预报的极值通常比实际产生的风暴潮极值要偏低。另外,经验方法制定的预报公式或相关图表只能用于这个特定港口,不能用于其他港口。

经验统计预报方法简单易行,早期世界各国就是利用这种方法预报单站极值风暴潮的。但是仅仅做这种预报是不够的,因为用以衡量出现的风暴潮灾的,并非风暴潮的极值本身,而是潮汐和风暴潮在对应时刻叠加的最高水位。

二、动力-数值预报

该方法也被称为"风暴潮数值预报",是利用数值天气预报提供的有关风暴的预报数据,如海面的风和气压场的预报数据,在一定的初始条件和边界条件下,用数值方法求解控制海水运动的动力学方程组,从而计算出特定海域内未来的风暴潮潮位和潮流的时空分布。

所谓"风暴潮数值预报"是指"数值天气预报"和"风暴潮数值计算"二者组成的统一整体。数值天气预报给出风暴潮数值计算时所需要的海上风场和气压场,即大气强迫力的预报。风暴潮数值计算是在给定的海上风场和气压场强迫力的作用下、在适当的边界条件和初始条件下数值求解风暴潮的基本方程组,从而给出风暴潮位和风暴潮流的时空分布,其中包括了特别具有实际预报意义的岸边风暴潮位的分布和随时间变化的风暴潮位过程曲线。毫无疑问,这种更客观、更有效的预报方法是风暴潮预报未来发展的主要方向。

动力-数值预报方法是从20世纪50年代逐步发展起来的。1954年,H.基维西尔德首先利用人工计算的办法成功地做了这方面的尝试。Hansen(1956)首次用电子计算机对欧洲北海的风暴潮做了数值模拟,并取得了初步成功。这些数值计算都是针对二维问题进行的,但无法提供风暴潮流的铅直结构。为了弥补这一缺陷,随后又发展了风暴潮的三维数值计算模式,并利用多种方法进行计算,使风暴潮的数值模拟结果更加精确。风暴潮的动力-数值预报方法已成为现代风暴潮预报方法的主要发展方向。

20世纪70年代,日本的宫崎正卫等采用台风预报的多种模式计算结果相互对照来进行风暴潮预报。美国的Jelesnianski博士建立了SPLASH(Special Program to List Amplitude of Surges from Hurricane)模式,成为美国风暴潮的业务预报模式。20世纪90年代后,美国发布了新的风暴潮数值预报模式SLOSH(Sea, Lake and Overland Surges from Hurricanes)模式(Jelesnianski等,1992)。进入20世纪90年代后,风暴潮与天文潮耦合的二维模式成为风暴潮业务预报的主要手段,同时风暴潮三维数值模式也发展起来。Jones和Davies(2001)用一个高分辨率的三维模式计算了1997年11月东爱尔兰海的风暴潮,模式中还考虑了波浪和海流的相互作用。

近年来,风暴潮的三维数值计算模式得到很大发展,如美国Princeton大学开发的ECOM(Estuary Coast and Ocean Model)和POM(Princeton Ocean Model)模式、德国Hamburg大学开发的HAMSOM(The Hydrodynamic Hamburg Shelf Ocean Model)陆架海洋动力模式、荷兰Delft科技大学开发的Delft-3D模式、美国马萨诸塞州大学海洋科学技术学院开发的FVCOM(An Unstructured Grid Finite-Volume Coastal Ocean

Model）模式等。

中国在风暴潮数值预报方面的工作开始得较晚，从20世纪60年代起中国风暴潮工作者致力于风暴潮理论及其预报方法的研究，先后建立并逐步完善了超浅海风暴潮理论，探索了从海洋和大气相互作用观点出发研究和计算风暴潮的可能途径，讨论了浅海海洋对风暴潮的响应，对中国沿海各个海区的风暴潮成功地进行了数值模拟，研究了海面风场的数值计算和预报。进入20世纪70年代以后才逐渐开展了风暴潮机制和预报的研究工作。孙文心等（1979）发表了国内第一篇风暴潮数值模拟的论文，开创了国内风暴潮数值预报的先河。1982年，科学出版社出版了冯士筰编著的国际上第一部风暴潮专著《风暴潮导论》（冯士筰，1982）。20世纪80年代以来，我国风暴潮的数值研究和应用有了很大发展，对渤海、黄海、东海和南海陆架区以及台湾海峡海域的风暴潮数值模拟研究取得了较好的成果。国家"七五""八五"期间均立项进行风暴潮数值预报产品的研究，取得了较先进的研究成果，并已逐渐把数值预报产品应用于进行风暴潮位的业务预报。目前风暴潮的监测和通信系统已在全国范围内建立，以经验-统计预报方法结合动力-数值预报，将使中国风暴潮的业务预报工作日臻完善。我国风暴潮研究者在研究国外数值模式的基础上，也逐步建立了适合我国地形地貌特征和台风特点的预报模式。

应该指出，除了需要深入掌握风暴潮的发生和发展的规律，以便建立完善的风暴潮预报模式外，风暴潮预报精度的提高还有赖于海上数值天气预报的进一步完善和预报精度的提高。

第三节　三维风暴潮模式的开发及应用

李大鸣等（2012）以温带风暴潮二维数值模式为基础，综合考虑海洋潮波动力与风应力联合作用，建立温带风暴潮三维数值计算模式。模式从推导三维风暴潮基本控制方程出发，并应用交替方向隐式格式（ADI）方法对方程进行离散求解。对于浅水动边界，模式采取局部深槽、缩小水域的活动边界处理方法。利用准三维数值计算方法，并提出了非平面水深划分模式（Non-Planar Depth Division Model）和平面等水深分布模式（Planar Equal Depth Distribution Model），应用这两种计算模式分别对渤海湾2009年5月8日~10日发生的风暴潮过程进行了数值模拟。将风暴潮位计算结果和增水位计算结果与塘沽验潮站的实际观测数值进行对比验证，结果显示受风应力与潮波联合作用的风暴潮位和增水位与实测数据吻合良好。

一、模式的控制方程及边界条件

（一）控制方程

三维数值计算的控制方程是以静水压强假设下不可压缩流体的三维流动的基本方程推导出的，静水压强假设下不可压缩流体的三维流动的基本方程如下。

连续方程：

$$\frac{\partial u}{\partial x} + \frac{\partial v}{\partial y} + \frac{\partial w}{\partial z} = 0 \tag{8.1}$$

运动方程：

$$\frac{\partial u}{\partial t} + \frac{\partial (uu)}{\partial x} + \frac{\partial (uv)}{\partial y} + \frac{\partial (uw)}{\partial z} - fv = -\frac{1}{\rho}\frac{\partial p}{\partial x} + \frac{1}{\rho}\left(\frac{\partial \tau_{xx}}{\partial x} + \frac{\partial \tau_{yx}}{\partial y} + \frac{\partial \tau_{zx}}{\partial z}\right) \tag{8.2}$$

$$\frac{\partial v}{\partial t} + \frac{\partial (uv)}{\partial x} + \frac{\partial (vv)}{\partial y} + \frac{\partial (vw)}{\partial z} + fu = -\frac{1}{\rho}\frac{\partial p}{\partial y} + \frac{1}{\rho}\left(\frac{\partial \tau_{xy}}{\partial x} + \frac{\partial \tau_{yy}}{\partial y} + \frac{\partial \tau_{zy}}{\partial z}\right) \tag{8.3}$$

$$\frac{\partial p}{\partial z} = -\rho g \tag{8.4}$$

式中，u，v，w 分别为 x, y, z 方向的运动速度分量，ρ 为流体密度，g 为重力加速度，p 为压强。τ_{xx}, τ_{xy}, τ_{xz}, τ_{yx}, τ_{yy}, τ_{yz} 分别为流体受到的切应力。f 为柯氏（Coriolis）参数，$f=2\omega\sin\varphi$，$\omega=7.29\times10^{-5}$ rad/s 为地球自转的角速度，φ 为纬度。对于大型水域如大洋，往往需要考虑地球自转引起的柯氏力。

沿水深方向将计算区域分为底层、中间层和顶层三层，在每层中将不可压缩流体的三维流动方程沿水深方向进行积分，积分后经简化得到三维计算模式的控制方程如下。

底层连续方程：

$$\frac{\partial \eta}{\partial t} + \frac{\partial}{\partial x}(u_1 D_1) + \frac{\partial}{\partial y}(v_1 D_1) = 0 \tag{8.5}$$

底层运动方程：

$$\frac{\partial u_1}{\partial t} + u_1\frac{\partial u_1}{\partial x} + v_1\frac{\partial u_1}{\partial y} + g\frac{\partial \delta}{\partial x} =$$

$$-\frac{\gamma_2^2 u_1}{D_1}\sqrt{(u_2-u_1)^2+(v_2-v_1)^2} - \frac{\gamma_1^2 u_1}{D_1}\sqrt{(u_1+v_1)^2} \tag{8.6}$$

$$\frac{\partial v_1}{\partial t} + u_1\frac{\partial v_1}{\partial x} + v_1\frac{\partial v_1}{\partial y} + g\frac{\partial \delta}{\partial y} =$$

$$-\frac{\gamma_2^2 v_1}{D_1}\sqrt{(u_2-u_1)^2+(v_2-v_1)^2} - \frac{\gamma_1^2 v_1}{D_1}\sqrt{(u_1+v_1)^2} \tag{8.7}$$

中间层连续方程：

$$\frac{\partial \xi}{\partial t}+\frac{\partial}{\partial x}(u_2 D_2+u_1 D_1)+\frac{\partial}{\partial y}(v_2 D_2+v_1 D_1)=0 \tag{8.8}$$

中间层运动方程：

$$\frac{\partial u_2}{\partial t}+u_2\frac{\partial u_2}{\partial x}+v_2\frac{\partial u_2}{\partial y}+g\frac{\partial \delta}{\partial x}=$$

$$-\frac{\gamma_3^2 u_2}{D_2}\sqrt{(u_3-u_2)^2+(v_3-v_2)^2}-\frac{\gamma_2^2 u_2}{D_2}\sqrt{(u_2-u_1)^2+(v_2-v_1)^2} \tag{8.9}$$

$$\frac{\partial v_2}{\partial t}+u_2\frac{\partial v_2}{\partial x}+v_2\frac{\partial v_2}{\partial y}+g\frac{\partial \delta}{\partial y}=$$

$$-\frac{\gamma_3^2 v_2}{D_2}\sqrt{(u_3-u_2)^2+(v_3-v_2)^2}-\frac{\gamma_2^2 v_2}{D_2}\sqrt{(u_2-u_1)^2+(v_2-v_1)^2} \tag{8.10}$$

顶层连续方程：

$$\frac{\partial \delta}{\partial t}+\frac{\partial}{\partial x}(u_3 D_3+u_2 D_2+u_1 D_1)+\frac{\partial}{\partial y}(v_3 D_3+v_2 D_2+v_1 D_1)=0 \tag{8.11}$$

顶层运动方程：

$$\frac{\partial u_3}{\partial t}+u_3\frac{\partial u_3}{\partial x}+v_3\frac{\partial u_3}{\partial y}+g\frac{\partial \delta}{\partial x}=\frac{1}{\rho D_3}\tau_{xz}-\frac{\gamma_3^2 u_3}{D_3}\sqrt{(u_3-u_2)^2+(v_3-v_2)^2} \tag{8.12}$$

$$\frac{\partial v_3}{\partial t}+u_3\frac{\partial v_3}{\partial x}+v_3\frac{\partial v_3}{\partial y}+g\frac{\partial \delta}{\partial y}=\frac{1}{\rho D_3}\tau_{yz}-\frac{\gamma_3^2 v_3}{D_3}\sqrt{(u_3-u_2)^2+(v_3-v_2)^2} \tag{8.13}$$

式中，η，ξ，δ分别为底层、中间层、顶层的增水位，D_1，D_2，D_3分别为任意点处的底层、中间层、顶层的厚度。有$D_1=H_1+\eta$，$D_2=H_2+\xi-\eta$，$D_3=H_3+\delta-\xi$。H_1，H_2，H_3分别为任意点处的底层、中间层、顶层静水深。u_1，v_1，u_2，v_2，u_3，v_3分别为底层、中间层、顶层的x，y方向的速度分量。γ_1，γ_2，γ_3分别为底部、底层与中间层、中间层与顶层的摩擦系数。

（二）边界条件及计算方法

岸边界：$v_n=0$ （n为边界法线方向）

水边界：$\frac{\partial v}{\partial n}=0$；$\xi=\xi^{\#}$

初始条件：当$t=0$时 $\xi=\xi_0$，取$\xi_0=0$；$u_1=v_1=u_2=v_2=u_3=v_3=0$

应用多分潮调和分析方法确定黄渤海海域水边界条件，然后利用所建立的三维数值模式计算黄渤海海域得出渤海湾海域的水边界条件。在计算过程中采用了嵌套加密计算模式，有限差分方法中的交替方向隐式格式法（ADI）。

ADI 差分计算模式要求整个计算域应保持在水深以下，浅水岸边界的露滩、淹没变化应是连续、稳定过程。本文采用局部深槽、缩小水域的活动边界处理方法，当全水深接近0.1 m 时，在浅水网格区全水深保持为$H_{10}=0.1$ m，保持流量、流速不变，流

量Q为:

$$Q=uH_{10}\Delta s=u(|\min(h,\ \xi)|+H_{10})B_s,$$ 当$h+\xi\leqslant H_{10}$时,变化后的水域宽度B_s为:

$$B_s=\frac{H_{10}}{|\min(h,\ \xi)|+H_{10}}\Delta s$$

二、渤海湾风暴潮数值模式的建立

关于风暴潮的三维数值计算采用三维数值计算模式,考虑两种不同的计算模式,即非平面水深划分模式和平面等水深分布模式。非平面水深划分模式是对整个水域的水深等距离地分层,平面等水深分布模式是沿深度方向分层。非平面水深划分模式将整个计算区域平均分为三层,在平面等水深分布模式中,分层采用自由表面为第一层,6 m处为第二层,12 m处为第三层。非平面水深划分模式及平面等水深分布模式的模式分层示意图如图8.3所示。

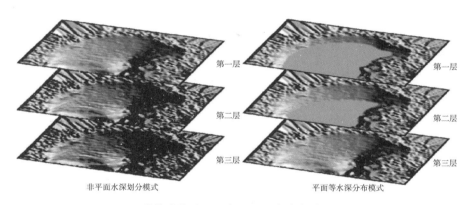

图8.3　两种模式的分层示意图（引自李大鸣等，2012）

三、三维风暴潮模式在渤海湾的应用

（一）非平面水深划分模式的应用

应用非平面水深划分三维数值模式,对渤海湾2009年5月8日~10日发生的风暴潮过程进行数值模拟,计算得到天文潮、受潮波动力及风应力影响的风暴潮流场,潮位及增水过程。计算所得的流场图如图8.4、图8.5所示,其中图8.4为天文潮作用下的各层流场示意图,图8.5为天文潮与风应力共同作用下的各层流场示意图。采用塘沽验潮站的实测潮位资料对渤海湾计算潮位进行验证,天文潮潮位过程、风暴潮潮位及增水验证曲线如图8.6所示,分析图8.6曲线趋势可以看出,曲线拟合度较好,计算风暴潮峰值潮位为5.33 m,而实测峰值潮位为4.95 m,相对误差为7.6%。增水验证效果良好,在增水极值处,计算值与实测值较为接近,相对误差为4.3%。

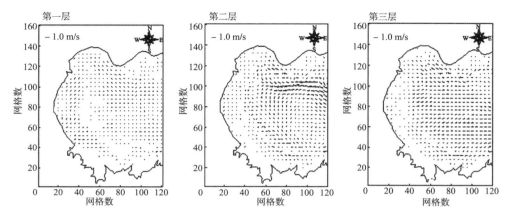

图8.4　非平面水深划分模式下天文潮作用下流场图（引自李大鸣等，2012）

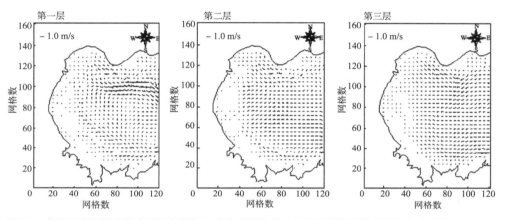

图8.5　非平面水深划分模式下天文潮与风应力共同作用下的风暴潮流场图（引自李大鸣等，2012）

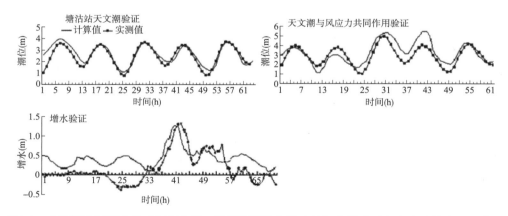

图8.6　非平面水深划分模式下天文潮、风暴潮潮位及增水验证曲线（引自李大鸣等，2012）

（二）平面等水深分布模式的应用

利用平面等水深分布三维数值模式对渤海湾风暴潮进行模拟计算，计算所得的潮流流场示意图如图8.7，图8.8所示。其中图8.7为天文潮作用下各层流场示意图，图8.8

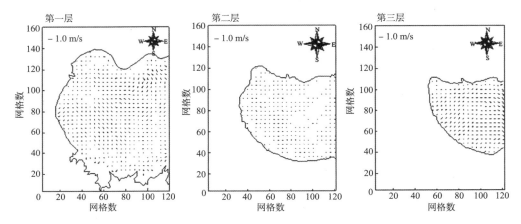

图8.7　平面等水深分布模式下天文潮作用下的流场图（引自李大鸣等，2012）

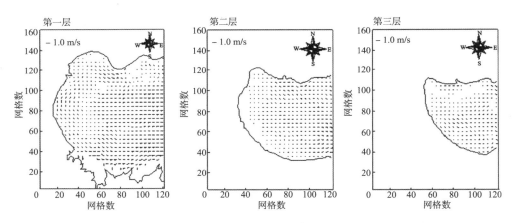

图8.8　平面等水深分布模式下天文潮与风应力共同作用下的风暴潮流场图（引自李大鸣等，2012）

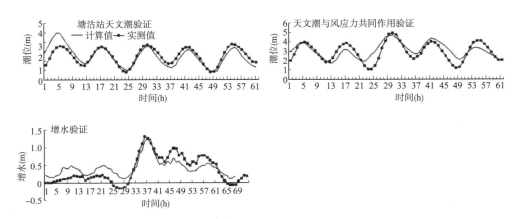

图8.9　平面等水深分布模式下天文潮、风暴潮潮位及增水验证曲线（引自李大鸣等，2012）

241

为天文潮与风应力共同作用下各层流场示意图。

采用塘沽验潮站的实测资料进行潮位验证，得到平面等水深分布模式下的天文潮、风暴潮及增水验证曲线如图8.9所示，计算曲线与实测曲线拟合良好。在风暴潮曲线的潮位峰值处，计算值为4.72 m，实测数据是4.95 m，相对误差仅为4.5%。计算最大增水位1.3 m，与实测最大增水的相对误差是2.6%。表8.1给出了两种模式的风暴潮计算值与测量值的数据比较。

表8.1　两种计算模式数据比较

模式	潮位峰值（m）			最大增水（m）			潮位曲线
	计算值	实测值	潮位峰值相对误差（%）	计算值	实测值	最大增水相对误差（%）	相关系数
非平面水深划分模式	5.33	4.95	7.6	1.32	1.27	4.3	0.74
平面等水深分布模式	4.72	4.95	4.5	1.3	1.27	2.7	0.78

四、小　结

李大鸣等（2012）建立了三维风暴潮数值预报模式，考虑了海洋潮波动力与风应力的联合作用，从Navier-Stokes方程出发推导了三维风暴潮控制方程，并应用ADI离散方程求解，保持了计算的稳定性。模式对浅水动边界采取局部深槽、缩小水域的活动处理方法，使得边界能够进行连续稳定的计算。

利用两种不同的三维数值模式，分别对渤海湾2009年5月8日～10日发生的风暴潮过程进行数值模拟。将计算得到的风暴潮潮位计算结果和增水位计算结果与塘沽验潮站的实际观测资料进行了对比分析。首先，结合曲线的相关性进行分析，两种模式均显示良好的潮位曲线拟合度。其次，分析潮位与增水峰值的相对误差，结果显示平面等水深分布模式的计算结果要优于非平面水深划分模式的计算结果。系统分析了形成这一结论的原因，两种模式均受数值模式本身、近岸水深和岸边界动态变化的影响，使得平面等水深分布模式的计算结果要比非平面水深划分模式的计算结果更接近实际观测资料。

第四节　风暴潮与复合性海洋气象灾害

据中华人民共和国国土资源部发布的《2013年中国海洋灾害公报（一）》[①]提供的信息，2013年我国沿海共发生风暴潮过程26次，其中台风风暴潮过程14次，11次造成灾害，直接经济损失152.45亿元，温带风暴潮过程12次，3次造成灾害，直接经济损失1.51亿元，均未造成人员死亡（含失踪）。

2013年，发生3次达到红色预警级别的台风风暴潮过程，为1949年以来同期最多，受其影响，风暴潮总体灾情偏重，直接经济损失为2013年的最近5年平均值（95.96亿元）的1.60倍。其中，广东省、福建省和浙江省直接经济损失分别为74.20亿元、45.06亿元和28.17亿元，占风暴潮灾害全部直接经济损失的96%。另外，2013年9月下旬以后的灾害过程影响明显偏重，造成直接经济损失占台风风暴潮全年直接经济损失的67%。2013年沿海各省（自治区、直辖市）风暴潮灾害损失统计见表8.2。

表8.2　2013年沿海各省（自治区、直辖市）风暴潮灾害损失统计

省（自治区、直辖市）	受灾人口		受灾面积		设施损毁			直接经济损失（亿元）
	受灾人口（万人）	死亡（含失踪）人数	农田（千公顷）	水产养殖（千公顷）	海岸工程（千米）	房屋（间）	船只（艘）	
辽宁	—	0	0	0	0.20	0	4	0.02
山东	—	0	0	7.24	15.11	411	109	1.44
江苏	—	0	0	2.26	6.37	0	0	0.17
浙江	736.62	0	340.29	37.81	29.55	175	2 124	28.17
福建	38.07	0	1.11	54.85	125.02	1 101	6 066	45.06
广东	589.44	0	13.26	37.38	100.38	4 001	5 382	74.20
广西	16.21	0	0.62	7.64	620	32	4.90
合计	1 380.34	0	354.66	140.16	284.27	6 308	13 717	153.96

评价风暴潮造成的经济损失的传统方法是估计造成的直接经济损失，然而造成风暴潮的强烈天气往往都伴随有狂风和暴雨。当风暴潮和强降水一起发生时，沿海低

---

① http://www.mlr.gov.cn/zwgk/tjxx/201403/t20140326_1309196.htm.

洼地区遭受洪水灾害的可能性往往会远大于它们单独发生时的可能性。了解这些复合性灾害事件（compound disaster event）的发生概率和理解它们发生的过程，对于减轻相关的高影响风险是必不可少的。

需要指出的是，从研究风暴潮灾害造成的损失到研究复合性海洋气象灾害是国际海洋气象研究领域的最新研究动向，虽然其理论和研究手段与方法尚待完善，但这种基于"海平面上升+风暴潮+暴雨"的观点已经成为近年来学者们研究复合性海洋气象灾害的重要学术思想。如中国工程院院士、中国气象局气候变化特别顾问、中国气象局国家气候中心研究员丁一汇就认为（2017，个人通讯），卡特里娜飓风（Hurricane Katrina，2005年大西洋飓风）、桑迪飓风（Hurricane Sandy，2012年大西洋飓风）、菲特台风（Typhoon Fitow，2013年太平洋台风，国际编号1323）、海燕台风（Typhoon Haiyan，2013年太平洋台风，国际编号1330）、哈维飓风（Hurricane Harvey，2017年大西洋飓风）都是造成复合性气象灾害的事件。

综合有关学者的研究成果与联合国政府间气候变化专门委员会（IPCC）的定义，丁一汇（2017，个人通讯）给出了气候变化中的复合性灾害事件定义：① 同时发生或相继发生的两个或两个以上的极端事件；② 极端事件与具有放大事件影响的产生条件的组合；③ 事件本身不是极端事件，但组合在一起时可导致极端事件或严重影响的事件之组合。其中的事件可以是相类似的事件，也可以是不同类型的事件，如洪水、野火、热浪和干旱以及沿岸洪涝等。复合性灾害是发生在广阔时空范围内相互作用的多种物理过程组合的结果。

Wahl等（2015）在英国的《自然-气候变化》（Nature Climate Change）杂志上发表了名为"美国主要城市由风暴潮和降雨共同造成的洪水风险不断增加"（Increasing Risk of Compound Flooding From Storm Surge and Rainfall for Major US Cities）的文章，他们研究了在美国风暴潮和降水两种现象共同发生的可能性。研究指出，美国有近40%的人口居住在沿海地区，通常洪水对这些地势低洼、人口稠密、高度发达的地区有重要影响，往往可能会造成毁灭性后果，带来广泛的社会、经济和环境影响。当风暴潮和强降水共同发生时，沿海低洼地区洪水泛滥的可能性往往要比孤立的洪水大得多。风暴潮和强降水，两种不同的机制，无论是通过直接径流或增加河水流量都可导致沿海地区水灾。如果它们同时（或连续）发生，则可能大大加剧其严重后果。例如，2011年澳大利亚布里斯班和泰国的洪水，2012年艾萨克飓风和热带风暴德比（Debby），2013年的台风海燕，2013年至2014年英国的冬季风暴，都是造成重大的人员生命和财产损失的复合性灾害事件。研究发现，相对于太平洋沿岸，在大西洋/墨西哥湾沿岸发生这种复合性洪水灾害的风险更高。

风暴潮和降水之间复杂的相互作用，可能通过以下机制导致或加剧沿海地区的洪水泛滥。机制一：在河口地区，风暴潮和降水两者的联合作用可使水位提高到洪水开始发生或使其影响加剧的地步；机制二：当具有破坏性的风暴潮已造成洪水泛滥时，任何有效降水（虽然不是极端降水事件）就会增加洪水的深度和/或淹没区的面积;机制三:对于较温和的风暴潮,虽然它不会直接导致洪水泛滥,但具有完全阻塞或减缓重力驱使的雨水排水、使降水更容易导致洪水泛滥的极大可能性。

有研究表明,过去一个世纪在许多主要沿海城市,复合性灾害事件的发生数量都显著增加。长期的海平面上升是美国沿海岸线洪水加速发生的主要驱动力,与气候变化相关的风暴潮和降水联合分布的变化,也可增加洪水发生的可能性。以美国纽约市为例,观测到的复合性灾害事件有逐渐增加的趋势。Wahl等(2015)利用扣除了潮汐和平均海平面影响的美国30个验潮站的每小时风暴潮潮位资料以及距离这些验潮站25 km范围内的日平均降水量,对20世纪美国纽约市的风暴潮事件进行了分析,他们把这些事件划分成两种类型,类型Ⅰ:具有年际最高风暴潮潮位且在该风暴潮事件前后各一天范围内有最大降水量;类型Ⅱ:具有年际最大降水量且在该降水事件前后各一天范围内有最高风暴潮潮位。图8.10是纽约市20世纪风暴潮潮位与降水量的散点图,可以看出,具有"灰色圆圈"(代表高风暴潮潮位+强降水量)的复合性灾害事件有逐渐增多的趋势。

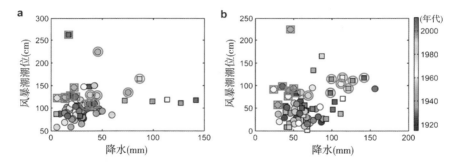

(a)类型Ⅰ,(b)类型Ⅱ(散点外围的灰色圆圈○表示高风暴潮潮位+强降水量的复合性灾害,灰色方框□表示高风暴潮潮位+少降水量的非复合性灾害。带颜色的方格表示热带气旋造成的事件,从蓝到红的不同色标表示年代逐渐递增)

图8.10　纽约市风暴潮潮位与降水量的散点图(转绘自Wahl等(2015)文章的补充材料Fig.4)

沿岸地区的洪水灾害会响应风暴潮和海平面变化而变化,Reed等(2015)的研究表明,在气候变化的情况下,未来美国大西洋沿岸淹没的区域将取决于热带气旋引起的风暴潮和风暴潮发生时相对海平面的上升。此外,热带气旋特征的变化会导致造成纽约极端风暴潮风险的增加。Lin等(2016)结合海平面变化和风暴潮气候学来估计洪水灾害的时间演变,他们发现纽约的洪水灾害在过去两个世纪显著增加,而且在21世纪很可能急剧增加。

2013年8月,英国《自然-气候变化》第3期上刊登了由世界银行经合组织经济学家海利贾特(Hallegatte S.)等四人撰写的文章《未来主要沿海城市的水灾损失》(*Future Flood Losses in Major Coastal Cities*),他们对全球136个人口超过100万的沿海大城市进行洪水灾害风险排名,从两个方面来进行评估,一个是财产的年平均损失，一个是财产损失占GDP的百分比，结论是从2005年到2050年，中国广州的洪水灾害损失、防洪风险均居全球第一，每年达132亿美元，成为全球受洪水灾害损失最严重的城市。虽然很多学者不完全赞同他们的研究方法和结论，但其观点引发各界广泛关注。

参考文献

1. 冯士筰. 风暴潮导论 [M]. 北京: 科学出版社, 1982: 241.

2. 李大鸣, 范玉, 徐亚男, 等. 风暴潮三维数值计算模式的研究及在渤海湾的应用 [J]. 海洋科学, 2012, 36 (7): 7–13.

3. 孙文心, 冯士筰, 秦曾灏. 超浅海风暴潮的数值模拟（一）——零阶模型对渤海风潮的初步应用 [J]. 海洋学报, 1979, 1 (2): 193–211.

4. 宫崎正卫, Jelesnianski. 台风风暴潮预报技术手册 [M]. 北京: 海洋出版社, 1982.

5. Hallegatte S, Green C, Nicholls R J, et al. Future flood losses in major coastal cities [J]. Nature Climate Change, 2013, 3 (9): 802–806.

6. Hansen W. Theorie zur Errechnuang des Wasserstancles und der Stromungen in Randmeeren Nebst Anwendungen [J]. Tellus, 1956, 8 (3): 287–300.

7. Lin N, Kopp R E, Horton B P, et al. Hurricane Sandy's flood frequency increasing from 1800 to 2100 [J]. Proceedings of the National Academy of Sciences of the United States of America, 2016, 113: 12071–12075.

8. Jelesnianski C P. A numerical calculation of storm tides induced by a tropical storm impinging on a continental shelf [J]. Monthly Weather Review, 1965, 93: 343–358.

9. Jelesnianski C P, Chen J, Shaffer W A. SLOSH: Sea, lake and overland surges from hurricanes [J]. NOAA Technical. Report. NWS 48, National Oceanic and Atmospheric Administration, U.S. Department of Commerce, 1992, 71.

10. Jones J E, Davies A M. Influence of wave-current interaction, and high frequency forcing upon storm induced currents and elevations [J]. Estuarine Coastal and Shelf Science, 2001, 53: 397–413.

11. Reed A J, Mann M E, Emanuel K A, et al. Increased threat of tropical cyclones and coastal flooding to New York City during the anthropogenic era [J]. Proceedings of the National Academy of Sciences of the United States of America, 2015, 112 (41): 12610–12615.

12. Wahl T, Jain S, Bender J, et al. Increasing risk of compound flooding from storm surge and rainfall for major US cities [J]. Nature Climate Change, 2015, 5 (12):

1093-1097.

思考题

1. 风暴潮是如何定义的? 天文潮、风暴潮与海啸有什么区别?

2. 简述风暴潮的分类。

3. 风暴潮预报分为几大类? 各有什么特点?

4. 建立三维风暴潮数值预报模式要考虑哪些因素?

5. 造成复合性海洋气象灾害有哪些原因?

气象风云人物之十

罗伯特·菲茨罗伊（Robert FitzRoy，1805年7月5日～1865年4月30日），英国海军中将、水文地理学家、气象学家，英国气象厅（The MetOffice）创始人。他是现代天气预报业务的创始人，他首次提出了"天气预报"这一气象专用术语，于1863年撰写的《天气学手册》（*The Weather Book*）一书深入浅出地介绍了其在气象学研究方面的研究成果，是一本可以让大众阅读的气象学实用指南。尽管他广为人知的身份是"贝格尔号"（或译为"皇家海军号"）的船长，在近代航海史方面的贡献为人们熟知，但是从他的个人经历及出版的著作来看，他对气象学的贡献巨大，是一位视野超前、科学素养很高的气象学家。他在1861年建立的海上风暴预警系统开创了一项先锋性的服务，并在此基础上，将气象

世界首位天气预报员罗伯特·菲茨罗伊
（Robert FitzRoy）

理论与实践相结合，以官方名义正式发布了全球第一份天气预报，被后人称为世界上第一个真正意义上的天气预报员。

　　罗伯特·菲茨罗伊于1805年7月5日出生于英国的阿姆普顿·霍尔（Ampton Hall），从4岁开始生活在韦克菲尔德（Wakefield Lodge），快13岁时进入位于朴茨茅斯（Portsmouth）的皇家海军学校读书。在海军学校，他仅用了20个月的时间就完成了数学、古典学、历史学、地理学、英语、法语、绘画、航海学、剑术、舞蹈等多门课程的学习。从海军学校毕业时，他获得了人生第一枚奖章，并在1824年9月7日以满分成绩被提升为海军中尉。1828年，他第一次航海去南美洲，因"贝格尔号"船长自杀，年仅23

岁的他被破格提拔为"贝格尔号"的船长。1831年，依据蒲福设计的航线，他再次以船长身份带领着"贝格尔号"开始了第二次远航。这次远航，他不仅安装了当时最先进的科学仪器和设备，还邀请了当时非常年轻的博物学家查尔斯·罗伯特·达尔文（Charles Robert Darwin）同行。这次航行记录了大量珍贵的水文资料，并绘制了海图。这些成果大大促进了海运业的发展，他也因此在1837年获得了由皇家地理学会授予的金质奖章。

1841年起，他先后被任命为德罕市的议员、总督，经历了短暂的政治生涯后，1850年他从工作岗位上退休。1851年，因为达尔文和蒲福等人的极力推荐，他加入了英国皇家学会，并开始从事气象统计工作。1854年，为履行布鲁塞尔公约（1853年），隶属于英国贸易部的气象厅成立，他作为该气象机构主要推动者之一，被任命为气象厅主任，也被后人认为是第一任英国气象局局长。在任期间，他开始建立同步气象观测站，启动日常气象观测，并尝试绘制新型海图。经过前期的大量研究和努力，1861年，第一份天气预报诞生，这份天气预报于1861年8月1日发布在英国最古老的报纸之一《泰晤士报》（The Times）上，这也被认为是全球第一份由官方正式发布的天气预报。

从此之后，在他的带领下，英国气象厅开展起日常的天气预报业务，并为政府、公众、行业提供天气预报服务。1863年，他的《天气学手册》（The Weather Book）出版。尽管天气预报给英国的气象行业开创了崭新的时代，但是政府、公众、媒体对天气预报的过分关注在无形中给他带来了巨大的压力和挑战。当天气预报出现错误时，常常遭到夸大和渲染。面对各界的指责，一直高度紧张的精神状态让他陷入了愈发严重的抑郁症之中。1865年4月30日，他的身体和精神状况日益恶化，他最终选择了用自杀的方式结束一生。

在他自杀后，英国皇家科学院和海外贸易部却利用他的自杀，对气象厅过往的工作业绩进行所谓的彻查，全盘否定了他在风暴预警和天气预报服务上的价值，推翻了他所有的成就。此后英国气象局处于无机构状态，每日天气预报服务和风暴预警服务也被叫停。直至1878年国际气象组织正式成立，他才被正式确认为气象预报的创始人和气象学界的泰斗。

2002年，为了表达对他的敬意和怀念，英国广播公司BBC的海上天气预报电台将非尼斯泰尔（Finisterre）海域改名为菲茨罗伊，这位名副其实的气象预报事业的先驱者，最终获得了全世界人民的尊敬和景仰。

参考文献

杨萍. 菲茨罗伊与《天气学手册》[J]. 气象学报, 2016, 74（4）: 646-652.

第九章　渤海和黄海海上大风

第一节　渤海和黄海概况

渤海是一个近乎封闭的内海，地处中国大陆东部北端，覆盖37° 07′ N～41° N，117° 35′ E～122° 15′ E的区域。渤海三面环陆，一面临海，其北、西、南三面分别与辽宁、河北、天津和山东毗邻，东面经渤海海峡与黄海相通。渤海的形状看似一个东北—西南向倾斜的葫芦，侧卧于华北大地，其底部两侧即为莱州湾和渤海湾，顶部为辽东湾。渤海的面积约为7.7×10^4 km²，平均水深为18 m，最大水深为85 m，20 m以浅的海域面积占一半以上。渤海地处温带，夏无酷暑，冬无严寒，年平均气温为10.7℃，年降水量在500 mm～600 mm之间，海水盐度约为30。辽东半岛的老铁山与山东半岛北岸的蓬莱角间的连线为渤海与黄海的分界线。

黄海位于中国大陆与朝鲜半岛之间，是太平洋西部的一个边缘海，面积约为3.8×10^5 km²，平均深度为44 m，最大深度为140 m。因古黄河曾自江苏北部沿岸汇入黄海，海水含沙量高，水色呈黄褐色，因而被称为"黄海"。其西面和北面与中国大陆相接，西北面与渤海相通，东邻朝鲜半岛，南以长江口北岸的启东嘴与济州岛西南角连线同东海相连，东南至济州海峡西侧并经朝鲜海峡、对马海峡与日本海相通。

渤海和黄海与中国大陆的距离最近，其地理位置见图9.1。在渤海和黄海沿岸有天津、秦皇岛、唐山、大连、营口、葫芦岛、锦州、烟台、威海、青岛、日照、连云港等十几个重要城市（图9.1）。秋冬季渤海和黄海的海上大风会给国民经济和人民的生命财产产生巨大的影响。

本章主要根据《黄海渤海大风概论》（辛宝恒，1991）的相关内容，对渤海和黄海上各类大风的天气系统和天气形势进行分析与概括。

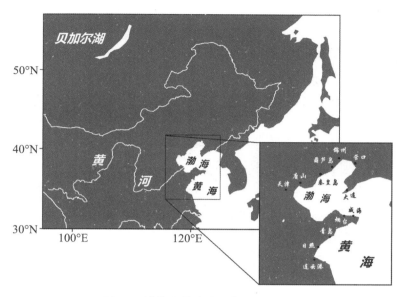

图9.1　渤海和黄海地理位置示意图

第二节　冷锋与偏北大风

影响渤海、黄海的偏北大风过程的大多数与冷锋活动有关,根据辛宝恒(1991)的观点,主要有三条冷锋活动路径,按活动路径可将冷锋划分为以下三类(图9.2)。

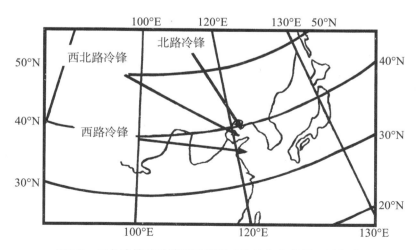

图9.2　三条冷锋移动路径示意图(改绘自辛宝恒,1991)

一、北路冷锋

北路冷锋从贝加尔湖以东南下,经蒙古东部、东北平原进入渤海。该路冷锋主要产生黄渤海的偏东大风过程。图9.3给出了北路冷锋影响渤海、黄海时的地面天气形势。

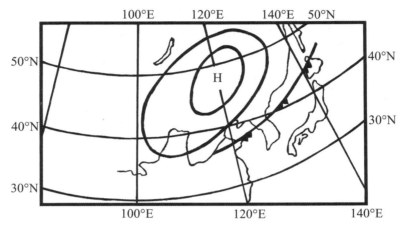

图9.3 北路冷锋影响时的地面天气形势示意图(改绘自辛宝恒,1991)

二、西北路冷锋

西北路冷锋经蒙古中部进入中蒙边境后,再经华北平原移向东南入海,也有的东移进入东北平原后入海。该路冷锋多产生东北大风或北向大风。西北路冷锋影响渤海、黄海时的地面天气形势如图9.4所示。

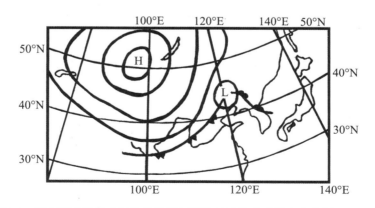

图9.4 西北路冷锋影响时的地面天气形势示意图(改绘自辛宝恒,1991)

三、西路冷锋

西路冷锋经新疆、河西走廊东移入海。该路冷锋多产生西北大风。西路冷锋影响黄海时的地面天气形势如图9.5所示。

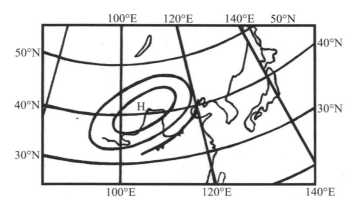

图9.5　西路冷锋影响时的地面天气形势示意图（改绘自辛宝恒，1991）

表9.1给出了三条冷锋路径对渤海、黄海产生大风的概率、平均持续时间及主导风向影响的比较。

表9.1　三条冷锋路径的比较（引自辛宝恒，1991）

冷锋路径	大风概率（%）	平均持续时间（h）	主导风向
西北路径	61	24	NNE
北路路径	26	23	ENE
西路路径	13	14	NNW

第三节　气旋与偏北大风

造成渤海、黄海偏北大风的气旋主要是产生于黄河流域及其以南的气旋，有黄河气旋、江淮气旋、渤海气旋以及北上台风等。根据统计，与气旋有关的偏北大风占总偏北大风的55%，凡是渤海、黄海出现的8级以上的强风，大多数都与气旋活动有关。无论哪路冷锋影响渤海、黄海，锋前有无气旋发生，都对偏北大风的风力影响很大。

一、与偏北大风有关的气旋分类比较

（一）渤海气旋

渤海气旋是指产生于渤海及其沿岸地区，从37.5° N~40.0° N之间穿过120° E的气旋，主要影响渤海及黄海北部。

（二）黄河气旋

黄河气旋是指发生在黄河中下游并向东北方向移动的气旋，从35.0° N~37.5° N之间穿过120° E，主要影响渤海、黄海北部及中部。

（三）江淮气旋

江淮气旋是指产生于江淮流域一带的气旋，从30° N~35° N之间穿过120° E，主要影响黄海中部和南部。表9.2给出了影响渤海、黄海偏北大风的各类气旋出现的百分率。

表9.2　各类气旋出现的百分率（单位：%；引自辛宝恒，1991）

渤海气旋	黄河气旋	江淮气旋	北上台风
23	16	58	3

由上表可以看出，江淮气旋占一半以上，达58%，其次是渤海气旋占23%，再次是黄河气旋占16%。而北上台风仅占3%，这类台风主要沿华东沿海北上，主要是从127° E以西越过35° N的。

二、黄河气旋的发生发展过程

黄河气旋一年四季均可出现，但以夏季为最多，它是影响渤海、黄海强风的重要天气系统之一。

黄河气旋生成前，在地面天气图上，黄河中上游地区往往先有倒槽发展，然后有冷锋侵入倒槽产生气旋。这类气旋生成的天气形势如图9.6所示。在我国东部近海为副热带高压所盘踞，地面至高空都为西南气流所控制，我国西部地区有一个高压，而西南、河套、华北和东北地区为低压或倒槽控制，四川盆地常有低压中心，倒槽一直伸向华北地区。此时若有较强的冷锋东移，且高空有低槽（或低涡）配合，当冷锋进入倒槽后，一般可产生气旋。

气旋产生后，向东北方向移入渤海后往往得到发展。强烈发展的气旋移速多在800 km/24 h~1200 km/24 h。夏季移动较慢，移速一般为500 km/24 h~700 km/24 h。

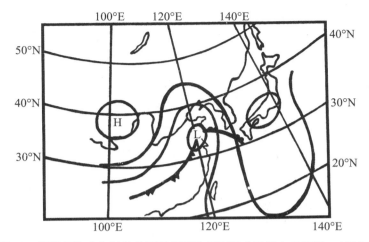

图9.6 黄河气旋产生时的地面天气形势示意图（改绘自辛宝恒，1991）

三、江淮气旋发生发展过程

江淮气旋一年四季均可出现，但以春、夏两季出现较多，特别是6月，江淮气旋活动最盛。另外江淮气旋发生的地区也随着季节发生变化，6月以前多发生在长江中下游，7月多发生在淮河流域。这与每年4月以后太平洋高压开始增强北进、东亚锋区位置逐渐北移有密切联系。

江淮气旋产生最主要的高空形势为"两脊一槽"型。在500 hPa天气图上，乌拉尔山附近为暖性高压脊，我国沿海大陆有一个明显的高压脊（有时该高压脊可伸展到俄罗斯的东部滨海边疆省附近），贝加尔湖、蒙古和我国北部地区被两脊之间的大槽控制。在这种形势下，当有发展的小槽沿大槽的外围向东南方向移到江淮地区时，在槽前暖平流区的下方将导致地面气旋的生成。"两脊一槽"型是一种比较稳定的天气形势，在未破坏之前，江淮气旋可连续多次发生。

应当指出，热带、副热带天气系统状态对江淮气旋的生成发展也是有影响的。如果副热带高压脊比较稳定地控制着我国东南沿海，高压脊西侧的西南气流提供了充沛的水汽，这对江淮气旋的发展是有利的。

形成江淮气旋的地面天气形势，概括地讲主要有以下两种情况。

（一）准静止锋上产生波动形成气旋

当江淮流域有呈近似东西走向的准静止锋存在时，若其上空有短波槽从西部移来，在槽前下方有正涡度平流的影响而形成气旋式环流，偏南气流使锋面向北移动，偏北气流使锋面向南移动，于是静止锋变成冷暖锋。若波动中心继续降压，则形成江淮气旋。

（二）倒槽内锋生形成气旋

地面变性高压东移入海后，由于高空南支锋区上西南气流将暖空气向北输送，在地面形成倒槽并东伸。这时在北支锋区上有一短波槽从西北移来，在地面上配合有一条冷锋和锋后冷高压。而后，由于高空暖平流不断增强，地面倒槽进一步发展并在江淮地区有暖锋生成。此时，西北短波槽继续东移，南北两支锋区在江淮流域逐渐接近。冷锋及其后部高压也向东南移动，向倒槽靠近。最后高空南北两支锋区叠加，短波槽发展，地面上冷锋进入倒槽与暖锋结合，在高空槽前的正涡度平流下方形成江淮气旋。

大量天气实践表明，江淮气旋在形成发展之前，长江中上游地区常有降水发生，并且雨区也逐渐扩展东移，当降水持续达6小时以上时，在风向气旋式旋转明显的地区往往形成气旋。气旋发生后，若东西向的雨带发生变形，东段向北发展，西段向南发展，则预示着气旋未来将发展。

江淮气旋生成后，大多数开始时是不发展的，待向东北方向移到日本海后才获得强烈的发展。这种情况可造成黄海北部、渤海海峡强烈的偏北大风。图9.7为江淮气旋在黄海发展时的地面天气形势示意图。

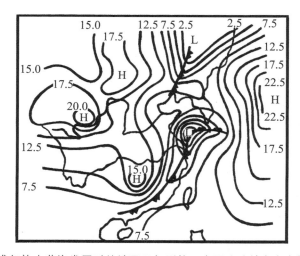

图9.7　江淮气旋在黄海发展时的地面天气形势示意图（改绘自辛宝恒，1991）

四、气旋与冷锋相组合的几种天气形势

渤海、黄海出现的偏北大风多数是气旋与冷锋相组合形成的强大气压梯度所造成的。图9.8是渤海气旋与北路冷锋相组合的例子，主要影响渤海和黄海北部。在常规天气图上看起来该类过程并不是太强烈，但由于渤海气旋尺度一般较小，并多属于次天气尺度，在气旋的北部象限，往往能产生9级以上的偏东大风。

图9.9和9.10分别是西北路冷锋与黄河气旋和江淮气旋相组合的地面天气形势示意图。无论是黄河气旋还是江淮气旋，在影响渤海、黄海时多属天气尺度系统的影响，并且都与较强的西北路冷锋相配合。这两类天气形势所产生的渤海、黄海8级以上的大风，约占渤海、黄海偏北大风强风的62%。单一的孤立的入海气旋，一般不会得到较深发展。

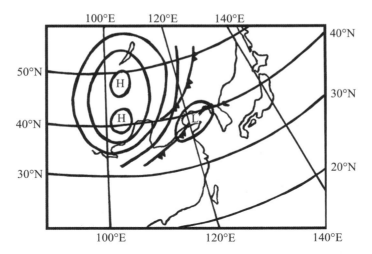

图9.8 渤海气旋与北路冷锋相组合的地面天气形势示意图（改绘自辛宝恒，1991）

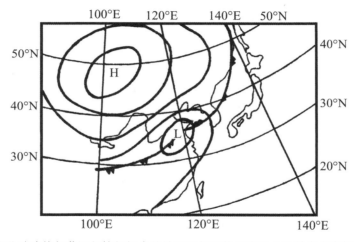

图9.9 西北路冷锋与黄河气旋相组合的地面天气形势示意图（改绘自辛宝恒，1991）

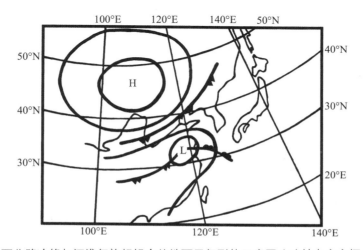

图9.10 西北路冷锋与江淮气旋相组合的地面天气形势示意图（改绘自辛宝恒，1991）

五、东北低压与渤海、黄海偏北大风

东北低压是指活动于我国东北地区的锋面气旋，发展最盛的东北低压的水平尺度可达2000 km，有时可向南伸展到渤海、黄海。东北低压的中心气压可达990 hPa以下，其闭合环流可伸展到500 hPa以上甚至更高。东北低压是影响我国的各类气旋中发展最强大的气旋，之所以如此，可能是与东北低压处于东亚平均大槽位置的下部并且与东北地区的特殊地形有关。东北平原三面环山，其西南是1000 m以上的高原和山地，当气旋自西面进入东北地区时，背风波的降压作用也能促使气旋发展。

东北低压一年四季均可出现，但以春、秋季为最多，平均6天左右就产生一次。东北低压绝大多数是从外地移来的，气旋在贝加尔湖、蒙古和我国内蒙古一带生成后移入东北地区成为东北低压，这类低压占东北低压的大部分。黄河气旋北上也可进入东北地区成为东北低压。黄河气旋是否能移入东北地区，主要取决于气压场形势。当有黄河气旋在华北地区活动时，如果日本和日本海为南北向的高压坝，则黄河气旋很可能向北偏东方向移入东北地区。

东北低压的发展，在700 hPa天气图上都有一个小槽与之配合，且槽前等高线呈疏散型，并有一个明显的温度脊落后于高度脊。槽前暖平流很强，而槽后冷平流也很强。这种温压场结构有利于高空槽与地面低压在东移过程中不断加深发展。低压发展的初期，温压场不对称，冷暖对比明显。发展到后期，温压场逐渐重合，甚至冷中心移到低压槽的前方，中心轴线逐渐接近垂直，这时低压停止发展。图9.11是东北低压影响渤海、黄海时的地面天气形势示意图。

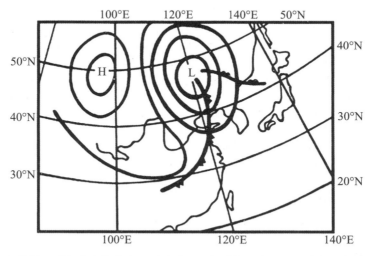

图9.11 东北低压后部发生偏北大风时的地面天气形势示意图（改绘自辛宝恒，1991）

引起渤海、黄海偏北大风的天气系统除了冷锋、气旋以及它们的组合形势外，还有北上台风和东北冷涡等。

北上进入渤海、黄海的台风尽管占的比例不大，但对渤海和黄海及其沿岸造成的

危害是极为严重的。冷涡对渤海、黄海的影响主要指东北冷涡南下造成的多阵性偏北大风天气。

第四节　渤海、黄海偏南大风与蒙古气旋

渤海、黄海的偏南大风是指从西南到东南大风之间的总称。它的发生主要是蒙古气旋、东北低压、华北地形槽与东部海上高压组合共同影响造成的。

一、蒙古气旋与渤海、黄海偏南大风

蒙古气旋,也称蒙古低压,是指在蒙古境内发生或发展的锋面低压系统。一年四季均可出现,但以春、秋两季最为常见,尤以春季最多(表9.3)。

表9.3　蒙古气旋各季出现频率统计表（1961年～1970年，引自辛宝恒，1991）

季节	春季			夏季			秋季			冬季		
月份	3	4	5	6	7	8	9	10	11	12	1	2
次数	32	56	51	28	14	16	35	34	30	28	14	14
频率（%）	39.5			16.5			28.1			15.9		

这是因为春、秋两季亚洲中纬度地区上空多为平直锋区所控制,多槽脊活动,冷暖空气交汇于这一带。到了夏季,北支锋区已明显北移,蒙古地区暖空气活动已占据绝对优势,而冬季蒙古地区多为冷高压所控制,因此冬、夏两季蒙古气旋较少。

蒙古气旋多发生在蒙古中部和东部高原上,在45° N～50° N、100° E～115° E之间。应该说蒙古气旋的发生除了与大气环流演变有关外,还与蒙古的特殊地形密切相关。蒙古西部和西北部有阿尔泰山、萨彦岭和杭爱山,西南部有天山,蒙古中部和东部正位于这些大山脉的背风坡一侧,所以有利于气旋的形成。

二、蒙古气旋影响渤海、黄海时的地面天气形势

发生在蒙古中部和东部的气旋得到强烈发展时,同时在我国东部沿海有变性高压所盘踞(图9.12)。东部沿海高压强度平均为1029 hPa,中心多在长江口附近,活动范围在29° N～42° N, 123° E～140° E之间。高、低压之间所形成的较强的气压梯度是造成黄、渤海西南大风过程的一种主要天气形势。

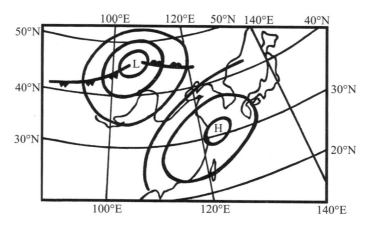

图9.12　蒙古气旋与沿海高压相组合的地面天气形势示意图（改绘自辛宝恒，1991）

三、蒙古气旋的形成过程

蒙古气旋的形成过程大致可分为以下三种类型。

（一）暖区新生气旋

这种类型的蒙古气旋出现的次数最多。当一个发展很深或已锢囚的气旋，从中亚或西伯利亚移动到蒙古西北部时，受山脉的阻挡而表现为减弱填塞。有的气旋过山后，在蒙古地区重新获得发展而成为蒙古气旋。有的则向俄罗斯中西伯利亚地区移去，当气旋中心移至贝加尔湖东部时，气旋中心常和其南部的暖区脱离而向东北方向移去，南段冷锋由于受山脉阻挡移动缓慢，在其前方的暖区逐渐形成一个新的低压中心，而逐步发展成为一个蒙古气旋。形成的初期低压内并没有锋面，以后西面的冷空气进入到低压后才产生冷锋。

（二）冷锋进入倒槽形成的气旋

当有宽广的暖性倒槽自中亚移来或在我国新疆北部一带发展起来时，它的北部可以伸向蒙古地区。当该倒槽发展较强时，往往会在倒槽的北部形成一个暖性闭合低压，在没有冷空气进入低压之前，低压是维持少动的。当有冷锋进入低压时即可形成锋面气旋。

（三）蒙古副气旋

蒙古副气旋是由于冷空气在东移时分成两股，一股从萨彦岭以北进入蒙古中部，另一股从巴尔喀什湖以东进入新疆北部。这两股钳形的冷空气把蒙古西部围成了一个相对低压区。这时整个冷空气的主力仍留在蒙古西北部边缘，以后当整个冷空气向东移动时，便在其前方的相对暖区里形成气旋，该气旋相对从萨彦岭以北进入蒙古中部冷空气前沿已生成的蒙古气旋而言称为蒙古副气旋。

四、蒙古气旋发生发展的高空形势

蒙古气旋一般都发生在高空锋区疏散槽前的下方、有正涡度平流的地方。当有冷锋移入蒙古，而高空正涡度中心也正好输送到地面冷锋的上空时，这就是蒙古气旋发展的一般形势。蒙古气旋发展较强的高空形势主要有以下两种。

（一）槽脊型

如图9.13所示，在500 hPa天气图上，贝加尔湖及其以西地带有明显的低槽，槽线基本上呈南北走向。贝加尔湖以东地区有明显的高压脊，温度槽落后于高度槽，槽后冷平流明显，地面气旋大多处于500 hPa槽前脊后区。

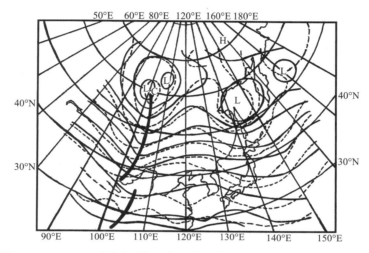

图9.13　500 hPa "槽脊型" 天气形势示意图（改绘自辛宝恒，1991）

（二）疏散型

当地面气旋生成后，如果在贝加尔湖西北部低槽的槽线附近冷平流较强，槽前呈明显的疏散状，而青藏高原北部的暖高压脊也加强并向东北伸展，与北部的贝加尔湖冷低槽形成强锋区（图9.14），处于这个锋区出口处的气旋会得到发展。

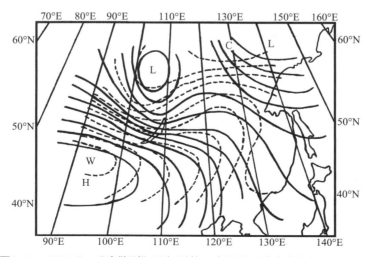

图9.14　500 hPa "疏散型" 天气形势示意图（改绘自辛宝恒，1991）

261

五、蒙古气旋的移动路径

蒙古气旋的移动主要受高空槽前气流的引导,若槽前为西南气流,气旋将向东北方向移动;槽前为偏西气流,气旋将向偏东方向移动。蒙古气旋的移动路径预报要根据槽前气流及下游系统综合考虑来加以确定。

蒙古气旋的移动主要按图9.15所示的三条路径移动。可以看出,向东北经过我国黑龙江呼伦贝尔移去的蒙古气旋对渤海、黄海影响不大。向东略偏南经过我国内蒙古自治区、东北平原移去的蒙古气旋只对渤海、黄海北部产生影响。向东南入我国经华北、渤海向朝鲜半岛移去的蒙古气旋对渤海、黄海偏南大风影响最大。

图9.15　蒙古气旋三条移动路径示意图（改绘自辛宝恒，1991）

第五节　渤海、黄海偏南大风与东北低压

东北低压与渤海、黄海偏北大风的关系已在上一节中有过详细论述。本节着重介绍东北低压与渤海、黄海偏南大风的关系。

一、东北低压影响渤海、黄海时的地面天气形势

东北低压是活动于我国东北地区及内蒙古东部的锋面气旋,其中心在内蒙古东部和东北地区,主要是由蒙古气旋演变而来的。当东北低压处在高空疏散槽的前方时,若槽后冷平流明显,则东北低压将发展,并配有变性的大陆高压入海（图9.16）。海上高压的平均强度为1024 hPa,高压中心在30° N~40° N,122° E~140° E范围内活

动。在这种形势下,渤海、黄海地区将有西南大风出现。

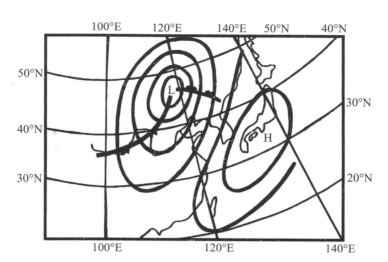

图9.16　东北低压与入海高压相组合的地面天气形势示意图（改绘自辛宝恒，1991）

二、东北低压的预报

由于绝大多数东北低压都是从贝加尔湖、蒙古和我国内蒙古一带生成而东移来的,因此应当密切注意蒙古及西伯利亚中部是否有气旋生成或发展,关键在于分析高空天气形势。一般当500 hPa天气图上有疏散槽、槽后有较强的冷平流、在疏散槽前地面图上出现明显的3小时负变压时,就可预报低压的生成或发展。预报员通常可以从下列几方面来考虑:

（1）地面天气图上鄂霍次克海有高压并与太平洋高压打通,构成了南北向的高压坝。高空天气图上,鄂霍次克海上空有一个暖性高压脊存在,则东北低压要发展。反之,当鄂霍次克海为大低压所盘踞,而高空被稳定大槽控制,东北低压就不会发展,常东移并入鄂霍次克海低压内。如果东北低压与鄂霍次克海低压之间有小高压脊存在时,则东北低压会稍有发展。

（2）如果东北低压处于高空疏散槽前,槽后冷平流明显,在槽前西部紧跟有一暖脊向东或东北方向发展,就会促使槽后冷平流加强,这时东北低压会获得强烈发展。

（3）当地面天气图上东北低压和江淮气旋同时出现,两者不能同时发展,或者东北低压发展,或者江淮气旋发展。

（4）东北低压常常是在地面先得到发展的,以后再在高空得到体现。当地面低压进入填塞阶段时,高空低压往往还能继续维持一段时间。

第六节　渤海、黄海偏南大风与华北地形槽

华北地形槽是指在太行山东侧的华北平原上的低压槽。在春、秋两季,特别是秋季华北平原常受华北地形槽控制。华北地形槽常产生于亚洲大陆东部高压系统迅速减弱的情况下,在蒙古和我国东部一带多受减弱的高压带控制。地面冷高压的主体已变性入海,冷高压的中心有时分裂成好几个,这些分裂的高压中心有的留在蒙古,有的在河套地区以及我国东部沿海一带等,构成一个V型高压带(图9.17)。

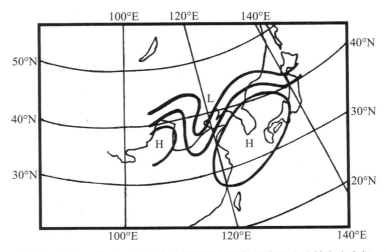

图9.17　华北地形槽与入海高压相组合的地面天气形势示意图(改绘自辛宝恒,1991)

华北地形槽主要是由地形产生的动力减压作用造成的。当较强的西风越过太行山时,处于背风坡的华北平原,由于气旋式涡度的增加常导致气压迅速下降而形成地形槽。当地形槽与入海高压之间形成的气压梯度足够大时,可导致渤海、黄海北部的西南大风。

在华北地形槽影响下,东部沿海又有较强的高压存在,平均气压为1026 hPa。其活动范围在29° N~34° N, 115° E~126° E时,渤海、黄海北部可有6级以上的西南大风。不过相对蒙古气旋或东北低压,华北地形槽的影响范围和强度要小一些。

应当指出的是,影响渤海、黄海偏南大风的天气系统不仅仅是以上提到的蒙古气旋、东北低压、华北地形槽等,而且渤海气旋、黄河气旋、江淮气旋以及北上台风等都可不同程度地引起渤海、黄海不同海域的偏南大风,这要看不同海域处于这些天气系统的不同位置而定。

第七节　渤海、黄海气旋大风的气候特征

气旋引起的渤海、黄海大风过程比较难预报,为了提高对气旋大风的预报能力,还必须了解其气候特征。

一、气旋的气候特征

对影响渤海、黄海的黄河气旋、江淮气旋进行了统计分析。按图9.18所示的区域,仅对发生并维持12小时以上的气旋进行了统计(表9.4)。

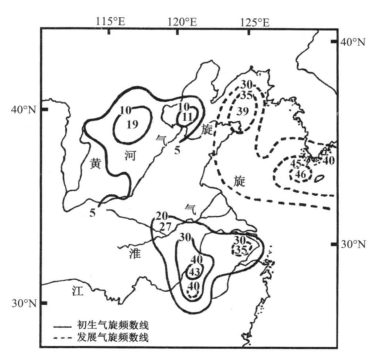

图9.18　1949年~1978年气旋源地气旋发生频数图（改绘自辛宝恒，1991）

由表9.4可以看出,一年四季都有气旋活动。对黄河气旋而言,主要发生在6月~9月。对江淮气旋来说,主要发生在3月~7月。黄河气旋主要影响黄海北部及渤海区域,而淮河气旋多影响黄海南部和黄海中部一带。

表9.4 1949年～1978年气旋频数、发展概率统计表（引自辛宝恒，1991）

季月 类别		春季			夏季			秋季			冬季		
		3	4	5	6	7	8	9	10	11	12	1	2
黄河气旋	气旋频数	26	25	30	40	64	48	27	17	22	23	32	29
	发展次数	6	9	5	14	13	18	13	7	7	5	6	8
	发展概率	24.7			29.6			40.9			22.6		
	强气旋数	1	1	～	3	～	2	5	2	3	1	3	5
江淮气旋	气旋频数	107	124	144	134	93	42	67	52	59	71	55	71
	发展次数	37	46	42	49	37	11	15	10	11	11	17	22
	发展概率	33.3			36.1			20.2			25.4		
	强气旋数	19	10	6	7	7	1	7	2	4	8	9	9

二、气旋大风的气候特征及天气型

气旋主要在两种情况下可产生大风，一种情况是气旋本身发展引起的低压型大风，另一种情况是气旋与高压系统结合产生的大风，称为结合型大风。还可把气旋大风过程分为南风、北风以及南转北的全风过程三类（表9.5）。

表9.5 1959年～1978年气旋大风性质统计表（引自辛宝恒，1991）

季节		春季			夏季			秋季			冬季		
风向		南	北	全	南	北	全	南	北	全	南	北	全
黄河气旋	低压型	3	2	8	9	8	7	1	5	9	0	4	5
	结合型	4	6	3	4	2	0	1	9	0	1	13	4
	合计	7	8	11	13	10	7	2	14	9	1	17	9
江淮气旋	低压型	7	24	48	12	10	35	2	21	19	8	12	19
	结合型	37	24	16	15	1	0	6	30	4	6	36	7
	合计	44	48	64	27	11	35	8	51	23	14	48	26

1961年～1980年资料统计结果表明，这20年总共发生江淮气旋310次，年平均为15.5次。最多的年份是1965年和1972年，均为23次。最少的年份为1978年，只有6次。从季节分布来看，春季和初夏是江淮气旋活动最盛时期，春季发生频率为41.3%，夏季为26.1%，其中以4月最为明显，20年达52次。秋、冬季发生较少，频率分别为16.5%和

15.8%。

江淮气旋的发展也存在着季节变化,在310例江淮气旋中有93例为发展气旋,占总数的30%。3月~7月和10月发展概率较高,尤以7月为最高,发展概率达43.7%。

江淮气旋主要发生在四个地区:淮河上游、大别山东侧、黄山北麓的苏皖平原、洞庭湖盆地和鄱阳湖盆地。春季多发生在两湖盆地和杭州湾附近,夏季随副热带高压北抬,多产生于淮河上游、大别山东侧和洞庭湖北部。秋、冬季节,气旋南移到大别山区和苏皖平原一带。

江淮气旋的移动路径主要有两条,一条是由淮河上游经洪泽湖从江苏盐城南部入海,或从盐城北部进入黄海北部。另一条是从洞庭湖出发经苏皖平原从长江口入海。江淮气旋的移动随副热带高压的进退而产生明显的季节变化。

江淮气旋的移动方向,大致可分为东北向(NNE-ENE)、偏东向(ENE-ESE)、偏北向(NNW-NNE)、折向和打转五类。其主要移向为东北和偏东两类,其概率为95.5%。

在分析江淮气旋所产生的大风时,1961年至1979年19年中296例江淮气旋有186例出现了大风(≥17m/s),总比率为62.8%,平均每月0.8次。19年内发展气旋有88例,大多数都产生8级以上大风。

三、气旋发生特征的比较

江淮气旋主要有以下类型。

（一）静止锋型

为静止锋上的波动发展成为江淮气旋,这时如果海上高压较强就会出现偏南大风。如果河套或华北地区有冷空气向东南移动,在气旋的西北方向就会出现偏北大风。

（二）低压锋生型

在江淮地区的弱低压槽内,开始仅有一个低压中心而无闭合的等压线,由于受高空急流带上发展短波槽的诱导,低压可迅速发展成气旋。

（三）冷锋低槽型

是指冷锋进入江淮低压槽内发展成的气旋,该类型是江淮气旋中出现强风概率最大的一种天气形势。

黄河气旋主要有以下类型。

（一）冷锋低压型

发生在华北平原一带及渤海的黄河气旋大都属于此类。冷锋移入华北暖性低压内可发展为气旋。有时冷锋移到华北后地面锋线消失,而低压在高空槽诱导下发展成气旋。

（二）暖区低槽型

当东移的蒙古气旋暖区内的"V"型槽伸入华北时,冷锋进入槽内发展成为气旋。

（三）静止锋型

在黄淮静止锋上发展成为气旋的过程。

总之，海上的气旋大风是与气旋的发展、移动方向以及冷空气活动和海上高压的强弱密切相关的，具体是什么形势，需要进行综合分析。

参考文献

辛宝恒. 黄海渤海大风概论［M］. 北京：气象出版社，1991：192.

思考题

1. 影响渤海和黄海偏北大风过程的冷锋移动路径有几条？分别有什么特征？

2. 与渤海和黄海偏北大风过程有关的气旋系统有几种类型？

3. 影响渤海和黄海偏南大风有几种天气系统？分别有什么特征？

4. 试论述渤海和黄海气旋大风的气候特征。

附录：海洋气象发展规划（2016～2025年）

国家发展改革委 中国气象局 国家海洋局关于印发《海洋气象发展规划（2016～2025年）》的通知[①]

发改农经〔2016〕21号

有关省、自治区、直辖市发展改革委、气象局、海洋厅（局）：

为贯彻落实党的十八大和十八届三中、四中、五中全会关于建设海洋强国的发展战略，加强海洋气象服务，国家发展改革委会同中国气象局、国家海洋局在广泛调查研究、科学深入分析、充分征求意见的基础上，组织编制完成了《海洋气象发展规划（2016~2025年）》（以下简称《规划》）。《规划》确定了全国海洋气象发展的指导思想、发展目标、规划布局和主要任务，对气象、海洋等部门建立共建共享协作机制做了安排，是未来十年全国海洋气象发展的基本依据。现将《规划》印发你们，请按此做好相关工作，推动《规划》顺利实施。

要加强《规划》与气象、海洋事业发展等相关规划的有效衔接，细化完善海洋气象共建共享机制，按照统一标准、一站多能、共同选址、各自承建、独立管理、协作运维的模式建设气象、海洋观测站点，避免重复建设，实现部门间数据联通与信息共享，共用海洋综合保障设施，协作加强预报预警服务，联合开展技术攻关，增强海洋气象预报预警能力，提升海洋气象服务水平。

附件：海洋气象发展规划（2016~2025年）

国家发展改革委
中国气象局
国家海洋局
2016年1月5日

[①] http://www.ndrc.gov.cn/gzdt/201602/t20160224_784407.html.

附件：

海洋气象发展规划（2016～2025年）

（2016年1月）

前　言

我国是海陆兼备的国家，海洋是我国国土空间的重要组成部分，是经济社会可持续发展的重要战略空间。我国地处典型季风气候区，海洋的能量、水分循环等在很大程度上决定了我国的气候和环境变化。党的十八大提出建设海洋强国的发展战略，确定了提高海洋资源开发能力、发展海洋经济、保护海洋生态环境、坚决维护国家海洋权益等任务，对海洋气象工作提出了新的更高的要求。《中共中央关于制定国民经济和社会发展第十三个五年规划的建议》《国务院关于加快气象事业发展的若干意见》《全国海洋主体功能区规划》《海洋事业发展规划》《国家气象灾害防御规划（2009～2020年）》均提出要坚持陆海统筹，加强海洋气象服务。

根据《气象法》《海洋观测预报管理条例》《气象灾害防御条例》等相关规定和相关专项规划的要求，国家发展改革委会同中国气象局、国家海洋局完成了《海洋气象发展规划（2016～2025年）》（以下简称《规划》）的编写工作。在《规划》编制过程中，中国气象局召开了专家论证会听取专家意见；国家发展改革委会同中国气象局、国家海洋局赴沿海省份开展了实地调研，多次征求了有关部门和地方的意见，委托中国国际工程咨询公司进行了评估，根据各方面意见对《规划》进行了修改完善，并与相关专项规划进行了衔接。《规划》在分析海洋气象发展现状、面临形势、存在问题的基础上，明确了海洋气象发展的指导思想、目标、总体布局主要任务，对海洋气象统筹布局、共建共享做了安排，是未来十年全国海洋气象发展的基本依据。

《规划》范围为辽宁、河北、天津、山东、江苏、上海、浙江、福建、广东、广西、海南11个沿海省（自治区、直辖市），图们江入海口，以及渤海、黄海、东海、南海等我国管辖海域，海洋气象服务能力覆盖远海和远洋。

目　录

第一章　规划背景

我国有1.8万千米大陆海岸线和300万平方千米管辖海域,沿海11个省(自治区、直辖市)的面积占全国陆地面积的13.6%,集中了我国40%以上的人口、70%以上的大城市和60%以上的社会总财富。沿海地区台风、大风、暴雨和海雾等海洋气象灾害频发,造成的经济损失巨大,2014年仅"威马逊"超强台风登陆我国就导致88人死亡失踪,1189.9万人受灾,直接经济损失446.5亿元。

为应对海洋气象灾害,我国自20世纪60年代起开展海洋气象业务。经过几十年的建设,初步建立了由观测、预报、服务、信息网络等组成的海洋气象业务体系,台风预报预警等领域接近世界先进水平。但海洋气象整体业务能力尤其是海上气象观测、远洋服务等与世界领先水平相比,尚存在较大差距,远不能满足我国海洋强国发展战略日益增长的需求。

第一节　海洋气象业务发展现状

一、以沿岸海域为主的海洋气象观测系统基本建立

中国气象局已经建设了304个海岛(海上平台)自动气象站、200个强风观测站、39个船载自动气象站、33个锚系浮标气象站、26个天气雷达站、10个探空站、17个风廓线雷达站、75个全球卫星导航定位水汽观测(GNSS/MET)站、37个雷电监测站、6个地波雷达站,并建立了监控运行及保障天气雷达、自动气象站、探空雷达、GNSS/MET等气象装备的信息化业务应用系统(ASOM),岸基装备保障能力不断提升。国家海洋局和地方海洋部门建设了16个海洋环境监测中心站、161个海洋观测站(其中137个包含气象观测)、12个地波雷达站、40余个开展气象和海洋观测的大中型浮(潜)标、常年保持数十个漂流浮

标，在近海海域建有多座海上观测平台，依托数十个海上平台及近百艘船舶开展气象和海洋志愿观测，在南北极建有中山、长城、昆仑和黄河4个科学考察站，利用"雪龙号"和"大洋一号"科学考察船每年进行全球海域的走航观测工作，并在三个海区配备有海上保障机构、队伍及海上调查、观测保障船队。气象卫星、海洋卫星等持续发射运行，初步形成了覆盖我国近、远海的卫星遥感探测能力。通过以上观测网的建设，我国近海和部分大洋的海洋关键天气、气候要素的观测及保障能力已初步形成，但与发达国家手段多样、覆盖完善、保障充分的海洋气象立体观测网相比，我国海洋气象观测尚属起步阶段。

二、逐步发展了以台风、海上大风预报为主的海洋气象预报预警业务

中国气象局建立了国家、区域、省、市四级海洋气象预报业务体系，预报范围涵盖了我国18个近海海域预报责任区和全球海上遇险安全系统（GMDSS）公海责任区的Ⅺ–印度洋区。制作和发布72小时的中国近海海洋天气预报、责任海区海上大风预警、世界气象组织责任海区海事天气公报，以及西北太平洋和南海台风120小时路径和强度预报。初步建成全球和区域海面风场数值模式、全球和区域台风数值预报模式体系、黄渤海海雾数值预报模式等，初步构建了海洋气象专业数值预报模式体系框架。目前，台风24小时路径预报误差小于70千米，海上大风预报准确率达80%，台风预报预警等技术已接近世界先进水平，但数值预报和资料同化等核心技术与发达国家差距明显，海洋气象预报整体水平不高。

三、开展了以沿海、近海为重点的海洋气象服务

中国气象局依托现有的公共气象服务体系，初步建立了国家级海洋气象信息发布站。在此基础上，沿海地区结合实际利用广播电台、海事电台等发布海洋气象信息，部分地区依托我国北斗导航系统试验性开展了北斗终端预警信息发布。面向国防活动、海上搜救、港口及跨洋航运、海上石油开发、海上风能开发、渔业养殖、海上捕捞、海洋旅游等需求，初步提供了有针对性的海洋气象服务，但气象服务市场尚不成熟，与日本、美国等发达国家相比，我国海洋气象服务产品和水平还存在极大差距。

四、初步具备海洋气象数据收集、处理和分发能力

中国气象局已经建立了覆盖全国、互联互通的气象广域网络系统和应急备份通信系统，建成覆盖全国和亚太地区的中国气象局气象数据卫星广播系统（CMACast），全国气象远程会商系统已覆盖至所有地市和大部分县。国家级高性能计算整体能力接近1760万亿次/秒，为数值天气模式、集合预报、气候预测模式等业务运行和研发提供了基本计算资源。经过近几年的快速发展，信息网络基础设施极大完善，可为海洋气象业务提供骨干网络和高性能计算资源，但信息系统技术水平、海上通信传输手段等较世界先进水平还有较大差距。

第二节　海洋气象发展面临的形势

一、加强海洋气象能力建设是保障沿海人民生命财产安全的紧迫要求

我国沿海地区南北纵跨热带、亚热带和温带，海洋环境复杂多变，频发的海洋气象灾

害对沿海和海岛居民、滨海旅游人群、涉海就业人员的生命财产安全造成了严重威胁。其中台风是我国除干旱、暴雨洪涝外影响最大的气象灾害，2011年至2014年累计登陆我国的台风达28个，因灾死亡（失踪）470人，直接经济损失超过3163.5亿元。大风、海雾等恶劣天气是造成海难事故的主要原因，对从事海上生产活动的人员威胁巨大。同时，受自然条件影响，海上救助的难度与危险性远大于一般的陆上救助。随着经济社会的发展，涉海活动不断增多，海上险情呈现多样化、复杂化的特点，海上搜救工作难度增大。因此，建立健全海洋气象业务系统，强化海洋气象监测预警，提升海洋气象服务能力，对防御气象灾害、避免和减轻灾害损失、保障人民生命安全具有十分重要的意义。

二、加强海洋气象能力建设是海洋经济快速发展提出的新要求

近年来我国进入全面实施海洋经济发展战略的新阶段，2014年全国海洋生产总值近6万亿元，占国内生产总值的9.4%，海洋产业已成为国民经济发展的重要支柱产业。我国海洋能源特别是海上气候资源丰富，近海风能、太阳能资源开发利用将进入快速发展阶段。同时，随着国际贸易的蓬勃发展和"21世纪海上丝绸之路"的提出，我国远洋航线遍布全球、我国与海上丝绸之路沿线国家的经济合作项目逐步启动，海洋经济快速蓬勃发展，海上经济活动面临的气象灾害风险日益加大，涉海各行业均迫切需要及时有效的海洋气象服务保障。

三、加强海洋气象能力建设是应对全球气候变化和保护海洋生态环境的重要科技支撑

海洋是气候系统的重要组成部分，我国南海及周边地区是影响北半球天气气候的关键区域之一。由于气候变化导致的全球海洋酸化、海平面上升、海洋生态系统退化、海洋灾害以及海洋极端气候事件频发，我国海岸带及近海海洋环境保护形势严峻。《中国应对气候变化的政策与行动》中明确要求"要通过加强对海平面变化趋势的科学监测以及对海洋和海岸带生态系统的监管，提高沿海地区抵御海洋灾害的能力"。科学认识海-气相互作用、物质和能量循环过程，准确把握海洋天气气候演变规律，是应对气候变化和保护海洋生态环境的基础性工作，加强海洋气象科技支撑能力建设需求迫切。

第三节　海洋气象发展存在的主要问题

一、近海和远海气象资料获取能力有限

一是气象卫星缺乏对海洋气象的针对性观测，不能适应远海和远洋保障服务需要。二是海洋表面的气象观测站点严重不足，锚系浮标观测站点稀疏，缺乏对海洋高空大气的观测能力，下投探空等新型观测手段尚未应用到海洋气象观测业务中，数值预报和服务领域急需的各类气象要素观测在时空、密度方面都亟待补充。三是影响我国天气气候的远海重要敏感区海洋气象观测几乎空白，现有信息获取主要依赖国外。

二、海洋气象预报核心技术水平不高

相对常规气象预报，支撑海洋气象预报的科技基础能力薄弱，特别是海洋气象数值

预报模式等核心技术水平不高，与发达国家差距明显。

近海区域气象预报时效和精细化程度不够，缺乏全球海洋气象预报，海洋气候产品单一，难以满足海洋经济发展需要，也难以有效履行世界气象组织赋予我国的大洋预报预警职责。

三、海洋气象服务能力和手段不足

一是面向近海、远海和远洋的气象信息发布手段缺乏，气象服务覆盖范围有限。二是针对涉海重要经济行业的专业化海洋气象服务能力薄弱，服务产品少，针对性不强，远洋导航气象服务甚至被国外垄断。三是应对海上突发事件服务能力不足，海洋气象灾害风险区划评估尚未开展、风险管理应急联动机制尚不完善。

四、海洋气象资料处理能力有待增强

受海上复杂观测环境影响，海洋气象观测资料的准确性和代表性较差，资料质量控制能力亟待加强，缺乏资料深加工产品和专门的海洋气象数据集。现有计算和存储资源不能满足新增多源海洋气象资料的处理、融合分析，以及海洋气象数值模式、集合预报系统等业务运行需求。

五、海洋气象装备保障能力几近空白

针对海洋气象观测设备的专业试验设施处于空白状态，新型海洋气象探测设备在投入使用前缺乏必要的科学检测。业务运行的海洋气象观测设备受海洋恶劣环境影响，寿命短、故障率高，由于海上保障船舶缺乏、计量检定和测试维修设施不足，设备的布设和运行维护难以保障，观测资料的准确性和完整性无法保证。

六、海洋气象协调共享机制尚未建立

气象、海洋、交通等部门建设的海洋气象观测站网布局缺乏协同、仪器设备标准不一、数据格式迥异，观测资料和信息产品缺乏共享，海上观测设备的重大保障设施未实现充分的共用，不能最大程度发挥国家投资效益，制约了海洋气象整体能力的提升。

第二章 海洋气象发展的总体思路

第一节 指导思想

贯彻落实党的十八大和十八届三中、四中、五中全会关于建设海洋强国的发展战略，紧紧围绕经济社会发展、维护国家主权和保护人民生命财产安全对海洋气象保障服务的需求，以服务为引领，以科技为支撑，通过实施海洋气象重大工程，加强海洋气象基础设施建设，促进海洋气象共建共享，全面增强海洋气象预报预警能力，提升气象保障服务水平，实现海洋气象业务跨越发展，充分发挥气象在灾害防御、海洋经济发展、海洋权益维护、应对气候变化和海洋生态环境保护中的重要作用。

第二节 规划原则

一、统筹集约，科学发展

合理布局各类海洋气象业务，确保海洋气象业务协调发展。统筹相关海洋气象工程建设，高效集约配置资源，避免重复建设。加强规划设计的系统性、科学性、集约性，促进海洋气象业务的综合发展。

二、海陆兼顾，远近有别

以海上气象服务、精细化预报和应对气候变化需求为导向，着力弥补海洋气象观测业务空白，兼顾沿海地区气象现代化发展需要。观测布局动静结合、地空协同、远近有别，近海以海基、岸基为主，远海以空基、天基为主，全球以天基为主。

三、突出重点，急用先建

利用成熟、可靠技术，全面增强海上气象观测和保障能力。把握前沿技术发展趋势，重点提升预报核心技术水平。坚持速度、规模、质量、效益相统一，分步实施，优先安排国家需求紧迫的业务能力建设。

四、开放合作，共建共享

加强气象、海洋、交通、渔业、公安、环保等涉海部门间的沟通协调，联合科研院所和高等院校，开展海洋气象多部门、多学科合作，共同推进海洋气象基础设施、信息资源、服务体系的共建共享和互联互通。

第三节 发展目标

一、总体目标

到2025年，逐步建成布局合理、规模适当、功能齐全的海洋气象业务体系，实现近海公共服务全覆盖、远海监测预警全天候、远洋气象保障能力显著提升，即近海预报责任区服务能力基本接近内陆水平、远海责任区预报预警能力达到全球海上遇险安全系统要求、远洋气象专项服务取得突破、科学认知水平显著提升，基本满足海洋气象灾害防御、海洋经济发展、海洋权益维护、应对气候变化和海洋生态环境保护对气象保障服务的需求。

二、具体目标

——海洋气象综合观测能力全面提升。构建岸基、海基、空基、天基一体化的海洋气象综合观测系统和相应的配套保障体系，沿岸海区和近海预报责任区海基观测平均站距分别达到50千米和150千米，地基遥感大气垂直探测站网间距达到100千米，具备离岸3000～5000千米空基机动探测能力和高精度全球海表风浪卫星遥感监测能力，实现对大气风、温、湿等要素的连续遥感探测，海洋气象观测全网业务运行监控率和业务检定检准率达到99%以上、数据可用率达到90%以上。

——海洋气象预报能力明显提高。建成海洋气象灾害监测预警系统和海洋气象数值预报系统，近海海区的天气现象、洋面风、能见度等海洋气象要素格点化预报产品和监测分析产品分辨率达到5千米、时效达到7天，西北太平洋和责任海区的相关产品分辨率小于10千米，全球海洋气候要素监测分析产品分辨率达到25千米。海上大风、海雾、强对流等灾害性天气监测率达到90%，预报准确率较前5年平均水平提高5%。台风24小时路径预报误差小于65千米，强度和风雨预报准确率提高5%～10%。

——海洋气象服务能力显著增强。建成多手段、高时效海洋气象信息发布系统，发布手段进一步丰富，扩大发布覆盖面，基本消除信息盲区，实现我国管辖海域和责任海区无缝隙覆盖。建成专业化的海洋气象服务业务系统，服务产品精细化程度满足涉海重要行业的需求，极大提升我国海洋运输、渔业生产、能源开发、海洋旅游气象保障水平。海洋气象公众服务满意度达到85%以上。完成我国管辖海域海洋气象灾害风险普查和区划，初步建立海洋气象灾害防御多部门应急联动机制和风险管理体系，海洋气象灾害带来的生命财产和经济损失得以有效降低。海洋气候资源开发精细化气象保障能力全面提高。

——海洋气象设施和资料共享取得突破。实现海洋气象设施的共建共用和统一维护保障，提升海洋气象技术装备保障时效性，海洋气象数据传输时效和可靠性得到提高，预报服务产品全流程传输时效达到分钟级，构建各海域、各部门、各行业间的海洋气象业务数据共享通道，提供精细化、集约化、专业化共享服务，多部门海洋气象数据共享充分、信息发布统一高效。

第四节　规划布局

海洋气象业务体系由综合观测系统、预报预测系统、公共服务系统、通信网络系统和装备保障系统等构成，整体布局于国家级业务单位、海洋中心气象台、沿海省（自治区、直辖市）级业务单位，部分系统建设延伸市、县级。海洋气象综合观测系统有效覆盖环渤海、东黄海、南海三个海域及我国有通航权的江河入海口和租借的港口码头等设施。

一、业务布局

（1）海洋气象综合观测系统。根据预报和服务需求、海域的地理经济和天气气候特点等规划业务布局，重点开展岸基和海基气象观测站点、空基观测系统、天基观测应用系统以及相应的配套设施建设。其中，岸基气象观测站点主要是优化、补充和完善现有的自动气象站、气象雷达等观测能力，海基气象观测站点主要依托海岛、海上平台、船舶和浮标建设自动气象观测系统，空基观测系统主要利用大型高性能无人飞机开展观测，天基观测主要利用已有气象卫星强化海洋气象综合应用能力。

（2）海洋气象预报预测系统。按照国家、区域中心、省、市四级布局海洋气象预报业务，国家级重点开展全球海洋业务，区域中心和省级重点开展近海、沿海业务，市级负责本地区沿岸业务。依托现有气象预报预测系统，扩充海洋气象预报预测业务功能，重点开展海洋天气监测分析、海洋天气预报预警、海洋气候监测预测、海洋气象数值预报业务系统及相应的配套建设。

（3）海洋气象公共服务系统。按照国家、省、市、县四级布局海洋气象服务业务。依托现有公共气象服务系统，围绕海洋保障服务需要，以省、市级为主，重点建设以海洋气象信息发布站和北斗卫星预警发布系统为核心，结合广播、电视、户外大屏、网络、手机等多种手段的海洋气象信息发布系统。建设针对国防、航天、交通运输、远洋捕捞、远洋导航、渔业、旅游、港口物流等服务需求的海洋气象服务业务系统。开展海洋气象灾害风险管理能力和海洋气候资源开发利用服务系统建设。

（4）海洋气象通信网络系统。按照国家、区域中心、省、市、县五级布局海洋气象信息业务。依托现有气象信息系统，针对海上气象信息收集难度大、安全要求高和海上通信网络较为脆弱的实际情况，重点开展海洋气象通信网络、海洋气象资料业务系统、区域高性能计算机、业务系统支撑平台、海洋气象信息共享系统和相应的配套建设。

（5）海洋气象装备保障系统。按照国家、省、市三级布局海洋气象装备保障业务。依托现有装备保障体系，补充海基和空基气象观测的装备保障能力，重点开展天津国家级海洋气象综合保障基地、11个沿海省（自治区、直辖市）装备保障业务系统和配套建设。依托海洋部门在北海、东海和南海建设的大吨位保障船和相应的配套系统，开展各海域综合观测、装备保障和应急服务任务。

二、海域布局

以服务需求为牵引，在统一布局的业务系统基础上，针对不同海域的服务重点、特色需求及海域地理特征进行布局。

（1）环渤海海域。根据"三湾一峡两半岛"的地理特征形成6个观测区，部署相应的岸基和海基气象观测站点，重点满足海上石油开发、港口物流、海上养殖和生态环境保护等气象服务需求。在山东烟台配合海事管理部门建设海上搜救气象服务系统，对山东石岛海洋气象信息发布站进行升级完善。针对环渤海海上大风、大雾灾害特点，在沈阳区域气象中心和天津海洋中心气象台建设海洋气象高分辨率区域数值预报模式系统、完善大风海雾等专业数值预报模式。

（2）东、黄海海域。根据"两海一链一海峡"的地理特征形成4个观测区，重点满足国防、国际航运、渔业捕捞和生态环境保护等气象服务需求。在上海建设国家级海洋气象信息传真广播系统和海上搜救气象服务系统，对浙江舟山海洋气象信息发布站进行升级完善。针对台风和海上强对流天气，在上海区域气象中心建设以台风模式为重点的高分辨率区域数值预报模式系统。

（3）南海海域。根据"四沙一岛一海湾"的地理特征形成6个观测区，重点在东沙、西沙、中沙、南沙海域建设海基气象观测站点，保障国防、航天、交通运输、海洋工程和海上能源开发等气象服务需求。在广州建设海上搜救气象服务系统，对广东茂名海洋气象信息发布站进行升级完善。针对南海季风系统和台风，在广州区域气象中心建设高分辨率海洋气象区域数值预报模式系统。

第三章　完善海洋气象综合观测站网

以预报和服务需求为导向，结合各个海域地理经济和天气气候特点，建设岸基、海基、空基观测系统和天基观测应用系统以及与之配套的业务设施，初步形成天、地、海、空一体化的海洋气象综合观测业务。

第一节　海基气象观测

海基气象观测是指依托海岛、海上平台、船舶及浮标等平台设施安装各类气象观测系统所开展的各种气象观测，主要包括海岛和平台自动气象站、海洋气象浮标站、船载自动气象站、海上GNSS/MET站等。

一、海岛和平台自动气象站

利用海岛及已有的海上平台，安装无人自动气象站实时监测海上常规气象要素（包括温度、湿度、风向、风速、气压，下同）和能见度，为海洋灾害性天气的监测预报预警提供准确、可靠、具有代表性的观测数据。

在监测空白海域，依托具备条件的海岛、海上石油钻井平台或其他作业平台，补充建设自动气象站，最大可能覆盖更多海域，其中在南沙岛礁建设国家级地面气象观测场。

二、海洋气象浮标站

利用锚系浮标和漂流浮标为载体，安装观测海洋气象要素、水文参数和海洋动力参数的无人自动观测设备，与岸基站和平台站一起构筑台风监测预警第一道防线。

按照气压空间分辨率100千米计算，布设锚系浮标观测阵列，沿岸海区站间距50千米、近海站间距150千米。优先建立针对台风、海上大风及寒潮的断面观测网，其中，台风观测布设于海南文昌、海口，广东电白、阳江、汕尾，福建厦门、福州，浙江宁波、台州、舟山，上海，江苏连云港附近海域；大风寒潮观测以山东青岛、威海、烟台、东营，河北秦皇岛，天津，辽宁营口、大连、丹东附近海域为基础，向中远海辐射布局，形成断面观测网；台湾海峡和琼州海峡根据需求布设。漂流浮标以东海和南海为重点布放。

在海洋部门建设的海洋锚系浮标上加载气象观测装备，按统一标准改造海洋部门和气象部门已有的锚系浮标，初步构建中国近海浮标观测网，实现部门间数据实时共享，并具备每年100个以上漂流浮标的海上观测能力。

三、船载自动气象站

利用大吨位渔船、客货船及远洋货轮等船舶为载体，安装自动气象站，由船舶管理方志愿开展海洋气象观测，实现对主要航运干线附近海域的常规气象要素和能见度的实时监测。

在三个海域，选取航行于重点海域和远洋的大吨位船舶，开展船舶志愿气象观测。

以海洋部门为主,建设配备常规气象要素和能见度观测等观测设备,以及卫星通信设备的船载自动气象站。

四、海上GNSS/MET站

海上GNSS/MET站用于观测整层大气水汽总量,进行水汽反演并提供丰富的海洋大气水汽信息。对海上天气敏感区如季风影响区、副热带高压控制区以及台风行进过程中的可降水量提供有效监测数据,用于对可能降水的估测和数值预报同化。加装相应模块后,可用于开展海风、海浪、海平面变化、空间天气等观测业务。

充分利用海洋、测绘等部门已有和规划站点,统筹考虑已有或待建的海岛和平台自动气象站点,按照平均站间距50千米、重点区域加密的原则,补充建设一定数量的海上GNSS/MET站。配备GNSS/MET观测设备、导航卫星反射信号处理系统及空间天气相应模块,逐步形成海上水汽组网观测能力。

第二节　空基气象观测

空基气象观测包括飞机综合探测系统和自动探空站。飞机综合探测系统由高性能无人飞机和安装在机身下部的下投探空系统组成,是改善海洋高空探测的有效手段,对于提高台风预报准确率有明显作用。结合自动探空与下投探空系统可获取海面至平流层的大气垂直观测数据。目前我国尚未开展海上飞机综合探测,也未建设海岛高空探测站,海上高空探测资料空白。

一、飞机综合探测系统

高性能无人飞机应具有15000米高度巡航飞行的能力,巡航半径3000~5000千米,实现对台风的追踪观测。下投探空系统获取大气温度、湿度、气压、风向、风速的廓线资料。

购置高性能无人飞机并配备下投探空系统,结合人工影响天气工程建设的高性能作业探测飞机,建设国家级飞行设计、指挥、监控平台和资料处理分发系统,构成飞机综合探测系统。在东海、南海及其周边海域初步形成离岸3000~5000千米下投探空和机载遥感探测能力,定期、定点获取三维大气观测资料和洋面气象资料。

二、自动探空站

利用自动释放探空气球及其携带的探空仪,获取大气温度、湿度、气压、风向、风速的廓线资料。

综合考虑各海域探空常规观测、应急观测、预报和服务需求,根据台风登陆路径统计结果,在南海海域及东海部分海域高空气象探测空白区域补充建设自动探空站。

第三节　岸基气象观测

岸基气象观测主要由地基遥感大气垂直探测系统、地波雷达、雷电监测站、天气雷达等组成。目前,气象、海洋部门已有的岸基气象观测系统在雷达风场反演技术,特别是海上大风探测方面还没有充分发挥雷达探测作用，在布局上也没有考虑海洋气象观测需求。岸基探空站300千米左右的间距、每天两次的观测时次，不能满足海洋气象预报和服务需求，风廓线雷达覆盖不够，垂直风场获取能力不足，同时还缺乏与之配套的温度、湿度和水凝物探测，雷电监测站、地波雷达等观测设备在为海洋气象预报服务上也存在布局密度不足等问题。

一、地基遥感大气垂直探测系统

地基遥感大气垂直探测系统由风廓线雷达、微波辐射计、GNSS/MET、云雷达等组成，对地面到对流层的大气风、温、湿、水凝物廓线进行连续探测。地基遥感大气垂直探测系统具有观测频次高、连续获取资料能力强的特点，对监测台风等海上天气系统、提高短临天气预报水平、改进数值天气预报具有重要作用。

充分考虑地基遥感探空站网与常规高空探测、卫星探测等其他探测手段的衔接，在沿海布设站网间距在100千米以内的地基遥感探空站网。为了探测要素完整和提高探测性能以及方便维护，风廓线雷达、微波辐射计、云雷达同站配置。结合沿海各省已布设风廓线雷达探测网、GNSS/MET探测网，按照国家相关规划，适当补充建设风廓线雷达、云雷达、微波辐射计，建设地基遥感大气垂直探测系统数据处理环境，开发质量控制及观测产品业务软件。

二、地波雷达站

地波雷达系统可对海洋表面流场、风场、浪场等多种海洋动力学参数进行实时监测，反演的海面风场对于改进海洋气象数值预报模式、提高海洋气象预报能力和台风监测分析能力具有重要意义。

结合气象、海洋部门需求，按照互补、共享原则，由海洋部门负责在沿岸新建地波雷达站，与已有的地波雷达共同构成我国沿海地波雷达探测网，实现部门间数据实时共享。站间距应为两个组网雷达中探测距离较小雷达最大量程的1/3，非组网工作的两个地波雷达站最小距离应大于10千米。

三、雷电监测站

雷电监测站可获取实时雷电的类型、极性和频数等观测数据，实现近海强对流监测和近海台风定位，与天气雷达、自动气象站和卫星等观测资料联合监测与相互订正，提高对强对流、台风和暴雨等海上气象灾害的实时监测。

补充建设雷电监测站。沿海地区站距150千米左右，海上站距不小于200千米，优先在观测空白区布局。

四、天气雷达站

天气雷达用于探测云和降水信息，是监测、预警突发灾害性天气的有效手段，采用双偏振技术的天气雷达在降水类型识别、定量估测降水等方面有显著优势，能够进一步提高短时临近预报预警水平。

针对全国雷达海洋气象观测空白区，在海岛增补天气雷达，同时对沿海已建天气雷达进行换型和双偏振技术升级改造。雷达探测范围覆盖我国沿岸和重点海域。

第四节 天基气象观测

天基气象观测是指利用卫星遥感仪器大范围定期获取气象信息的综合观测系统，是海洋气象业务的重要数据来源。结合《我国气象卫星及其应用发展规划（2011~2020年）》的实施，开展海基卫星遥感综合观测平台、海洋灾害性天气卫星监测预警能力建设。

一、海基卫星遥感综合观测平台

海基卫星遥感综合观测平台对常规气象要素、辐射、云量、气溶胶和海洋环境要素进行连续实测，可提高卫星观测面向海洋气象应用的辐射定标、产品反演和真实性检验技术水平，保障卫星海洋气象数据产品的可靠性。

根据卫星定量产品质量评估和改进需求，在环渤海、黄海、东海、南海选取适当海域，新建海基卫星遥感综合观测平台，提供不同海域可靠、连续海上多要素实测数据，满足海洋气象服务对卫星产品精度和稳定度的要求。

二、海洋灾害性天气卫星监测预警

海洋灾害性天气卫星监测预警是指利用气象、海洋、减灾、高分等卫星资料生成具有业务使用价值的卫星定量反演产品，对海洋灾害性天气开展监测预警。海洋灾害性天气卫星监测预警可有效弥补海上观测资料空白区、稀疏区的监测空白，是实现远洋海洋灾害性天气监测预警的主要手段。

根据海洋灾害性天气特点，充分挖掘现有卫星潜力，加强应用研发，逐步提高卫星监测预警能力。建设以地基、海基配套观测为主的卫星海洋气象灾情监测系统，开展星地同步观测实验收集卫星过境时海雾、强对流等海洋灾害性天气的地面观测数据，提高对灾害性天气辐射特性的认识、加强对卫星资料的验证；建设海洋灾害性天气数据库，为海洋灾害性天气的监测预警、灾害评估、风险区划提供数据支撑；建设海洋灾害性天气卫星产品系统，开展海洋灾害性天气反演优化算法研发，增强对卫星有能力且有潜力挖掘的海雾、海上强对流、海上大风等产品的研发和精度检验。

第四章 提高海洋气象预报预测水平

以提高海洋灾害性天气预报准确率、精细化水平和有效预警时效、扩大海域覆盖范围为目标，优化整合，形成分级布局、上下一体的海洋气象预报预测系统，主要包括海洋天气监测分析、海洋天气预报预警、海洋气候监测预测和海洋气象数值预报四个业务系统的建设。

第一节　海洋天气监测分析

　　海洋天气监测分析业务系统是多种海洋气象观测资料的综合显示分析平台，并通过数值同化分析技术形成气象要素格点数据，实现对台风、海上大风、海雾、强对流等灾害性天气的全方位、高频次、高精度的立体监测。在现有现代化人机交互气象信息处理和天气预报制作系统（MICAPS）业务平台基础上补充建设海洋天气监测功能，实现新增海洋气象资料尤其是雷达、卫星等遥感资料的快速直观显示和综合分析，具备海洋灾害性天气灾害监测报警功能；新建海洋气象多源观测资料同化业务系统，融合分析不同海洋气象观测资料，形成高时空分辨率的气象格点监测产品和海洋气象再分析资料集。

　　在国家、区域中心、省、市分级部署海洋天气监测业务系统；在国家和区域中心部署海洋气象多源观测资料同化业务系统，同化分析产品实时提供给省、市级海洋气象业务单位使用。

第二节　海洋天气预报预警

　　海洋天气预报预警业务系统是实现海洋灾害天气预报预警分析、预报预警制作与发布、产品存储共享及质量评定的重要支撑平台。根据海洋天气预报预警需要，建立上下一体、协同一致的业务软件系统，实现预报分析、数据服务、计算处理、产品制作等基础功能，具备针对重要海域的海洋气象灾害预警、气象要素精细化客观预报、近海和远海格点化气象要素预报和海洋气象专项预报能力，支持各级海洋气象部门开展主、客观预报产品的实时检验评估。同时建立海洋气象目标观测指导业务平台，采用诊断分析和数值试验方法，确定重大天气过程的关键区、敏感区，评估海洋气象观测系统效能，为优化观测站网布局提供科学依据。

　　在国家、区域中心、省、市分级部署海洋天气预报预警业务系统；在国家级建立海洋气象目标观测指导业务平台，用于完善我国海洋气象观测建设布局。

第三节　海洋气候监测预测

　　依托已有和拟建海洋气象综合观测站网，深度参与国际气候合作计划和相关海洋观测计划，实现全球关键海区海洋气候要素的实时监测，重点关注全球关键海区海温异常监测，加强对海洋次表层、海洋混合层热量收支、海表热通量收支和海洋-极冰-大气能量交换过程的监测；通过数值模式、统计等方法实现全球不同海区海洋气候要素的预测，丰富预测要素、扩大预测范围，提升动力预测技术水平。

　　在现有业务系统基础上，集约化建设海洋气候监测预测业务系统，支持海洋气候监测、预测业务，实现海洋气候要素实时监测、海洋气候模式产品解释应用、监测预测产品制作等功能。

根据我国气候业务布局,海洋气候监测预测业务涉及气象、海洋部门。在国家级和省级气候业务单位部署开展海洋气候监测业务;在国家级建立海洋气候预测业务,在省级开展本地化应用。气象、海洋部门要深化业务合作,开展核心技术联合攻关,共同提升海洋气候监测预测水平。

第四节　海洋气象数值预报

海洋气象数值预报将重点提升海洋气象资料同化能力,发展具有自主知识产权的全球/区域多尺度通用数值预报模式、海气耦合的近海高分辨率数值预报模式,开展全球海洋气象集合预报,开展定量化的数值预报产品解释应用,增强客观预报能力、提供海洋气象概率预报产品,进一步提高海洋气候模式分辨率、丰富模式输出产品。

海洋气象数值预报模式系统包括全球及区域海洋气象数值预报、海洋气象专业数值预报、集合预报以及数值预报解释应用能力建设。重点建设以下内容:一是建成新一代的全球/区域多尺度通用同化与数值预报系统(GRAPES),模式最高水平分辨率达到10千米;二是建设西北太平洋及近海高分辨率海气耦合数值预报系统,模式最高分辨率达到3千米;三是建设全球海洋气象集合数值预报系统,发布台风路径、海上大风、海上强对流以及海雾等海洋气象概率预报产品;四是建立覆盖西北太平洋和近海的区域海气耦合台风强度以及强对流天气集合预报系统,提供台风强度、强对流及海雾的概率预报产品;五是建设海洋气象专业化模式集合预报系统,提供海洋气象要素集合预报产品;六是建立较高分辨率的海洋气候模式,输出关键海洋气候要素以及对主要海洋气候事件及其指数的预测。

在国家级建立新一代GRAPES系列数值预报业务系统、西北太平洋及近海高分辨率海气耦合数值预报系统、全球海洋气象集合数值预报系统、西北太平洋以及近海海气耦合台风强度以及强对流天气集合预报系统和海洋气候模式;在沿海区域气象中心和海洋中心气象台分别建立近海区域高分辨率海气耦合数值预报及其集合预报系统;国家级建设的全球模式要对区域模式提供背景场,支持区域模式的发展,各级数值预报模式系统的预报产品实现全国共享。

第五章　构建海洋气象公共服务体系

面向防灾减灾和经济建设、国防安全等需求,建立较为完善的海洋气象公共服务系统,逐步形成信息发布手段多样、灾害应急联动高效、社会广泛参与的海洋气象灾害防御体系和产品丰富、内容精细、服务多元的海洋气象专业服务体系。海洋气象灾害防御体系包括海洋气象信息发布和海洋气象灾害风险管理；海洋专业气象服务体系包括海洋气象专业服务业务和海洋气候资源开发利用服务业务。

第一节　海洋气象信息发布

海洋气象信息发布面向沿海及海上各类用户，以海洋气象信息发布站和北斗卫星预警发布系统为核心，结合电视、户外大屏、网络、手机等多种手段对海洋气象信息进行统一发布，重点扩充建设以下发布手段和管理平台。

一、海洋气象信息传真发布

在上海海洋中心气象台建设集气象传真数据管理、通信和信息服务为一体的海洋气象信息传真发布系统，实现海洋气象信息的图形接收、报文收集和交换，通过卫星发送全套常规气象分析图表和用于国际航线的标准航海气象文件，为国内、国际船舶航行，沿海航道管理与养护，以及其他海事活动提供及时、准确、标准化的综合气象信息服务。

二、升级改造国家级海洋气象信息发布站

对国家级海洋气象信息发布站进行升级改造，增加多语种发布、提高发布频次、扩大信号覆盖范围，同时与海岸电台间实现海洋服务信息的共享，为全球海上遇险安全系统（GMDSS）提供更完善的海洋气象信息服务。

三、北斗预警信息发布

借助北斗卫星通信系统，在国家级和省级气象部门部署北斗气象预警信息发布系统，利用气象、海洋、交通等多部门在渔船或商船上安装的北斗接收终端，按海域或终端精准发布海洋气象灾害预警信息，提高我国海洋气象灾害精细化预警能力。

四、沿海地区多媒体信息服务

利用气象部门电视制作业务平台，制作满足公众需求的电视海洋气象服务产品；利用现有网络资源，整合海洋气象信息服务网站；完善中国天气通，增加海洋气象信息服务。向公众用户发布海洋气象预警信息、海洋气象精细化预报服务产品、可定制的个性化海洋气象服务产品等，传播海洋气象专业知识以及防灾减灾科普宣传产品。

五、港口、码头海洋气象信息站

充分利用已有信息发布设施，在部分重要港口、码头建设海洋气象信息站，及时发布海洋气象监测、预报预警信息及产品，提高港口、码头海洋气象信息的公众覆盖率。

六、预警信息发布管理平台

在国家和省级气象部门，依托国家突发事件预警信息发布管理平台，进行海洋气象服务信息、发布手段和服务对象的统一管理，实现多部门海洋气象信息的综合发布。

第二节　海洋气象专业服务

综合利用海洋气象监测、预报预警等基础数据和产品，针对行业需求，开展海洋气

象专业服务。根据各海域气象业务服务的重点需求和海域灾害性天气特点,重点以国家安全、海洋运输、渔业生产、能源开发和海洋旅游等需求为牵引,引入社会资本,开发专业服务业务系统,在国家、省、市级开展有针对性、有特色的海洋气象专业服务。

一、近海航线和远洋导航服务

依托海洋气象精细化监测预报产品,为近海航线提供大风、台风等常规气象预报和恶劣天气短时临近预警信息服务;加强船舶航线定制、航线优选、船舶避险指导等海洋气象航线信息服务。

二、海洋工程气象保障服务

根据海洋工程作业安全保障要求,为海洋石油钻井平台、大型化工、核电工程、盐田生产项目等提供台风、大风、海雾、强对流天气等准确精细的预报服务,为工程作业船只提供所在区域海上灾害性天气的针对性预警。

三、海上渔业气象保障服务

研发近海养殖预警指标,提高渔场、养殖场等特定海域灾害影响评估能力,加强海上渔业气象保障服务;与海洋、渔业部门沟通合作,提供业务捕捞航线规划;与交通部门合作,利用综合气象观测资料为海上安全救助系统提供实时高效救助决策信息。

四、港航物流气象保障服务

建立高影响灾害性天气的港口气象灾害防御预案,对重要港口提供有针对性的气象保障服务;分析特定气象条件对港口基础设施和航线安全的影响,协助海事部门完善气象灾害防御。

五、海洋旅游气象保障服务

开展针对海洋旅游服务的海洋气象要素实时监测和预警信息发布,提升旅游气象保障服务的质量和效益。

六、国防安全气象保障服务

以数值预报预测为基础、综合应用多种方法开展精细短时临近预报预警,满足军事气象保障服务需求;开展高通信保密级别的军地气象资料信息共享和军地天气会商沟通,为军事舰船的巡航演习、海洋维权等任务提供全方位保障服务。

第三节　海洋气象灾害风险管理

海洋气象灾害风险管理围绕海洋气象防灾减灾需求,开展海洋气象灾害的风险普查和区划、风险评估、风险预警、灾害防御部门联动等工作,提高灾害防御整体能力,降低灾害损失。

一、海洋气象灾害风险普查和区划

开展海洋气象灾害的灾情收集上报和风险普查,建立致灾指标库、海洋气象灾害风险区划示范软件以及气象灾害风险区划检索查询系统,针对台风、强对流天气、海上大风、海雾等气象灾害,开展国家、省两级精细化海洋气象灾害风险区划工作。

二、海洋气象灾害风险预警

利用海洋气象灾害风险普查和区划结果，研究分析历史资料和观测信息，基于预报产品开展各种气象条件下致灾临界指标计算，结合地理信息、海洋经济数据等，建立基于影响的海洋气象灾害风险预警业务系统，及时制作发布各类海洋气象灾害影响风险的预报预警。

三、海洋气象灾害风险评估

建立海洋气象灾害风险评估指标体系，确定灾害风险分级标准，分类建立灾害风险评价模式，制定减轻灾害风险的对策与措施，开展国家、省两级海洋气象灾害风险评估业务，并对海洋气象服务进行效益评估。

四、海洋气象灾害防御部门联动

建立气象、海洋、交通等部门间海洋气象灾害防御联动机制，建设灾害应急联动指挥系统，增强各级气象部门预警和决策指挥服务能力，提供海洋气象灾害防御决策指挥信息支持，实现各级之间、各部门之间的高效联动。

五、海洋气象灾害应急预案

省、市、县各级编制本级海洋气象灾害应急预案，加强基层海洋气象防灾减灾队伍建设，做好与相关应急预案的衔接；编制海洋气象防灾减灾科普宣传资料，深入开展海洋气象灾害科普培训和宣传。

第四节　海洋气候资源开发利用服务

海洋气候资源开发利用服务通过专业观测站网进行海洋风能、太阳能资源监测，开展资源精细化模拟和评估，为资源开发工程提供资源储量、技术可开发量评估和预报预测等气象保障服务。

针对海洋风能、太阳能等气候资源开发利用需求，统筹气象、海洋等部门和电力开发企业已运行的风能、太阳能资源观测站（塔），整体规划建立海洋风能、太阳能资源专业观测网及数据共享服务平台，提升我国海洋风能、太阳能资源数据的覆盖面和有效可用率。推进精细化的海洋风能、太阳能资源模拟评估系统建设，重点开展海洋多种观测资料的融合分析技术研究，改进风能、太阳能资源数值模拟模式，改进综合海洋功能区划的风能、太阳能资源技术可开发量分析评估系统。完成海洋风能、太阳能资源立体图谱，完成海洋风能、太阳能资源储量、技术可开发量等评估。进一步完善国家风能、太阳能数值预报服务平台，发展海洋风能、太阳能精细化预报预测技术，针对台风对风能、太阳能资源开发利用等重大工程的影响，开展台风监测和避害趋利应用技术研究、示范应用服务。积极培育和发展气象服务市场，引入社会资本，开展海洋风能、太阳能开发利用气象服务。

第六章　加强海洋气象通信网络建设

气象通信网络是海洋气象业务的重要支撑。根据海洋气象业务需求，依托气象广域网络、卫星通信网络、国内通信系统开展海洋气象通信网络建设；通过海洋气象资料业务系统、区域高性能计算机系统和业务系统支撑平台，为海洋气象预报预测和服务提供信息处理能力支撑；依托全国综合气象信息共享系统（CIMISS）与海洋部门综合信息系统，提供统一的跨部门、跨行业海洋气象信息交换和资料共享服务。

第一节　海洋气象通信网络

海洋气象通信网络是海洋气象业务的基础传输平台，负责海洋气象资料的收集和信息快速发布，是对气象部门现有通信网络的升级完善。

根据我国海洋气象业务体系布局，对现有全国气象广域网络系统、国内气象通信系统软件和信息安全系统进行升级或增强，继续提升网络传输能力，完善卫星通信应急备份和实时业务监控系统，满足海洋气象数据传输、共享、服务和应用等方面的需求。在国家、省级升级气象广域网络、国内气象通信系统和信息安全系统。

第二节　海洋气象信息处理

海洋气象信息处理系统为海洋气象数据处理、产品加工制作和业务系统运行提供计算和存储资源，包括海洋气象资料业务系统、区域高性能计算机系统和业务系统支撑平台。

一、海洋气象资料业务系统

海洋气象资料业务系统是对我国海洋气象观测资料进行质控处理、加工存储和历史资料整编归档，对全球海洋气象信息进行分析的综合性气象资料业务平台。

统一设计开发海洋气象资料业务系统，在国家、区域中心、省级分级部署统筹集约的海洋气象资料业务系统，对海洋气象观测资料和全球海洋气象信息进行高效、标准、规范的海洋气象资料收集、处理、产品加工与存储，建立海洋气象数据标准体系，提供实时历史一体化的海洋气象资料服务。

二、区域高性能计算机系统

区域高性能计算机系统主要承担区域内海洋气象数值预报业务及科研任务，为区域内海洋气象数值预报业务运行及研发提供计算和存储支撑。

在天津、上海、广州海洋中心气象台和沈阳区域预报中心，升级、新建或租用海洋区域高性能计算机系统，运行区域高分辨率数值预报模式、集合预报系统和资料快速循环同化系统，加强模式开发和运行管理，实现对本区域内计算、存储资源的精细化管理和统一高效的作业调度与系统监控。

三、业务系统支撑平台

业务系统支撑平台是支撑海洋气象预报和服务等业务软件运行的基础设施平台，能提供集约化计算、存储、网络等基础软硬件资源和配套设施环境，并提供业务软件运行监控服务。

根据各业务系统对硬件平台和基础软件的要求，统一设计业务系统支撑平台，在国家、区域中心、省级进行系统和设备的有机集成和融合，形成集计算、存储、监控、运行等为一体的业务系统支撑平台；对相关单位原有业务平面、机房等配套设施进行升级和改造；建设统一管理软件系统，提供计算和存储资源管理、中间件服务和业务系统监控功能。

第三节　海洋气象信息共享

海洋气象信息共享系统面向涉海各领域、各层次用户提供多种海洋气象信息共享服务，实现对海洋气象观测资料和全球海洋气象信息的跨部门、跨行业的数据存储、服务与共享。根据各级、各部门信息共享需求，在国家、省两级扩展现有综合气象信息共享系统功能，增加对海洋气象观测资料和全球海洋气象信息的存储服务和共享能力，向涉海各领域的业务、科研、服务用户开放实时海洋气象数据与产品。积极融入国际合作项目，完善海洋气象数据共享服务规范，提供精细化、集约化、专业化共享服务。

第七章　提升海洋气象装备保障能力

海洋气象装备保障系统由海洋气象综合保障基地、无人飞机保障平台和海洋气象移动应急保障组成，可为海洋气象观测业务的高效稳定运行提供运行监控、测试维修、计量检定、物资储备、装备管理等保障服务。

第一节　海洋气象综合保障基地

海洋气象综合保障基地是海洋气象装备保障业务运行的主要载体，能够为各项海洋气象业务稳定高效运行提供有力支撑。基地分为国、省两级，其中国家级海洋气象装备保障基地重点承担海洋气象综合观测全网监控、国家级计量检定、观测设备试验考核等任务，省级基地承担本级监控、计量检定、质量监督、物资储备和维护维修等任务。在天津滨海新区建设国家级海洋气象装备保障基地暨海洋气象观测设备试验考核基地,部署海洋气象观测设备试验考核系统、运行监控平台、计量实验室、质量监督管理系统、物资储备库及信息化管理系统;同时部署测试维修等省级平台,承担天津海域海洋气象保障任务。在其他沿海省建设省级基地,部署省级海洋气象观测系统运行监控平台、测试维修平台、计量实验室、应急物资储备库及信息化管理系统,开展本省海域观测装备运行监控、计量检定和现场维护维修等保障业务。同时,在上海依托现有气象装备保障机构和业务基础,建设海洋气象装备质量检测中心,承担国家和社会海洋气象装备检测任务。

第二节　无人飞机保障平台

无人飞机保障平台是飞机综合探测系统的必备配套设施,用于无人机起飞降落和维护保障。无人飞机由国家级统一进行航线设计、飞行指挥、探测作业和资料收集处理分发,但需要相对固定的起降机场、必要的地面保障设施和地面工作人员完成飞机的放飞回收、停靠存放、维护维修和物资补给等工作。

无人飞机保障平台部署在沿海省份的现有机场,由所在省级气象局负责管理,配备飞机及机载探测设备的测试维护工具和仪器,储备一定量的探空仪耗材和常用备品备件,能够对飞机动力系统、控制系统和通信系统等进行测试调试与日常保养,对机载探测设备进行计量检定和维护维修。考虑到台风云系的影响范围较大、对飞机起降造成很大限制,为确保台风期间无人飞机能够正常执行探测任务,综合考虑经济和技术方面的可行性,在浙江、福建和海南选址建设无人飞机保障平台。

第三节　海洋气象移动应急保障

海洋气象移动应急保障系统利用船舶等移动平台,以较高机动能力和响应速度,对沿岸、近海及远海的海洋气象装备开展全面高效保障,维护各项海洋气象业务正常稳定运行,满足海洋气象预报服务需求。由海洋部门建设专用码头,购置专业浮标布放回收船、平台巡检维护船,并配备必要的维修维护装备,开展海洋气象观测基础设施与设备的巡检、维护、维修和保养,增强沿海观测设施保障能力,提高保障时效。

第八章　建立海洋气象共建共享协作机制

第一节　共建海洋综合观测站网

在气象、海洋等部门已有综合观测站网基础上,在技术允许和保密安全的前提下,新建的气象、海洋观测站点应合理考虑空间布局、避免重复设站，新建站点应采用统一标准、一站多能、共同选址、各自承建、独立管理、协作运维的方式建设，同时搭载气象和海洋观测设备、采用双份通信线路同时向气象和海洋部门实时传输观测资料；已有大型观测设施应逐步进行改造，实现观测资料在气象和海洋等部门间的实时共享传输，最终实现多部门合作建设，共同推进我国海洋气象综合观测能力提高。

第二节　共用海洋综合保障设施

规划建设的海洋气象综合保障基地和设施向各相关单位和部门开放共享，联合开展海上观测装备研发和试验测试，并由气象部门归口承担海洋气象装备计量检定和质量监督工作。充分利用海洋部门现有及拟建的综合保障基地和码头、工作船（艇）等设施，联合开展海洋气象观测装备的布放、回收、巡检、维护、维修和保养等保障任务，并由海洋部门归口承担海洋技术装备的计量检定和质量监督工作。按照"谁受益、谁投入，谁建设、谁维持"的原则，健全中央和地方政府、气象和海洋等部门的维护保障经费投入机制，联合做好海洋气象综合保障工作。

第三节　共享海洋气象数据产品

气象、海洋等部门在遵循保密要求及相关资料管理规定的前提下，实时共享观测数据，范围包括海上浮标、船载气象站、地波雷达、GNSS/MET站、自动气象站、天气雷达和卫星遥感等。规划建设的海洋气象信息共享系统由气象和海洋部门共同制定数据产品标准，各级气象、海洋部门通过专线实现互联互通和数据产品共享；交通、渔业、安监、环保等涉海部门根据需要接入海洋气象信息共享系统，获取数据产品，实现数据联通与信息共享。

第四节　协作加强预报预警服务

实现气象、海洋、交通、渔业等部门间的联合预警会商。建立海上信息发布设施共享机制，基于国家突发公共事件预警信息发布系统和各部门现有广播电台、北斗预警机、户外大屏等发布手段，全面、快速、准确发送气象、海洋预报预警信息。多部门协作建立基于风险管理的部门应急联动服务机制，提高我国海洋气象预报预警服务整体能力。

第五节　合作加强海洋气象研发

建立各级气象与海洋部门交流合作机制，联合高校、科研院所，针对台风、海上强对流、海雾、风暴潮、海冰等气象和海洋灾害预报预警及海洋气候监测预测，合作开展相关基础研究、技术研发和业务示范。中国气象局和国家海洋局加强顶层设计，在重大技术装备、海洋大气模式等方面联合攻关，共同提升我国海洋气象业务核心技术水平。

第九章　环境影响评价

第一节　规划实施对环境的有利影响

规划的实施，能够为建设生态文明，实现可持续发展提供重要保障。其有利影响主要包括：一是将加强海洋气候研究，深入了解大洋环流、中尺度涡旋、厄尔尼诺和海-气相互作用等气候资源的效应机理，提高气候预测能力，为我国应对气候变化提供重要的科技支撑；二是将加强海洋气象观测能力，提高对海上污染物扩散趋势分析和预报能力，相关数据和产品能够服务于海洋生态环境保护；三是能够为近海风能、太阳能等资源的开发利用提供专业化、精细化、个性化的气象服务，促进清洁能源产业的快速发展，以减少传统能源消耗带来的生态环境污染，促进能源资源节约和生态环境保护；四是将提升海洋气象预报预警能力，提高对海洋气象灾害的防御能力，降低灾害造成的经济和社会损失，为沿海省份加快产业经济结构调整提供支持，进而降低经济社会发展对环境系统产生的压力；五是将集约建立气象、海洋多部门联合的综合观测站网，全面掌握我国海洋气象基础资料，为有效开展涉海工程的环境影响评价提供支撑，避免对海洋资源的无序、过度开采。

第二节　规划实施对环境可能产生的不利影响

规划任务包括海洋气象综合观测、预报预测、公共服务、通信网络、装备保障五个部分，以海洋气象观测站点建设、电子信息类设备及气象业务软件购置、人员技术培训为主，不涉及生产厂房建设，不存在有毒有害作业和生产，不存在对自然生态环境的破坏，不会对海洋水文动力、自然地理条件产生影响，具有良好的环境友好性。建设运行后，所用的观测、通信、数据处理、实验、检测等设备目前均在国内外广泛使用，已经证实不会对环境造成不利影响，总体上属于无污染的项目。可能对环境带来不利影响的主要问题是，装备保障基地建设过程中，施工现场产生的一些污染，包括各类机械设备和物料运输所产生的施工噪声，物料搬运、汽车运输、土方施工所造成的扬尘，施工人员生产过程中产生的废水，施工机械、运输车辆产生的废气以及施工过程中产生的固体废弃物。需要尽可能减小上述污染因素对环境的负面影响。

第三节 加强环境保护的措施

一、科学设计、合理选址

规划实施过程中，应全面考虑拟建区域、海域的生态环境保护需求，科学做好拟建工程项目的前期评估论证和环境影响评价工作，采用环保、节能的设计方案。海基观测站点的选址应避免对海洋渔业资源产卵场、珍稀濒危物种分布区等海洋生态环境敏感区产生影响，岸基站点选址应与周边环境发展相适应。

二、严格标准、强化管理

规划建设的观测仪器、信息通信、业务平台等涉及较多的电子设备，应购置符合国家环境保护标准的产品，对工作场地做好电磁辐射防护措施，定期检测电磁辐射水平，防止电子设备辐射对工作人员和附近居民的健康产生危害。在施工中，严格执行环保规定，严格控制施工时间，合理安排施工顺序，合理布局施工场地，减少各种废渣、废水、废气、噪声和扬尘的产生。

第十章 资金筹措及实施安排

第一节 资金筹措

按照事权划分和谁受益、谁投资的原则，规划提出的建设任务和运行维持资金由中央、地方共同承担。其中，中央投资重点用于高性能无人机、雷达、探空系统、自动气象站等仪器设备，统一开发部署的业务系统和信息网络平台，以及国家级培训、保障设施；其他仪器设备、雷达塔楼等配套基础设施，以及服务于地方的相关业务基础能力建设等，由地方投入支持。鼓励各级政府根据地方实际需求按照急需共建、互补共建原则扩充建设岸基、海基监测设施，提升预报预警能力，加大对海洋气象建设的投入。同时，充分调动社会各方面的积极性，引导社会资本进入海洋气象监测预报预警服务领域，拓宽海洋气象建设及运行资金来源，推动建立社会资本投入保障机制。

第二节 重点工程

根据规划提出的目标、主要任务和建设布局，按照轻重缓急的原则，科学安排，选择最迫切的建设任务优先实施。考虑投资需要与可能，将规划任务分为三期实施。建设条件成熟、填补观测空白、需求比较迫切的任务安排在一期实施，搭建业务体系构架，积累海洋工程建设经验。二期工程重点建立海洋气象业务体系，提升核心业务能力，增强服务效益。三期工程以完善提升为主,全面实现各项建设目标,业务能力争创国际领先水平。

一、海洋气象综合保障一期工程

2016~2017年,根据国家海洋权益气象保障迫切需求,针对海洋气象突出薄弱环节,主要在关键海区、近海海洋气象灾害敏感区具备条件的海岛、海上平台等开展海基气象观测,在沿海地区重点区域升级改造和补充完善岸基气象观测,加强现有海洋气象通信网络和海洋气象装备保障能力;提高海洋天气监测分析与资料融合同化能力,建设海洋天气预报预警业务系统,发展台风等数值预报模式;加强海上信息发布手段建设,开展海洋气象灾害风险普查和区划等灾害风险管理工作,建设完成军事保障等专业服务系统。通过本期项目建设,初步形成覆盖重点区域和领域的海洋气象综合保障能力,海洋气象服务水平在现有基础上得到较大提升。

二、海洋气象综合保障二期工程

2018~2020年,围绕增强国家海洋权益维护、保障国家海洋经济发展、完善海洋气象灾害防御的气象服务能力,在关键海区、近海海洋气象灾害敏感区实现海基气象观测站点的基本覆盖,在沿海地区补充完善岸基气象观测系统,部署空基海洋气象观测系统等新型探测装备,提升近海和远海的机动探测能力;建设海洋气象综合保障基地,提高稳定运行保障水平;加强海洋气象通信网络建设,建立海洋气象信息共享系统和海洋气象信息处理系统,提高海洋气象信息收集分发和数据应用能力;发展海洋天气监测分析和预报预警业务系统,发展海洋气象数值预报模式和集合预报系统,提高气象预报业务支撑能力;完善海上信息发布手段;完成海洋气象灾害风险普查和区划;建设近海航线和远洋导航、渔业服务、港航物流等专业气象服务系统。通过本期项目建设,基本形成覆盖全面、业务完整的海洋气象综合保障能力。

三、海洋气象综合保障三期工程

2021~2025年,围绕进一步提高国家海洋经济发展气象服务能力和海洋气象灾害防御能力,提高应对气候变化能力和海洋生态环境保护气象服务能力,在各海域完善海基气象观测站网,完成岸基气象观测系统升级改造,全面完成海基、空基和岸基一体化的海洋气象观测网建设;加强沿海各省保障基地建设;完成海洋气象卫星通信应急备份和实时业务监控系统建设,提升通信网络可靠性,完善海洋气象信息处理业务系统,提高海洋气象资料业务应用能力;建设海洋气候预测业务系统、发展海洋气候模式,完善海洋天气监测分析和预报预警业务系统,进一步提升资料同化和数值模式发展水平;建设面向海洋工程、海洋旅游、资源开发等的气象服务系统,完善专业气象服务能力;进一步提升海洋气象信息发布和海洋气象灾害风险管理能力。通过本期项目建设,最终形成结构完善、技术先进、稳定可靠的现代化海洋气象综合保障能力。

第三节　前期工作安排

规划印发后，由中国气象局、国家海洋局分别按照规划确定的建设内容、规模，组织开展相关项目前期工作。前期工作分为可行性研究报告和初步设计报告两个阶段，其中，可行性研究报告分别由中国气象局、国家海洋局审查后报国家发展改革委审批，初步设计报告经国家发展改革委核定概算后按程序审批。中国气象局、国家海洋局在前期工作编制和审批过程中要加强衔接、沟通。

在编制项目前期工作技术文件的同时，需按照国家有关规定，根据项目建设性质和内容，落实用地预审、环境影响评价、城乡规划选址和社会稳定风险评估等前置条件。项目前期工作技术文件的编制工作要由具有相应资质的单位承担，按照有关技术规范的要求，结合海洋气象基础设施建设项目特点和具体项目的实际情况，加强现场勘察、建设方案论证和仪器设备选型等工作，确保设计深度和质量。

考虑到《规划》的实施周期较长，难以准确预估规划后期经济社会发展对海洋气象不断提出的新需求，同时科学技术进步日新月异，将对海洋气象信息采集、传输、处理和服务手段等产生重大影响。为提高规划的科学性和实施成效，规划实施期间，可根据经济社会发展需求变化和科学技术发展进步等情况对规划实施情况进行评估并适时开展修编工作。

第四节　效益分析

一、社会效益

沿海省份是海洋气象灾害多发频发重发的省份，台风、暴雨、干旱、高温、雷电、龙卷风、海上大风等气象灾害每年都交替发生。海洋气象灾害的破坏力强，涉及面广，影响范围大，我国沿海11个省（自治区、直辖市）拥有5.8亿人口，加上受台风影响的内陆省份，潜在的受灾群体十分巨大，"十二五"以来，年均就有超过3.5亿人次受台风灾害影响。

同时由气象灾害引发或衍生的其他灾害，如山洪地质灾害、海洋灾害、生物灾害、森林火灾等，都对沿海省份经济建设、人民生命财产安全构成极大威胁，海上大风、大雾等恶劣天气对海上生产和资源开发的影响也非常大。气象灾害的预报准确率越高，预报越早，预警越及时，其防灾减灾作用就越明显。规划建设任务的落实，有助于提升我国对海洋灾害的综合监测能力，提高各种海洋灾害的预报预警能力和准确率，尤其是提高短期、突发海洋天气的预测预报能力。气象预警的及时发布，有助于政府、社会和公众提前做好预防措施，可以最大限度地减少灾害造成的人员伤亡和财产损失，进而减轻人们的精神负担和心理创伤，有利于沿海地区社会稳定，保证社会正常的生产生活活动，从而促进当地经济社会的可持续发展。

气象条件极大影响了海上活动的开展，海洋事业的发展离不开气象保障。规划建设任务的落实，将海洋气象观测站网直接扩展覆盖到我国管辖主要海域，提升我国全球海洋气象模式水平，从而扩展对东海、南海岛屿和专属经济区的气象服务覆盖范围，极大增强远洋气象服务能力，在保障国家海洋发展战略方面起到重要作用。同时，在利比亚撤侨、马航失联客机搜救活动、"雪龙"号成功破冰脱困、日本福岛核泄漏应急、溢油应急处置等方面，气象保障服务都曾发挥了重要作用。规划建设任务的落实将提高我国处置海洋相关突发事件气象保障能力，有助于提高党和政府的威信，带来国际影响力、国际声誉的显著提升。

二、经济效益

近十年来，随着各级政府对气象部门的持续投入，气象灾害经济损失绝对值虽不断增大但占国民生产总值的比率呈总体下降趋势，以广东省为例，2001~2011年期间，通过气象服务水平的提升，平均每年减少损失可达到205.8亿元，经济效益十分显著。中国气象局对全国气象服务效益的评估结果显示我国气象投入产出效益比可达1:69，即国家每投入气象1元，将产生最高达69元的经济效益，在经济较为发达的沿海省份这一比例将更高。2014年我国海洋生产总值近6万亿元，港航物流、海上航运、海洋渔业、近海养殖、海上油气开采等主要涉海经济活动均受气象条件影响较大，规划建设任务的落实，将有效提升我国海洋气象预报预警技术水平、增强海洋专业气象服务能力，减少海洋气象灾害所造成的经济损失。随着我国沿海地区经济持续发展、海洋经济进入一个前所未有的快速发展期，预期带来的长期潜在防灾减灾经济效益将更为显著。

我国海上气候资源丰富，近海风能、太阳能资源开发利用市场巨大，到2015年我国规划海上风力发电装机500万千瓦。海上气候资源区划、评估和预报服务是海上风能、太阳能资源开发利用的重要基础条件，根据2011年全国风电气象服务效益调查评估结果显示，在风电行业气象服务效益总体贡献率达到1.85%。随着市场容量的不断扩大，气象对我国海上气候资源开发等领域的服务效益必将不断增长。同时，规划建设任务的落实将使我国海洋气象业务实现向远海、远洋的扩展，能够有效保障国际贸易的蓬勃发展和"21世纪海上丝绸之路"发展战略，提高远洋航线经济效益、保障我国与海上丝绸之路沿线国的经济合作项目实施，为我国经济迈向全球化保驾护航。

三、生态效益

随着人们生活质量的提高和环境意识的不断增强，政府和广大民众对海洋生态环境问题越来越关注，而气象因素是导致生态环境恶化的重要因素之一。规划建设获取的以大气为核心的海洋气象综合观测信息，将有助于理解我国海洋生态系统与全球变化的复杂关系，可为海洋污染防治、海洋生态环境保护、海洋资源科学开发利用提供决策所需的气象依据，有利于生态环境的保护和资源合理开发利用。

第十一章　保障措施

一、加强组织领导，落实规划实施

有关部门要按照职责分工，密切配合，加强海洋气象发展规划与气象、海洋事业发展等相关规划的有效衔接，坚持统筹兼顾、科学设计、分工明确、突出重点、分步实施，加强资金筹措，确保规划任务落实。

发展改革部门做好衔接协调，积极落实建设投资；气象、海洋部门要加强沟通协作，细化分解各项任务，相互配合支持，加强管理，指导和协调海洋气象能力建设和运行。

二、加强标准建设，完善业务规范

加强气象、海洋、交通、渔业、公安等相关部门海洋气象数据、产品标准建设，逐步实现海洋气象数据、产品格式和信息交互接口协议的标准化，促进互联互通和应急协作活动开展。完善海洋气象业务规范，推进海洋气象业务系统标准化、信息化和集约化，有效保障海洋气象业务的持续快速发展。

三、加强科技创新，推动技术进步

广泛开展交流合作、整合科技资源，完善海洋气象技术创新体系。

大力开展海洋气象科技理论和重点领域研究，加大关键技术研发与创新，大力推进科研成果应用转化。增强海洋气象业务培训能力，提高人员技术水平和创新能力。

四、加强应用预研，促进资料应用

制定新型观测设备的资料应用方案，多渠道落实资金，加大资料应用预研究投入，调动企业、科研单位和业务单位各方积极性，确保新型观测设备获取的资料能够及时有效应用于海洋气象预报服务业务和科学研究。

五、创新体制机制，提升服务水平

认真分析海洋气象可引入市场机制的领域，加强体制机制创新，推进海洋气象服务市场的开放，充分调动社会各方面的积极性，激发海洋气象服务发展活力，提高个性化、精细化服务水平。发挥政府投资撬动功能，创新投融资方式，带动和吸引更多社会资本参与海洋气象服务，促进海洋气象服务社会化。